Leitfäden der Informatik

Sander / Stucky / Herschel
Automaten – Sprachen – Berechenbarkeit

Leitfäden der Informatik

Herausgegeben von

Prof. Dr. Hans-Jürgen Appelrath, Oldenburg
Prof. Dr. Volker Claus, Stuttgart
Prof. Dr. Günter Hotz, Saarbrücken
Prof. Dr. Lutz Richter, Zürich
Prof. Dr. Wolffried Stucky, Karlsruhe
Prof. Dr. Klaus Waldschmidt, Frankfurt

Die Leitfäden der Informatik behandeln

- Themen aus der Theoretischen, Praktischen und Technischen Informatik entsprechend dem aktuellen Stand der Wissenschaft in einer systematischen und fundierten Darstellung des jeweiligen Gebietes.
- Methoden und Ergebnisse der Informatik, aufgearbeitet und dargestellt aus Sicht der Anwendungen in einer für Anwender verständlichen, exakten und präzisen Form.

Die Bände der Reihe wenden sich zum einen als Grundlage und Ergänzung zu Vorlesungen der Informatik an Studierende und Lehrende in Informatik-Studiengängen an Hochschulen, zum anderen an „Praktiker", die sich einen Überblick über die Anwendungen der Informatik(-Methoden) verschaffen wollen; sie dienen aber auch in Wirtschaft, Industrie und Verwaltung tätigen Informatikern und Informatikerinnen zur Fortbildung in praxisrelevanten Fragestellungen ihres Faches.

W. Stucky (Hrsg.)

Grundkurs Angewandte Informatik IV

Automaten
Sprachen
Berechenbarkeit

Von Dr. rer. pol. Peter Sander, Frankfurt/Main
Prof. Dr. rer. nat. Wolffried Stucky
Universität Karlsruhe
und Prof. Dr. rer. nat. Rudolf Herschel
Fachhochschule Ulm

2., durchgesehene Auflage

B. G. Teubner Stuttgart 1995

Dr. rer. pol. Peter Sander

1962 geboren in Uelzen. 1982 bis 1988 Studium der Mathematik (Nebenfach Informatik) an der Technischen Universität Clausthal. 1988 Diplom in Mathematik. Von 1988 bis 1993 wissenschaftlicher Mitarbeiter am Institut für Angewandte Informatik und Formale Beschreibungsverfahren der Universität Fridericiana Karlsruhe (TH). 1992 Promotion bei W. Stucky mit einer Arbeit im Gebiet „Deduktive Datenbanken". Seit 1993 als Unternehmensberater tätig.

Prof. Dr. rer. nat. Wolffried Stucky

1939 geboren in Bad Kreuznach. 1959 bis 1965 Studium der Mathematik an der Universität des Saarlandes. 1965 Diplom in Mathematik. 1965 bis 1970 wissenschaftlicher Mitarbeiter und Assistent am Institut für Angewandte Mathematik der Universität des Saarlandes. 1970 Promotion bei G. Hotz. 1970 bis 1975 wissenschaftlicher Mitarbeiter in der pharmazeutischen Industrie. 1971 bis 1975 Inhaber des Stiftungslehrstuhls für Organisationstheorie und Datenverarbeitung (Mittlere Datentechnik) der Universität Karlsruhe. Seit 1976 ordentlicher Professor für Angewandte Informatik an der Fakultät für Wirtschaftswissenschaften der Universität Fridericiana Karlsruhe (TH).

Prof. Dr. rer. nat. Rudolf Herschel

1925 geboren in Görlitz/Schlesien. 1951 Diplom in Mathematik an der Universität Würzburg. 1959 Promotion zum Dr. rer. nat. an der Technischen Universität München. 1956 bis 1962 Mitarbeiter am Forschungsinstitut der AEG Telefunken in Ulm. 1962 bis 1987 Professor für Informatik an der Fachhochschule Ulm. Seit 1987 im Ruhestand.

ISBN-13: 978-3-519-12937-0   e-ISBN-13: 978-3-322-84873-4
DOI: 10.1007/978-3-322-84873-4

Die Deutsche Bibliothek – CIP-Einheitsaufnahme

Grundkurs angewandte Informatik / W. Stucky (Hrsg.). – Stuttgart : Teubner.
   (Leitfäden der Informatik)
NE: Stucky, Wolffried [Hrsg.]
4. Sander, Peter: Automaten, Sprachen, Berechenbarkeit. – 2., durchges. Aufl. – 1995
Sander, Peter:
Automaten, Sprachen, Berechenbarkeit / von Peter Sander, Wolffried Stucky
und Rudolf Herschel. – 2., durchges. Aufl. – Stuttgart : Teubner, 1995
   (Grundkurs angewandte Informatik ; 4)
   (Leitfäden der Informatik)

NE: Stucky, Wolffried:; Herschel, Rudolf:

Gesamtherstellung: Zechnersche Buchdruckerei GmbH, Speyer
Einband: Peter Pfitz, Stuttgart

Vorwort zum gesamten Werk

Ziel dieses vierbändigen *Grundkurses Angewandte Informatik* ist die Vermittlung eines umfassenden und fundierten Grundwissens der Informatik. Bei der Abfassung der Bände wurde besonderer Wert auf eine verständliche und anwendungsorientierte, aber dennoch präzise Darstellung gelegt; die präsentierten Methoden und Verfahren werden durch konkrete Problemstellungen motiviert und anhand zahlreicher Beispiele veranschaulicht. Das Werk richtet sich somit sowohl an Studierende aller Fachrichtungen als auch an Praktiker, die an den methodischen Grundlagen der Informatik interessiert sind. Nach dem Durcharbeiten der vier Bände soll der Leser in der Lage sein, auch weiterführende Bücher über spezielle Teilgebiete der Informatik und ihrer Anwendungen ohne Schwierigkeiten lesen zu können und insbesondere Hintergründe besser zu verstehen.

Zum Inhalt des *Grundkurses Angewandte Informatik*: Im ersten Band *Programmieren mit Modula-2* wird der Leser gezielt an die Entwicklung von Programmen mit der Programmiersprache Modula-2 herangeführt; neben dem „Wirthschen" Standard wird dabei auch der zur Normung vorliegende neue Standard von Modula-2 (gemäß dem ISO-Working-Draft von 1990) behandelt. Im zweiten Band *Problem – Algorithmus – Programm* werden – ausgehend von konkreten Problemstellungen – die allgemeinen Konzepte und Prinzipien zur Entwicklung von Algorithmen vorgestellt; neben der Spezifikation von Problemen wird dabei insbesondere auf Eigenschaften und auf die Darstellung von Algorithmen eingegangen. Der dritte Band *Der Rechner als System – Organisation, Daten, Programme* beschreibt den Aufbau von Rechnern, die systemnahe Programmierung und die Verarbeitung von Programmen auf den verschiedenen Sprachebenen; ferner wird die Verwaltung und Darstellung von Daten im Rechner behandelt. Der vierte Band *Automaten – Sprachen – Berechenbarkeit* schließlich beinhaltet die grundlegenden Konzepte der Automaten und formalen Sprachen; daneben werden innerhalb der Berechenbarkeitstheorie die prinzipiellen Möglichkeiten und Grenzen der Informationsverarbeitung aufgezeigt.

Der *Grundkurs Angewandte Informatik* basiert auf einem viersemestrigen Vorlesungszyklus, der seit vielen Jahren – unter ständiger Anpassung an neue Entwicklungen und Konzepte – an der Universität Karlsruhe als Informatik-Grundausbildung für Wirtschaftsingenieure und Wirtschaftsmathematiker gehalten wird. Insoweit haben auch ehemalige Kollegen in Karlsruhe, die an der Durchführung dieser Lehrveranstaltungen ebenfalls beteiligt waren, zu der

6

inhaltlichen Ausgestaltung dieses Werkes beigetragen, auch wenn sie jetzt nicht als Koautoren erscheinen. Insbesondere möchte ich hier Hans Kleine Büning (jetzt Universität Duisburg), Thomas Ottmann und Peter Widmayer (beide jetzt Universität Freiburg) erwähnen. Für positive Anregungen sei allen dreien an dieser Stelle herzlich gedankt. Kritik an dem Werk sollte sich aber lediglich an die jeweiligen Autoren alleine richten.

In der Grundausbildung Informatik verfolgen wir zuallererst das Ziel, die Studenten mit einem Rechner vertraut zu machen. Dies soll so geschehen, daß die Studenten – etwa unter Anleitung durch Band I dieses Grundkurses – mit einer höheren Programmiersprache an den Rechner herangeführt werden, in der die wesentlichen Konzepte der modernen Informatik realisiert sind. Diese Konzepte sowie die allgemeine Vorgehensweise zur Erstellung von Programmen sollen dabei exemplarisch durch "gutes Vorbild" geübt werden; die Konzepte selbst werden dann in den nachfolgenden Bänden jeweils ausführlich erläutert.

Karlsruhe, im September 1991

Wolffried Stucky (für die Autoren des Gesamtwerkes)

Vorwort zu Band IV

Dieser vierte Band des *Grundkurses Angewandte Informatik* führt den Leser in
die Gebiete der Automaten, formalen Sprachen und Algorithmen ein. Sie
gehören zum theoretischen Kern der Informatik und stellen eine wichtige
Grundlage für das Verständnis vieler "anwendungsorientierter" Disziplinen dar.
So spielt die Theorie der Automaten und formalen Sprachen in der Informatik
eine wichtige Rolle bei der Entwicklung von Sprachen, z. B. von Programmiersprachen und Datenbanksprachen, sowie von entsprechenden Übersetzer- und
Interpreterprogrammen. Die Theorie der Automaten und der Algorithmen gibt
einen Einblick in die prinzipielle Leistungsfähigkeit von Rechnern und in die
Grenzen der Problemlösung mit Algorithmen.

Das vorliegende Buch ist so angelegt, daß der Studierende einen breiten Über-
blick über die genannten Gebiete erhält. Es wurde auf eine anschauliche und
dennoch präzise Darstellung Wert gelegt. Zahlreiche Beispiele und Aufgaben am
Schluß der Kapitel sollen die Inhalte veranschaulichen und festigen. Um bei der
Lektüre des Buches nicht vom Wesentlichen abzulenken, wurde auf die
Darstellung einiger sehr technischer oder sehr langwieriger Beweise verzichtet.

Der Leser wird über den Begriff des endlichen Automaten und des Kellerautomaten in ausführlicher Weise in die Thematik eingeführt. Anschließend
werden die wichtigsten Sprachklassen und ihre Beziehungen zu den einzelnen
Automatentypen diskutiert. Im letzten Kapitel werden Turing-Maschinen und
grundlegende Begriffe wie "Algorithmus", "Berechenbarkeit" und "Entscheidbarkeit" untersucht. Auswahl und Gliederung des Stoffes orientiert sich in Teilen
an dem 1974 im Oldenbourg Verlag erschienenen Buch von R. Herschel
Einführung in die Theorie der Automaten, Sprachen und Algorithmen. Wir
danken dem Oldenbourg Verlag für die Zustimmung, Teile dieses Werkes in
überarbeiteter Fassung in diesem Buch verwenden zu dürfen.

Für das sorgfältige Erstellen der Druckvorlagen und viele konstruktive Anregungen bedanken sich die Autoren bei Andrea Geisel und Ulrich Klein. Wir
danken auch Hartmut Schmeck für Diskussionen und Anregungen.

Karlsruhe, im März 1992

Peter Sander   Wolffried Stucky   Rudolf Herschel

Vorwort zur zweiten Auflage

Die positive Resonanz von Lehrenden und Studenten nach dem Erscheinen des Buches hat uns darin bestärkt, den Inhalt weitgehend unverändert zu lassen. Für die zweite Auflage wurden lediglich einige Fehler und Ungenauigkeiten im Text eliminiert. Die Autoren bedanken sich bei Kollegen und Studenten, die uns auf notwendige Verbesserungen aufmerksam gemacht haben. Ein besonderer Dank gilt den Herren Hartmut Schmeck, Universität Karlsruhe, und Hermann Walter, TH Darmstadt, für besonders wertvolle Hinweise.

Karlsruhe, im November 1994

Peter Sander   Wolffried Stucky   Rudolf Herschel

Inhaltsverzeichnis

1 Mathematische Grundlagen

In diesem Kapitel wird der mathematische Apparat, der in den folgenden Kapiteln benötigt wird, kurz zusammengestellt. Die Darstellung ist weniger zum Erlernen als vielmehr zum Nachschlagen geeignet.

Wir setzen dabei die folgenden Zeichen aus der Aussagen- und Prädikatenlogik als bekannt voraus:

$\neg$ Negation ("nicht")

$\wedge$ Konjunktion ("und")

$\vee$ Disjunktion ("oder")

$\Rightarrow$ Implikation ("daraus folgt")

$\Leftrightarrow$ Äquivalenz ("genau dann wenn")

$\forall$ Allquantor ("für alle")

$\exists$ Existenzquantor ("es gibt")

Ferner schreiben wir anstelle des Gleichheitszeichens (=) bzw. anstelle des Äquivalenzzeichens ($\Leftrightarrow$) auch ::= bzw. ::$\Leftrightarrow$, falls der Ausdruck auf der linken Seite durch den Ausdruck auf der rechten Seite erklärt wird.

1.1 Mengen und Relationen

Wir beginnen unsere Betrachtungen mit den elementaren Begriffen der Mengenlehre.

(1.1) Definition: (Mengen und ihre Darstellung)

(a) Eine *Menge* ist die Zusammenfassung von irgendwie zusammengehörigen Elementen zu einem Ganzen. Wir schreiben $m \in M$, falls m ein Element der Menge M ist. Die Anzahl der Elemente einer Menge kann sowohl endlich als auch unendlich sein.

(b) Wir unterscheiden zwei Arten, eine Menge anzugeben:

Eine Menge M kann durch Aufzählung ihrer Elemente m_i (i = 1, 2, 3, ...)

angegeben werden. Man schreibt dann

$$M = \{m_1, m_2, \ldots, m_r\} \qquad \text{falls M endlich ist, bzw.}$$
$$M = \{m_1, m_2, m_3, \ldots\} \qquad \text{falls M unendlich ist.}$$

Eine Menge M kann auch dadurch angegeben werden, daß man Eigenschaften ihrer Elemente angibt. Ist G eine Grundmenge und E eine bestimmte Eigenschaft, dann gehören zu M alle diejenigen Elemente x aus G, die die Eigenschaft E haben, in Zeichen

$$M = \{x \mid x \in G \text{ und } E(x)\} \text{ oder auch}$$
$$M = \{x \in G \mid E(x)\}.$$

(c) Es sei für je zwei Mengen M_1 und M_2

$$M_1 \cup M_2 ::= \{x \mid x \in M_1 \vee x \in M_2\},$$
$$M_1 \cap M_2 ::= \{x \mid x \in M_1 \wedge x \in M_2\},$$
$$M_1 - M_2 ::= \{x \mid x \in M_1 \wedge x \notin M_2\},$$

die *Vereinigung* bzw. der *Durchschnitt* bzw. die *Differenz* von M_1 und M_2. ∎

(1.2) Beispiel: Folgende häufig vorkommende Mengen haben spezielle Bezeichnungen:

$\emptyset$	leere Menge
$\mathbb{N}$	natürliche Zahlen ohne die Null
$\mathbb{N}_0$	natürliche Zahlen mit der Null
$\mathbb{Z}$	ganze Zahlen
$\mathbb{Q}$	rationale Zahlen
$\mathbb{R}$	reelle Zahlen.

∎

(1.3) Definition: (Mächtigkeit)

Die Anzahl der Elemente einer Menge M wird *Mächtigkeit* der Menge genannt und mit $|M|$ bezeichnet. ∎

(1.4) Definition: (Teilmenge, Potenzmenge)

(a) T heißt *Teilmenge* von M, kurz $T \subseteq M$, wenn jedes Element von T auch zu M gehört.

Darf T dabei nicht mit M übereinstimmen, so schreibt man $T \subset M$ und spricht von einer *echten Teilmenge*.

(b) Die Menge aller Teilmengen von M heißt die *Potenzmenge* von M. Wir schreiben dafür $\wp(M)$. Insbesondere ist $\emptyset \in \wp(M)$ und $M \in \wp(M)$.

Ist $|M| = n$, so enthält $\wp(M)$ insgesamt 2^n Teilmengen, davon sind $2^n - 1$ echte Teilmengen.   ∎

Die Tatsache, daß $\wp(M)$ 2^n Teilmengen enthält, beruht auf dem Umstand, daß es für jedes der n Elemente $m_i \in M$ bei jeder Teilmenge $T \subseteq M$ genau eine der beiden Möglichkeiten $m_i \in T$ und $m_i \notin T$ gibt.

Als nächstes werden wir Relationen betrachten. Bei den Relationen handelt es sich um Beziehungen zwischen den Elementen von (gleichen oder verschiedenen) Mengen. Vor der Definition des Begriffs Relation sind die Begriffe *geordnetes Tupel* und *kartesisches Produkt* notwendig.

(1.5) Definition: (geordnetes Tupel, kartesisches Produkt)

Sind $A_1, \ldots, A_n$ Mengen und $x_1 \in A_1, \ldots, x_n \in A_n$, dann heißt $(x_1, \ldots, x_n)$ ein *geordnetes Tupel* von Elementen über $A_1, \ldots, A_n$.

Die Menge aller geordneten Tupel $(x_1, \ldots, x_n)$ mit $x_1 \in A_1, \ldots, x_n \in A_n$ heißt *kartesisches Produkt* der Mengen $A_1, \ldots, A_n$. Man schreibt dafür $A_1 \times \ldots \times A_n$, es ist also

$$A_1 \times \ldots \times A_n ::= \{(x_1, \ldots, x_n) \mid x_1 \in A_1, \ldots, x_n \in A_n\}. \qquad ∎$$

(1.6) Definition: (n-stellige Relation, binäre Relation)

Jede Teilmenge R der Menge $A_1 \times \ldots \times A_n$ heißt eine *n-stellige Relation* über den Mengen $A_1, \ldots, A_n$ (kurz: $R \subseteq A_1 \times \ldots \times A_n$).

Für $n = 2$ sagt man anstelle von 2-stelliger Relation auch *binäre Relation*.   ∎

Für uns sind im folgenden vor allem binäre Relationen der Art $R \subseteq M \times M$ von Interesse. Dann heißt R auch kurz "Relation auf M" oder "Relation in M". Oft benutzen wir dann anstelle der Schreibweise $(x, y) \in R$ auch die sogenannte *Infixnotation* xRy und sagen: "x steht in der Relation R zu y".

Wir wollen jetzt einige wichtige Eigenschaften binärer Relationen festlegen.

(1.7) Definition: (symmetrisch, antisymmetrisch, asymmetrisch, reflexiv, irreflexiv, transitiv)

Eine binäre Relation R auf einer Menge M heißt

symmetrisch	$::\Leftrightarrow$	$\forall\, x, y \in M:$	$(xRy \Rightarrow yRx)$
antisymmetrisch	$::\Leftrightarrow$	$\forall\, x, y \in M:$	$(xRy \wedge yRx \Rightarrow x = y)$
asymmetrisch	$::\Leftrightarrow$	$\forall\, x, y \in M:$	$(xRy \Rightarrow \neg(yRx))$
reflexiv	$::\Leftrightarrow$	$\forall\, x \in M:$	xRx
irreflexiv	$::\Leftrightarrow$	$\forall\, x \in M:$	$\neg(xRx)$
transitiv	$::\Leftrightarrow$	$\forall\, x, y, z \in M:$	$(xRy \wedge yRz \Rightarrow xRz)$

∎

(1.8) Definition: (Äquivalenzrelation, Ordnungsrelation)

Eine Relation R auf einer Menge M heißt

– *Äquivalenzrelation*, wenn sie symmetrisch, reflexiv und transitiv ist,

– *Ordnungsrelation*, wenn sie antisymmetrisch, reflexiv und transitiv ist.   ∎

(1.9) Beispiel: Die Grundmenge sei die Menge der ganzen Zahlen, also M = $\mathbb{Z}$. Wir betrachten die binären Relationen *gleich* (=), *kleiner* (<) und *kleiner gleich* ($\leq$) und geben ihre Eigenschaften an:

	$=$	$<$	$\leq$
symmetrisch	ja	nein	nein
antisymmetrisch	ja	ja	ja
asymmetrisch	nein	ja	nein
reflexiv	ja	nein	ja
irreflexiv	nein	ja	nein
transitiv	ja	ja	ja
Äquivalenzrelation	ja	nein	nein
Ordnungsrelation	ja	nein	ja

∎

(1.10) Definition: ((reflexiv-) transitive Hülle)

Es sei R eine Relation auf einer Menge M. Ferner seien die Relationen

$$R^0 \quad ::= \quad \{(x, x) \mid x \in M\} \qquad \text{und}$$
$$R^{i+1} ::= \quad R^i R$$
$$::= \quad \{(x, z) \in M \times M \mid \exists\, y \in M: (x, y) \in R^i, (y, z) \in R\}$$

induktiv für alle natürlichen Zahlen sowie die Zahl Null definiert. Dann heißt

$$R^+ \quad ::= \quad R^1 \cup R^2 \cup R^3 \cup \ldots$$

die *transitive Hülle* und

$$R^* \quad ::= \quad R^0 \cup R^1 \cup R^2 \cup R^3 \cup \ldots$$

die *reflexiv-transitive Hülle* der Relation R.   ∎

Insbesondere gilt, was wir aber nicht beweisen werden, daß R^+ (bzw. R^*) die kleinste Relation ist, die R enthält und die transitiv (bzw. reflexiv und transitiv) ist.

Wir wollen nun die Eigenschaften von Äquivalenzrelationen etwas genauer untersuchen. Dafür wird zunächst der Begriff der Zerlegung benötigt:

(1.11) Definition: (Zerlegung)

Wir betrachten wieder eine beliebige endliche Menge M und bilden darauf die Potenzmenge $\wp(M) = \{X \mid X \subseteq M\}$.

Eine Menge von Mengen $\pi = \{P_1, P_2, \ldots, P_m\} \subseteq \wp(M)$ nennen wir eine *Zerlegung* von M, falls gilt:

(a) $\displaystyle\bigcup_{i=1}^{m} P_i = M$ und

(b) für alle $i, j \in \{1, \ldots, m\}$ mit $i \neq j$ gilt: $P_i \cap P_j = \varnothing$.   ∎

Eine Zerlegung ist also die "Aufteilung" einer Menge in paarweise disjunkte, d.h. durchschnittsleere, Teilmengen.

(1.12) Definition: (Feinheit einer Zerlegung)

Seien π und π' Zerlegungen von M. Dann sagen wir:
π ist *feiner* als π' (kurz: $\pi \prec \pi'$), falls für alle $P \in \pi$ ein $P' \in \pi'$ existiert, für das $P \subseteq P'$ gilt.
Entsprechend sagt man in diesem Fall, daß π' *gröber* als π ist.   ∎

Zur Erläuterung dient das folgende beispielhafte Schaubild:

M:	P_1'			P_2'	P_3'		P_4'	P_5'	P_6'		π'
M:	P_1	P_2	P_3	P_4	P_5	P_6	P_7	P_8	P_9	P_{10} P_{11}	π

Die obere Zerlegung $\pi' = \{P_1', P_2', ..., P_6'\}$ der Menge M ist offensichtlich gröber als die untere Zerlegung $\pi = \{P_1, P_2, ..., P_{11}\}$, es gilt also $\pi \prec \pi'$.

(1.13) Lemma: Die Relation $\prec$ auf der Menge aller Zerlegungen einer Menge M ist reflexiv und transitiv, d.h. es gilt:

(a) für jede Zerlegung π: $\pi \prec \pi$, und

(b) für je drei Zerlegungen π_1, π_2, π_3: $\pi_1 \prec \pi_2 \land \pi_2 \prec \pi_3 \Rightarrow \pi_1 \prec \pi_3$.

Beweis:

(a) ist richtig, da nach Definition jede Zerlegung π feiner ist als π selbst.

(b) Sei $P_1 \in \pi_1$ gegeben. Dann existiert nach Definition wegen $\pi_1 \prec \pi_2$ ein $P_2 \in \pi_2$ mit $P_1 \subseteq P_2$. Zu diesem P_2 existiert wegen $\pi_2 \prec \pi_3$ ein $P_3 \in \pi_3$ mit $P_2 \subseteq P_3$. Aufgrund der Transitivität der Relation "$\subseteq$" folgt $P_1 \subseteq P_3$ und damit bereits die Behauptung. ∎

Nach diesem kurzen Exkurs über Zerlegungen haben wir jetzt das nötige Rüstzeug, um Eigenschaften von Äquivalenzrelationen zu untersuchen. Es wird sich herausstellen, daß jede Äquivalenzrelation die zugrundegelegte Menge in natürlicher Weise zerlegt.

(1.14) Definition und Satz: (Äquivalenzklasse)

Es sei $\sim$ eine Äquivalenzrelation (d.h. eine reflexive, symmetrische und transitive Relation) auf M. Dann heißt

$$[x] ::= \{x' \in M \mid x' \sim x\} \text{ die } \textit{Äquivalenzklasse} \text{ von x,}$$

und es gilt:

(a) $[x] = [y]$, falls $x \sim y$, und

(b) $\pi = \{[x] \mid x \in M\}$ ist eine Zerlegung von M.

Beweis:

(a) Es sei $x' \in [x]$ beliebig gewählt, d.h. $x' \sim x$.

Wegen $x \sim y$ folgt dann aufgrund der Transitivität der Relation $\sim$ auch $x' \sim y$,
d.h. $x' \in [y]$.
Somit gilt $[x] \subseteq [y]$.

Analog kann man $[y] \subseteq [x]$ zeigen, und deshalb gilt insgesamt $[y] = [x]$.

(b) Es sei $\pi = \{[x] \mid x \in M\} = \{P_1, P_2, \ldots\}$ die Menge der Äquivalenzklassen,
wobei gilt: $P_i \neq P_j$ für $i \neq j$. Dann gilt:

(1) $\bigcup\limits_{i=1}^{\infty} P_i = \bigcup\limits_{x \in M} [x] = M$, da jede Klasse $[x]$ mindestens das Element x enthält,

(2) für alle i, j mit $i \neq j$: $P_i \cap P_j = \emptyset$.

Zum Beweis nehmen wir das Gegenteil an, d.h. es gibt $i, j, i \neq j$,
mit $P_i \cap P_j \neq \emptyset$.
Es sei dann $x \in P_i \cap P_j$ und $P_i = [x_i]$ sowie $P_j = [x_j]$;
dann ist $x \sim x_i$ und $x \sim x_j$ und damit $x_i \sim x_j$.
Nach (a) folgt daraus $P_i = P_j$ im Widerspruch zur Voraussetzung.   ■

Der nächste Satz beschreibt einen weiteren Zusammenhang zwischen Äquivalenzrelationen und den zugehörigen Zerlegungen.

(1.15) Satz: Es seien $\sim_1$ und $\sim_2$ zwei Äquivalenzrelationen auf M, und es gelte
$\sim_1 \subseteq \sim_2$,[1] oder gleichwertig: $\forall\, x, y \in M$: $x \sim_1 y \Rightarrow x \sim_2 y$.
Dann gilt für die zugehörigen Äquivalenzklassen $[\ ]_1, [\ ]_2$ bzw. Zerlegungen π_1,
π_2:

(a) $\forall\, x \in M$: $[x]_1 \subseteq [x]_2$ und

(b) $\pi_1 \prec \pi_2$.

Beweis: s. Aufgabe 5.   ■

---

1) Die Schreibweise $\sim_1 \subseteq \sim_2$ mag auf den ersten Blick ungewöhnlich erscheinen, sie
ist aber ganz natürlich, da die Relationen $\sim_1$ und $\sim_2$ Mengen, genauer: Teilmengen
von $M \times M$, sind.

1.2 Funktionen und Verknüpfungen

Der Begriff der Funktion nimmt eine zentrale Stellung in allen Bereichen der Mathematik ein und ist dem Leser sicherlich bekannt. Es reicht deshalb, uns auf einige ganz wesentliche Aspekte zu beschränken.

Eine Funktion beschreibt eine eindeutige Beziehung zwischen den Elementen von (verschiedenen oder gleichen) Mengen.

(1.16) Definition: (Funktion)

Es seien die Mengen A und B gegeben.
Eine Zuordnungsvorschrift, die jedem Element $x \in A$ genau ein Element $y \in B$ zuordnet, nennen wir *Funktion* (oder *Abbildung*) *von A in B*. Wir geben der Zuordnungsvorschrift einen Namen f und schreiben dann $f : A \to B$. Dabei heißt A *Definitionsbereich* und B *Zielmenge* von f.
Das Element $y \in B$, das durch f dem Element $x \in A$ zugeordnet wird, bezeichnen wir auch als $f(x)$; wir schreiben $x \mapsto f(x)$. Dabei heißt x das *Argument* und $f(x)$ das *Bild* oder der *Funktionswert* von x.
$fA ::= \{f(x) \mid x \in A\}$ heißt *Wertemenge* oder *Bild von f*.   ∎

Offensichtlich kann man jede Funktion $f : A \to B$ auch als eine binäre Relation $R_f \subseteq A \times B$ auffassen, die genau Paare der Form $(x, f(x))$ enthält und bei der jedes $x \in A$ genau einmal in einem Paar in der linken Komponente auftritt.

Manchmal werden auch Funktionen betrachtet, bei denen nur einigen Elementen $x \in A$ ein Funktionswert zugeordnet wird. In diesem Fall spricht man von partiellen Funktionen.

(1.17) Definition: (partielle Funktion, totale Funktion)

Es seien A und B zwei Mengen. Eine Zuordnung, die nur einigen Elementen $x \in A$ ein Element $f(x) \in B$ zuordnet, für die übrigen Elemente aber undefiniert ist, nennen wir eine *partielle Funktion*.

Eine Funktion, die keine partielle Funktion ist, nennen wir – zur Hervorhebung dieser Eigenschaft – auch *totale Funktion*.   ∎

Sehr wichtige Eigenschaften von Funktionen sind die folgenden:

(1.18) Definition: (injektive, surjektive, bijektive Funktion)

Eine Funktion $f : A \to B$ heißt

- *injektiv*, wenn für alle $x_1, x_2 \in A$ gilt: aus $x_1 \neq x_2$ folgt $f(x_1) \neq f(x_2)$,

- *surjektiv*, wenn $fA = B$ gilt, d.h. wenn jedes Element der Zielmenge als Bild eines Argumentes auftritt.

- *bijektiv*, wenn f injektiv und surjektiv ist.   ∎

Als etwas speziellere Funktionen können die sogenannten Verknüpfungen aufgefaßt werden.

(1.19) Definition: (Verknüpfung)

Es sei n eine natürliche Zahl mit $n \geq 2$. Ferner bezeichne A^n das n-fache kartesische Produkt der Menge A. Dann ist eine *n-stellige Verknüpfung auf* A eine Funktion $\circ : A^n \to B$ mit $A \subseteq B$, die jedem Element $(x_1, \ldots, x_n)$ ein Bild $\circ(x_1, \ldots, x_n) \in B$ zuordnet.

Im Falle einer 2-stelligen Verknüpfung schreiben wir anstelle von $\circ(x_1, x_2)$ auch $x_1 \circ x_2$.   ∎

(1.20) Beispiel: Die Addition (+), Subtraktion (-) und Multiplikation (∗) auf der Menge der natürlichen Zahlen einschließlich der Null sind 2-stellige Verknüpfungen der Form:

$$+ : \; \mathbb{N}_0 \times \mathbb{N}_0 \to \mathbb{N}_0$$
$$- : \; \mathbb{N}_0 \times \mathbb{N}_0 \to \mathbb{Z}$$
$$\ast : \; \mathbb{N}_0 \times \mathbb{N}_0 \to \mathbb{N}_0.$$

                                                                                    ∎

Im folgenden beschränken wir uns auf die Betrachtung 2-stelliger Verknüpfungen und ihrer Eigenschaften.

(1.21) Definition: (Eigenschaften von Verknüpfungen)

Es sei $\circ : A \times A \to B$ eine 2-stellige Verknüpfung.

- $\circ$ heißt *abgeschlossen* , wenn $B = A$ gilt, d.h. wenn die Zielmenge mit der Menge A übereinstimmt.

- $\circ$ heißt *assoziativ* , wenn für je drei beliebige Elemente $x, y, z \in A$ gilt: $(x \circ y) \circ z = x \circ (y \circ z)$.

- Ein Element $v \in A$ heißt *neutrales Element* bzgl. $\circ$, wenn für alle $x \in A$ gilt:
  $v \circ x = x \circ v = x$.

- Für eine abgeschlossene 2-stellige Verknüpfung $\circ$ mit einem neutralen Element v heißen zwei Elemente $x, y \in A$ *invers* zueinander, wenn gilt:
  $$x \circ y = y \circ x = v.$$
  Dabei heißt x *inverses Element* zu y und umgekehrt. ∎

(1.22) Beispiel: Die Verknüpfung $+ : IN_0 \times IN_0 \to IN_0$ ist abgeschlossen, assoziativ und besitzt das neutrale Element 0.

Die Verknüpfung $- : IN_0 \times IN_0 \to Z$ ist weder abgeschlossen (da $Z \neq IN_0$) noch assoziativ (z.B. $(5 - 3) - 2 \neq 5 - (3 - 2)$). Sie besitzt kein neutrales Element und deshalb auch keine inversen Elemente. ∎

1.3 Halbgruppen und Monoide

Die Betrachtungen des letzten Abschnitts werden jetzt für die Definition der – für die Theorie der Automaten und formalen Sprachen grundlegenden – algebraischen Strukturen Halbgruppe und Monoid verwendet.

(1.23) Definition: (Halbgruppe, Monoid)

Eine *Halbgruppe* H besteht aus einer Menge A und einer auf dieser Menge abgeschlossenen und assoziativen 2-stelligen Verknüpfung $\circ$. Wir schreiben $H = [A, \circ]$. Falls zusätzlich in A ein neutrales Element v existiert, sprechen wir von einem *Monoid*. ∎

Oft werden wir – anstelle von der Menge A – von einer Halbgruppe (bzw. einem Monoid) A sprechen, wenn die Verknüpfung $\circ$ aus dem Zusammenhang hervorgeht.

(1.24) Satz:

(a) In jeder Halbgruppe gibt es höchstens ein neutrales Element.

(b) Falls eine Halbgruppe H ein neutrales Element hat (und somit Monoid ist), gibt es zu jedem Element $x \in A$ höchstens ein inverses Element $y \in A$.

Beweis:

(a) Wir nehmen an, es gebe zwei neutrale Elemente v und v'. Dann gilt einerseits $v \circ v' = v$ (da v' neutrales Element ist) und andererseits $v \circ v' = v'$ (da v neutrales Element ist) und somit $v = v'$.

(b) Hier nehmen wir an, daß y und y' invers zu x wären. Dann gilt:
$y = y \circ v = y \circ (x \circ y') = (y \circ x) \circ y' = v \circ y' = y'$ und somit $y = y'$.   ∎

(1.25) Beispiel: $[\mathbb{N}, +]$ ist eine Halbgruppe, und $[\mathbb{N}_0, +]$ bzw. $[\mathbb{N}, *]$ sind Monoide (und damit auch Halbgruppen) mit den neutralen Elementen 0 bzw. 1.   ∎

(1.26) Definition: (Komplexprodukt, erzeugte Halbgruppe)

Es sei $H = [A, \circ]$ eine Halbgruppe bzw. ein Monoid mit einem neutralen Element v.

– Für je zwei Teilmengen E und F von A heißt

$$E \circ_K F ::= \{x \circ y \mid x \in E, y \in F\}$$

das *Komplexprodukt* von E und F bzgl. $\circ$.

Außerdem sei für $E \subseteq A$

$$E_{(\circ)}^1 ::= E \text{ und } E_{(\circ)}^{i+1} ::= E_{(\circ)}^i \circ_K E \quad \text{für alle natürlichen Zahlen } i.$$

Ist H ein Monoid mit einem neutralen Element v, so sei ferner $E_{(\circ)}^0 ::= \{v\}$.

– Für $E \subseteq A$ heißt $[E_{(\circ)}^+, \circ]$ mit

$$E_{(\circ)}^+ ::= \bigcup_{i=1}^{\infty} E_{(\circ)}^i ::= \{x_1 \circ \ldots \circ x_n \mid n \in \mathbb{N}, x_i \in E \text{ für alle } i \in \{1,\ldots,n\}\}$$

die durch E (bzgl. $\circ$) *erzeugte Halbgruppe*, bzw. $[E_{(\circ)}^*, \circ]$ mit $E_{(\circ)}^* ::= E_{(\circ)}^0 \cup E_{(\circ)}^+$ das durch E *erzeugte Monoid*.   ∎

Es ist relativ einfach nachzuweisen, daß $[E_{(\circ)}^+, \circ]$ bzw. $[E_{(\circ)}^*, \circ]$ wirklich eine Halbgruppe bzw. ein Monoid bzgl. der Verknüpfung $\circ$ ist (s. Aufgabe 6).

(1.27) Beispiel: Wir betrachten das Monoid $H = [\mathbb{N}, *]$ und $E = \{2, 3, 5\} \subseteq \mathbb{N}$. Dann erzeugt E das Monoid $E_{(*)}^* ::= \{2^i 3^j 5^k \mid i, j, k \in \mathbb{N}_0\}$, d.h. $E_{(*)}^*$ enthält alle Zahlen, die nur durch 2, 3, 5 oder Produkte aus diesen Zahlen sowie durch die Zahl 1 teilbar sind.

Weiterhin gilt: $E_{(*)}^+ = E_{(*)}^* - \{1\} = \{2^i 3^j 5^k \mid i, j, k \in \mathbb{N}_0, i + j + k \neq 0\}$.   ∎

(1.28) Definition: (Erzeugendensystem, freie(s) Halbgruppe (Monoid))

Es sei $H = [A, \circ]$ eine Halbgruppe (bzw. ein Monoid), und es sei $E \subseteq A$.

- E heißt ein *Erzeugendensystem* von H, falls $E_{(\circ)}^{+} = A$ (bzw. $E_{(\circ)}^{*} = A$) gilt, oder gleichwertig, falls jedes Element $x \in A$ (bzw. $x \in A - \{v\}$) eine Darstellung $x = x_1 \circ \ldots \circ x_n$ besitzt, wobei $n \in I\!N$ und für alle $i \in \{1,\ldots,n\}$ gilt: $x_i \in E$.

- A heißt eine *freie Halbgruppe* (bzw. ein *freies Monoid*) *über E*, falls zusätzlich die Darstellung für jedes Element $x \in A$ (bzw. $x \in A - \{v\}$) eindeutig ist, d.h. falls gilt:
  Aus $x = x_1 \circ \ldots \circ x_n$ und $x = y_1 \circ \ldots \circ y_m$ folgt $n = m$, und für alle $i \in \{1,\ldots,n\}$ gilt $x_i = y_i$. ∎

Wir betrachten nun zwei Beispiele, die dem Lernenden diese abstrakten Sachverhalte vielleicht etwas leichter verständlich machen. Das zweite dieser Beispiele sollte im Hinblick auf die nachfolgenden Kapitel besonders gründlich studiert werden.

(1.29) Beispiel: Die Halbgruppe $[I\!N, +]$ ist eine freie Halbgruppe über dem Erzeugendensystem $E = \{1\}$, denn jede natürliche Zahl n hat eine eindeutige Darstellung der Form $1 + 1 + \ldots + 1$. ∎

(1.30) Beispiel: Es sei jetzt E ein Alphabet, d.h. eine endliche Menge von Zeichen, etwa $E = \{a, b, c, \ldots, z\}$. Wir bilden die Menge aller Worte endlicher Länge über E und nennen diese Menge E*:

$$E^* ::= \{e_1 \ldots e_n \mid n \in I\!N_0, e_i \in E \text{ für alle } i \in \{1,\ldots,n\}\}.$$

Das leere Wort, d.h. dasjenige Wort, das aus keinem Zeichen besteht, nennen wir λ. Auf der Menge E* definieren wir die Verknüpfung $\circ$ durch das "Hintereinanderschreiben" zweier Worte:

$$e_1 \ldots e_n \circ f_1 \ldots f_m = e_1 \ldots e_n f_1 \ldots f_m \qquad (n, m \in I\!N_0, \ \forall\, i, j: e_i, f_j \in E).$$

Es gilt dann: $[E^*, \circ]$ ist ein freies Monoid über dem Erzeugendensystem E. Das bedeutet im Einzelnen:

- $[E^*, \circ]$ ist ein Monoid mit dem neutralen Element λ,

- jedes Wort $w \in E^*$ hat eine Darstellung $w = e_1 \ldots e_n = e_1 \circ \ldots \circ e_n$, somit ist E ein Erzeugendensystem von $[E^*, \circ]$, und es gilt:
  $$E^* = E_{(\circ)}^{*} \ = \ E_{(\circ)}^{0} \cup E_{(\circ)}^{1} \cup E_{(\circ)}^{2} \cup \ldots$$
  $$= \{\lambda\} \cup \{a, b, c, \ldots\} \cup \{aa, ab, ac, \ldots\} \cup \ldots ,$$

- die Darstellung jedes Wortes ist eindeutig. ∎

Wegen der Wichtigkeit des letzten Beispiels halten wir fest:

(1.31) Definition: (Alphabet, Wort, Wortmonoid)

Eine nichtleere, endliche Menge E von Zeichen nennen wir ein *Alphabet*, und jede endliche Folge über E nennen wir ein *Wort* über E. Die leere Folge heißt auch *leeres Wort* und wird mit λ bezeichnet. Die Menge E* aller Worte über E bildet bzgl. der Verknüpfung $\circ$ ein freies Monoid, das *Wortmonoid* über E. Abkürzend schreiben wir E^n für die Menge aller Worte der Länge n über E und a^n für ein Wort der Länge n, das nur aus a´s besteht.   ∎

Oft ist es nützlich und sinnvoll, Abbildungen zwischen algebraischen Strukturen wie Halbgruppen, Monoiden, etc. zu betrachten. Diese sind dann besonders wichtig, wenn sie die Verknüpfungseigenschaften der Strukturen erhalten.

(1.32) Definition: (Homomorphismus)

Es seien $H_1 = [A, \circ]$ und $H_2 = [B, *]$ Halbgruppen (bzw. Monoide mit neutralen Elementen v_1 und v_2). Eine Abbildung $f : A \to B$ heißt ein *Homomorphismus* von A in B, wenn

$$f(x_1 \circ x_2) = f(x_1) * f(x_2)$$

für je zwei beliebige Elemente $x_1, x_2 \in A$ gilt. Im Falle eines Monoids muß zusätzlich noch $f(v_1) = v_2$ gelten.   ∎

Bei einem Homomorphismus ist es also gleichwertig, ob man zuerst die Verknüpfung $x_1 \circ x_2$ in A ausführt und das Ergebnis der Verknüpfung in B abbildet, oder ob man zuerst die Ausgangselemente x_1 und x_2 in B abbildet und dort die Verknüpfung $*$ durchführt. Das Bild 1.1 veranschaulicht diesen Sachverhalt.

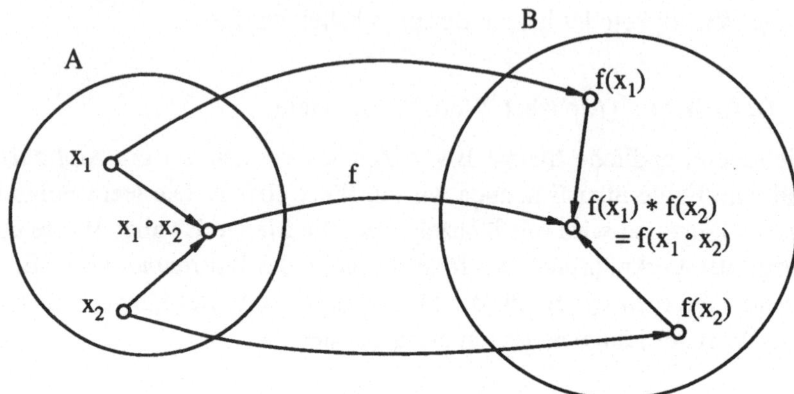

Bild 1.1: Homomorphismus

In Definition 1.18 wurden Abbildungen mit den Eigenschaften surjektiv, injektiv und bijektiv eingeführt. Die Übertragung dieser Begriffe auf Homomorphismen führt zu verschiedenen Arten von Homomorphismen.

(1.33) Definition: (Epi-, Mono-, Iso-, Endo- und Automorphismus)

Es seien H_1, H_2 und f wie in Definition 1.32 gegeben. Ist f zusätzlich surjektiv bzw. injektiv bzw. bijektiv, so heißt f *Epimorphismus* bzw. *Monomorphismus* bzw. *Isomorphismus*. Im letzten Fall heißen H_1 und H_2 zueinander *isomorph* (in Zeichen: $H_1 \simeq H_2$).

Ist weiter $H_1 = H_2$, so heißt f ein *Endomorphismus*, und falls f zusätzlich noch bijektiv ist, ein *Automorphismus*.   ∎

Aufgrund der Bijektivität folgt bei Isomorphismen aus $H_1 \simeq H_2$ auch $H_2 \simeq H_1$, und man kann leicht nachweisen, daß die Isomorphie eine Äquivalenzrelation für Halbgruppen bzw. Monoide ist. Die isomorphen Halbgruppen bzw. Monoide kann man bis auf eine Umbenennung der Elemente als identisch ansehen.

Aufgaben zu 1.1 – 1.3:

1. Geben Sie Eigenschaften (Symmetrie, Reflexivität, ...) der Teilbarkeitsrelation "I" über den ganzen Zahlen an. Diese Relation ist für alle m, n $\in \mathbb{Z}$ definiert durch: (m I n $:\Leftrightarrow \exists\, k \in \mathbb{Z}: n = k * m$).

2. Bilden Sie die reflexiv-transitive Hülle R^* der Relation
    $R = \{(1,2), (2,3), (2,2), (2,4)\}$ auf der Menge $M = \{1, 2, 3, 4\}$!

3. Ist die Feinheitsrelation $\prec$ auf der Menge aller Zerlegungen einer Menge M
    eine Ordnungsrelation? Begründen Sie Ihre Antwort!

4. Welche der folgenden binären Relationen R auf einer Menge M sind
    Äquivalenzrelationen, welche sind Ordnungsrelationen?

    Begründen Sie Ihre Antwort!

    (a) $M = \mathbb{N}$, und R sei erklärt durch:
         $(m, n) \in R \quad ::\Leftrightarrow \quad m \bmod 17 = n \bmod 17$

    (b) $M = \mathbb{N} \times \mathbb{N}$, und R sei erklärt durch:
         $((m_1, m_2), (n_1, n_2)) \in R \quad ::\Leftrightarrow \quad m_1 \leq n_1 \text{ und } m_2 \leq n_2$

    (c) $M = \mathbb{N} \times \mathbb{N}$, und R sei erklärt durch:
         $((m_1, m_2), (n_1, n_2)) \in R \quad ::\Leftrightarrow \quad m_1 \leq n_1 \text{ oder } m_2 \leq n_2$

5. Beweisen Sie Satz 1.15!

6. Für eine Halbgruppe $H = [A, \circ]$ (bzw. ein Monoid mit einem neutralen
    Element ν) sei $\circ_K$ das Komplexprodukt zwischen Teilmengen von A. Zeigen
    Sie: $[\wp(A), \circ_K]$ ist eine Halbgruppe (bzw. ein Monoid mit dem neutralen
    Element $\{\nu\}$)!

7. Weisen Sie nach, daß für eine Halbgruppe $H = [A, \circ]$ (bzw. ein Monoid mit
    dem neutralen Element ν) und $E \subseteq A$ die algebraische Struktur $[E_{(\circ)}^+, \circ]$ (bzw.
    $[E_{(\circ)}^*, \circ]$) eine Halbgruppe (bzw. ein Monoid) darstellt!

8. Zeigen Sie, daß das Wortmonoid $[E^*, \circ]$ über einem Alphabet E mit
    $|E| = 1$ isomorph zum Monoid $[\mathbb{N}_0, +]$ ist!

2 Automaten

2.1 Endliche Automaten

Automaten umgeben uns im täglichen Leben überall, und jedermann hat eine mehr oder weniger präzise Vorstellung davon, was ein Automat ist. Irgendwie sind damit Begriffe wie "definierter Ablauf von Handlungen", "selbsttätige Aneinanderreihung von Aktionen", "determinierte Folge von Zuständen" oder dergleichen verbunden. Die Beispiele für Automaten sind ungeheuer mannigfaltig, sie reichen vom Zigaretten-, Fahrkarten-, Getränke- und Geldwechselautomaten über den Münz- und Kartenfernsprecher bis zu Computern, den Rechenautomaten. Die Kompliziertheit der aufgeführten Beispiele ist sehr verschiedenartig. Es soll die Aufgabe des folgenden einführenden Abschnitts sein, die prinzipiellen Gemeinsamkeiten herauszuarbeiten. Dabei geht es insbesondere um die Frage, wie man die Arbeitsweise, das Verhalten eines Automaten losgelöst von seinen Bauelementen und seiner physikalischen Realisierung darstellen kann. Die sich dabei ergebenden Prinzipien und Begriffe bilden dann die Grundlage für eine mathematische Beschreibung in den folgenden Abschnitten.

2.1.1 Beispiele für endliche Automaten

Unabhängig von der konkreten Aufgabenstellung und der Kompliziertheit eines Automaten erweisen sich die drei nachfolgend beschriebenen Dinge als von grundlegender Bedeutung (s. Bild 2.1):

1. *Eingabe*: Ein Automat muß von außen bedient, d.h. mit Eingabedaten versorgt werden. Die Eingabe oder Bedienung eines Automaten wird umgangssprachlich durch Formulierungen wie "Warentaste drücken", "Geld einwerfen" oder "Computer liest das Zeichen A" ausgedrückt. Um von diesen Formulierungen zu abstrahieren, werden wir zur Beschreibung derartiger Eingaben nur einzelne Zeichen verwenden, im obigen Fall etwa W, G und A. Noch allgemeiner nehmen wir an, daß es eine endliche Menge $E = \{e_1, ..., e_r\}$ von Eingabezeichen gibt, das sogenannte *Eingabealphabet*. Bei einer bestimmten Eingabe "wirkt" dann ein Zeichen $e_i \in E$ auf den

Automaten, d.h. diese Eingabe löst gewisse Aktionen aus.

2. *Interne Zustände*: Ein Automat befindet sich grundsätzlich zu jedem Zeitpunkt in einem bestimmten Zustand. Unter der Einwirkung der Eingabe kann er eine Reihe von Zuständen durchlaufen. Diese internen Zustände können – abhängig von dem konkreten Automaten – von unterschiedlichster Natur sein. Beispiele dafür sind: "Waschmaschine im Vorwaschgang", "Überlaufbit gesetzt", "3 DM eingeworfen" etc. Auch diese Zustandsbeschreibungen kann man abkürzen, etwa durch die Zeichen V, Ü und 3. Wir werden, etwas allgemeiner, die Existenz einer endlichen Menge $S = \{s_0, ..., s_n\}$ von Zuständen – auch *Zustandsmenge* genannt – für einen Automaten annehmen.

3. *Ausgabe*: In der Regel produziert ein Automat im Laufe seiner Arbeit Informationen, d.h. er gibt Ausgabedaten aus. Analog zum Eingabealphabet und zur Zustandsmenge nehmen wir an, daß es ein *Ausgabealphabet* $Z = \{z_1, ..., z_m\}$ gibt. Dieses dient dazu, Ausgaben etwa der Art "Waschvorgang beendet" oder "Ware ausgegeben" zu modellieren.

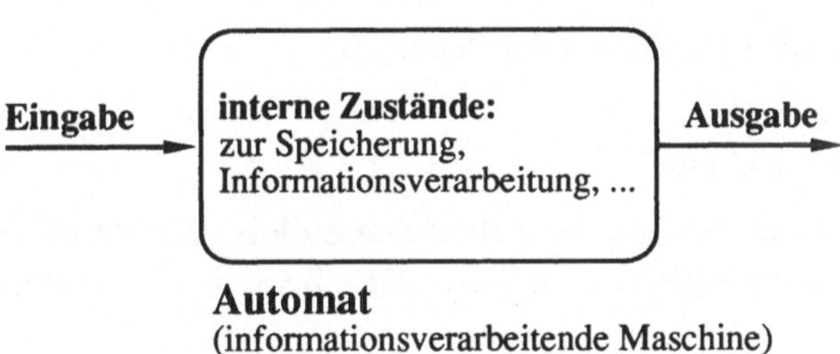

Bild 2.1: Allgemeines Prinzip eines Automaten

Prinzipiell arbeitet ein Automat so, daß er eine endliche Folge von Eingaben erhält, wobei er nacheinander jede einzelne Eingabe verarbeitet. Diese Verarbeitung kann bei den unterschiedlichen Automatentypen, die wir betrachten werden, von unterschiedlicher Natur sein, etwa die Ausgabe eines Zeichens oder ein Wechsel des Zustandes. Ferner kann sie von dem aktuellen Zustand des Automaten oder auch von dem eingegebenen Zeichen abhängen.

Wir werden in diesem Buch nur "digitale" Automaten betrachten (engl.: digit = Ziffer, Finger). Es gibt sicherlich auch kontinuierlich arbeitende Automaten (z.B. Analogrechner), bei denen die Mengen E, S und Z nicht diskrete Größen enthalten müssen.

In diesem Kapitel und in den folgenden Beispielen studieren wir zunächst *endliche Automaten*. Ein Automat heißt endlich, wenn die drei Mengen E, S und Z endlich sind. Insbesondere darf er über keinen unendlich großen Speicher verfügen. Dieser Zusatz über die höchstens endliche Speicherfähigkeit ist notwendig, weil sich bei den ab Kapitel 2.2 behandelten Automaten zeigen wird, daß sich durch eine beliebig große Speicherfähigkeit prinzipiell neue Möglichkeiten ergeben.

(2.1) Beispiel: Nehmen wir als einfachstes Beispiel für einen endlichen Automaten eine Mausefalle. Wir geben zunächst die drei Mengen E, S und Z zur Beschreibung der möglichen Eingaben, internen Zustände und Ausgaben an:

Eingabealphabet $E = \{M^+, M^-\}$ mit der Bedeutung

M^+ = "Maus kommt"

M^- = "Maus kommt nicht";

Zustandsmenge $S = \{G^+, G^-\}$ mit der Bedeutung

G^+ = "Falle gespannt"

G^- = "Falle nicht gespannt";

Ausgabealphabet $Z = \{T^+, T^-\}$ mit der Bedeutung

T^+ = "Maus tot"

T^- = "Maus nicht tot".

Zur detaillierten Beschreibung der Arbeitsweise dieses Mausefallen-Automaten gibt es zwei unterschiedliche Möglichkeiten, die sich als besonders geeignet erwiesen haben.

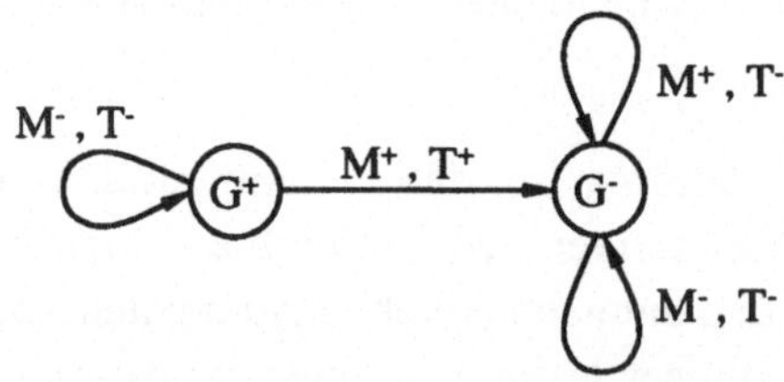

Bild 2.2: Zustandsdiagramm einer Mausefalle

Die erste Möglichkeit besteht darin, das sogenannte *Zustandsdiagramm* des Automaten zu zeichnen (s. Bild 2.2). Ein Zustandsdiagramm ist ein gerichteter Graph mit bewerteten Knoten und Kanten. Jeder interne Zustand des Automaten wird durch einen Knoten repräsentiert. Von jedem Knoten gehen so viele gerichtete Kanten aus, wie es Eingabezeichen gibt. Die Kante endet in demjenigen Knoten, der dem internen Zustand entspricht, in den der Automat beim Lesen des Eingabezeichens übergeht. Die Kante wird mit diesem Eingabezeichen beschriftet, wozu noch als zweite Beschriftung dasjenige Ausgabezeichen kommt, das bei dieser Eingabe in diesem aktuellen Zustand ausgegeben wird. So ist in Bild 2.2 etwa die von G^+ nach G^- gerichtete Kante zu lesen als: "Ist die Falle im Zustand G^+ (gespannt) und kommt ein M^+ als Eingabe (eine Maus kommt), so geht die Falle in den Zustand G^- über (nicht gespannt) und es wird ein T^+ ausgegeben (Maus tot)".

Bild 2.3: Zustandstafel einer Mausefalle

	M^+	M^-
G^+	G^-, T^+	G^+, T^-
G^-	G^-, T^-	G^-, T^-

Die zweite oben angedeutete Möglichkeit zur Beschreibung der Arbeitsweise eines endlichen Automaten besteht darin, eine *Zustandstafel* aufzustellen (s. Bild 2.3). Die Tafel enthält für jeden internen Zustand eine Zeile und für jedes mögliche Eingabezeichen eine Spalte. Ein Eintrag in ein Feld dieser Tafel besteht aus einem geordneten Paar, dessen erstes Zeichen den neuen Zustand angibt, in den der Automat übergeht, während das zweite Zeichen für die dabei erzeugte Ausgabe steht. ∎

Beide Beschreibungsmöglichkeiten, Zustandsdiagramm und Zustandstafel, sind prinzipiell gleichwertig. Sie repräsentieren beide dieselbe Information. Wir werden später sehen, daß es von der Problemstellung abhängt, welcher der beiden Möglichkeiten man aus praktischen Gründen den Vorzug gibt.

(2.2) Beispiel: Als nächstes Beispiel für einen endlichen Automaten wollen wir einen Zigarettenautomaten betrachten. Wir gehen von einem stark vereinfachten Automaten aus, in den Münzen eingeworfen werden können, bei dem man ferner mittels einer Wähltaste eine Zigarettenmarke auswählen kann und bei dem durch das Drücken eines Rückgabeknopfes die Rückgabe des eingeworfenen Geldes ausgelöst wird.

Wir unterscheiden nicht mehrere Zigarettenmarken und spezifizieren bei der Restgeldrückgabe auch nicht die Höhe des jeweils auszugebenden Betrages. Zur Definition des Automaten führen wir die folgenden 3 Mengen ein:

Eingabealphabet E = {M1, M2, MF, W, R} mit der Bedeutung

    M1 = "1 DM-Münze",
    M2 = "2 DM-Münze",
    MF = "falsche/ungültige Münze",
    W   = "Wähltaste",
    R   = "Rückgabeknopf";

Zustandsmenge S = {0, 1, 2, 3, 4, Ü} mit der Bedeutung

    0   = "kein Geld eingeworfen",
    1   = "1 DM eingeworfen",
    2   = "2 DM eingeworfen",
    3   = "3 DM eingeworfen",
    4   = "4 DM eingeworfen",
    Ü   = "Übertrag, zuviel Geld eingeworfen";

Ausgabealphabet Z = {G, GF, W, WÜ, -} mit der Bedeutung

    G   = "Geldrückgabe",
    GF = "Geldrückgabe: falsche Münze",
    WA = "Warenausgabe (Zigaretten)",
    WÜ = "Warenausgabe und Restgeldrückgabe",
    -    = "nichts".

Das Zustandsdiagramm dieses Zigarettenautomaten zeigt Bild 2.5. Wir haben sechs verschiedene interne Zustände und somit sechs Knoten. Für jeden internen Zustand gibt es fünf verschiedene Eingabemöglichkeiten, d.h. von jedem Knoten gehen fünf gerichtete Kanten aus. Falls mehrere Kanten von demselben Knoten ausgehend in denselben Zielknoten führen, haben wir diese zu einer Kante zusammengefaßt und die Beschriftungen durch Schrägstriche (/) getrennt. Dieser Schrägstrich kann als "oder" gelesen werden, d.h. die betreffende Kante kann aufgrund unterschiedlicher Eingabealternativen durchlaufen werden. Diese Vereinfachung dient lediglich der Verbesserung der Lesbarkeit und ist sonst von keinerlei Bedeutung.

Dieser Automat läßt sich ebenfalls durch eine Zustandstafel beschreiben (s. Bild 2.4).

	M1	M2	MF	W	R
0	1, -	2, -	0, GF	0, -	0, -
1	2, -	3, -	1, GF	1, -	0, G
2	3, -	4, -	2, GF	2, -	0, G
3	4, -	Ü, -	3, GF	3, -	0, G
4	Ü, -	Ü, -	4, GF	0, WA	0, G
Ü	Ü, -	Ü, -	Ü, GF	0, WÜ	0, G

Bild 2.4: Zustandstafel des Zigarettenautomaten

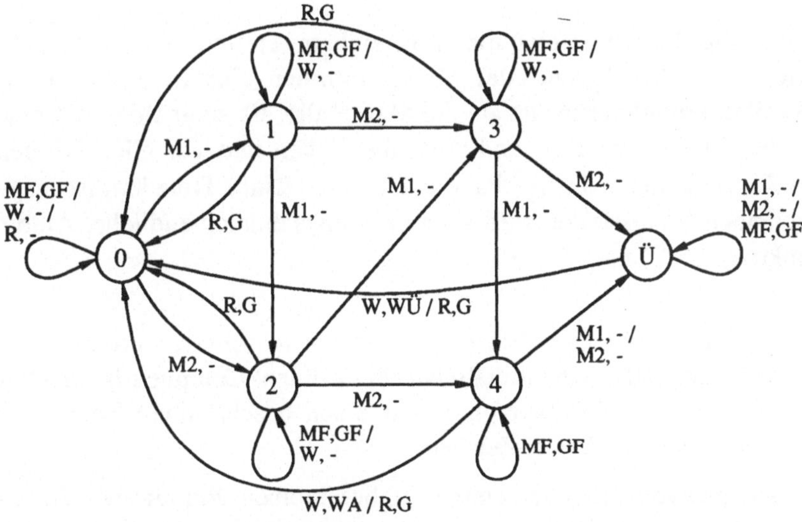

Bild 2.5: Zustandsdiagramm des Zigarettenautomaten

Diese Tafel ist genauso zu lesen wie im letzten Beispiel. Zu jeder möglichen Eingabe gibt es eine Spalte und zu jedem möglichen Zustand eine Zeile. Wenn man beispielsweise wissen will, was im Zustand Ü passiert, falls man auf eine Warentaste drückt, so findet man in der Zeile Ü und der Spalte W den Eintrag 0, WÜ. Dies bedeutet, daß der Automat in den Zustand 0 übergeht und die Ausgabe von Ware und Restgeld erfolgt.

Wir haben oben gesagt, daß es von der Problemstellung abhängt, welche der beiden Darstellungsformen zweckmäßiger ist. Wenn man etwa die Aufgabe hat anzugeben, was geschieht, wenn im Zustand 0 nacheinander die Eingabe

M2, R, M2, M1, M2, W

erfolgt, so ist offensichtlich das Zustandsdiagramm leichter zu benutzen:

Man beginne im Zustand 0 und durchfahre nacheinander die Kanten mit den Beschriftungen M2,-; R,G; M2,-; M1,-; M2,-; W,WÜ. Als Lösung erhält man, daß die Ausgabe

$$-, G, -, -, -, W\ddot{U}$$

erfolgt und daß der Automat dabei – beginnend beim Zustand 0 – nacheinander die Zustände

$$2, 0, 2, 3, \ddot{U}, 0$$

durchläuft. ∎

Wenn wir die beiden Beispiele vergleichen, stellen wir fest, daß der Zigarettenautomat aufgrund der vielen internen Zustände und Eingabemöglichkeiten komplizierter ist als die Mausefalle. Es zeigt sich, daß man mit wachsender Anzahl der Ein- und Ausgabezeichen und vor allen Dingen der internen Zustände mehr Sachverhalte modellieren kann. Trotzdem ist insgesamt – wie sich noch herausstellen wird – die Leistungsfähigkeit endlicher Automaten beschränkt.

(2.3) Beispiel: Als letztes Beispiel in diesem Abschnitt werden wir einen großen Schritt tun und einen (verhältnismäßig kleinen) Computer betrachten. Als Ein- und Ausgabealphabet betrachten wir einen beschränkten Zeichenvorrat, etwa die Menge der 128 ASCII-Zeichen.

Die Zustandsmenge ist nicht so einfach zu beschreiben. Ein interner Zustand ist offensichtlich durch die Bitbelegung in den Registern und den Speicherwerken bestimmt. Um nicht ins Uferlose zu geraten, lassen wir einen Externspeicher außer Betracht und gehen von folgenden Annahmen aus:

Arbeitsspeicher:	640K
=	640 * 1024 Byte
=	640 * 1024 * 8 Bit
=	5.242.880 Bit

Register: 8 Register mit je 16 Bit = 128 Bit.

Damit sind insgesamt $2^{5242880} * 2^{128} = 2^{5243008} \approx 10^{1578300}$

verschiedene Bitkombinationen, also interne Zustände möglich. Man kann sich weder die Größe dieser Zahl vorstellen, noch ist es denkbar, ein Zustandsdiagramm für diesen Automaten zeichnen zu können. Es hätte etwa $10^{1578300}$ Knoten, von denen jeweils 128 Kanten auszugehen hätten. ∎

Dem Leser sollte klar geworden sein, daß zwischen Mausefalle, Zigarettenautomat und Computer nur ein quantitativer, nicht aber ein qualitativer
Unterschied besteht. Alle drei sind endliche Automaten. Daß sich mit wachsender
Zahl der Zustände die praktischen Möglichkeiten eines Automaten beträchtlich
erweitern, steht hier nicht im Mittelpunkt. Der Leser sei an die Einleitung
erinnert, daß der Inhalt dieses Buches weniger zu praktischen Fähigkeiten als
vielmehr zu Einsichten führen soll.

In den folgenden Abschnitten dieses Kapitels werden wir an die hier eingeführten
Begriffe anknüpfen, sie weiter präzisieren und auch in der Klasse der endlichen
Automaten mehrere verschiedenartige Konzepte kennenlernen.

2.1.2 Endliche Automaten ohne Ausgabe

Wir beginnen mit der einfachsten Klasse endlicher Automaten, den endlichen
Automaten ohne Ausgabe. Während im letzen Abschnitt nur Beispiele vorkamen,
in denen ein Automat zu einem Eingabewort ein bestimmtes Ausgabewort
produzierte und Eingabewörter etwa nach der produzierten Ausgabe klassifiziert
werden konnten, ist die Sachlage hier einfacher: Nach der Verarbeitung eines
Eingabewortes befindet sich der Automat entweder in einem sogenannten
Endzustand – man sagt dann, das Eingabewort sei akzeptiert worden –, oder er
befindet sich nicht in einem Endzustand, dann sagt man, das Eingabewort sei
nicht akzeptiert worden.

Diese Klassifizierung in akzeptierte und nicht akzeptierte Worte ist also eine
binäre Entscheidung, im Gegensatz zu den recht vielfältigen Ausgabemöglich-
keiten der endlichen Automaten mit Ausgabe.

Um eine anschauliche Vorstellung von einem endlichen Automaten ohne Ausgabe
zu bekommen, sehen wir uns Bild 2.6 an. Wir denken uns ein Eingabeband, das in
einzelne Felder unterteilt ist. Jedes dieser Felder kann mit genau einem
Eingabezeichen beschriftet sein, oder es kann leer sein. Des weiteren gibt es eine
Kontrolleinheit, die unterschiedliche interne Zustände annehmen kann und die
mit einem Lesekopf (LK) jeweils den Inhalt eines einzelnen Feldes des
Eingabebandes lesen kann. Zu Anfang ist der Lesekopf ganz links auf dem ersten
Zeichen des Eingabewortes positioniert. Ein Verarbeitungsschritt besteht darin,
daß die Kontrolleinheit das Zeichen unter dem Lesekopf liest, eventuell ihren
Zustand wechselt und den Lesekopf um eine Position nach rechts (bzw. das Band
um eine Position nach links) verschiebt.

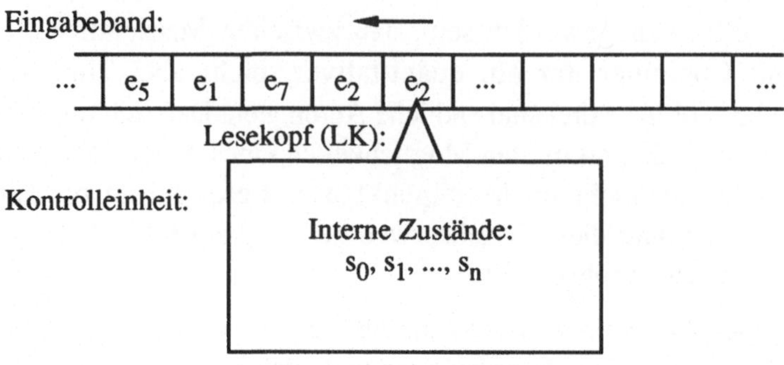

Bild 2.6: Veranschaulichung
eines endlichen Automaten ohne Ausgabe

Formal kann man endliche Automaten ohne Ausgabe so beschreiben:

(2.4) Definition: (endlicher Automat ohne Ausgabe)

Ein *endlicher Automat* EA *ohne Ausgabe*, im folgenden auch kurz *endlicher Automat* genannt, ist durch ein Quintupel EA = (E, S, δ, s_0, F) definiert, wobei

$E = \{e_1, ..., e_r\}$ eine nichtleere Menge, das *Eingabealphabet*,

$S = \{s_0, ..., s_n\}$ eine nichtleere Menge, die *Zustandsmenge*,

$\delta : S \times E \to S$ eine totale Funktion, die *Überführungsfunktion*,

$s_0 \in S$ der *Anfangszustand* und

$F \subseteq S$ die nichtleere *Menge der Endzustände* ist.[1]   ∎

Die *Arbeitsweise* eines endlichen Automaten wird ganz wesentlich durch die Überführungsfunktion δ bestimmt. δ wird auf geordnete Paare (s_j, e_i) angewendet und liefert jeweils einen Zustand s_k. Diese Zuordnung ist zu interpretieren als: "Befindet sich der Automat im Zustand s_j und liest er das Eingabezeichen e_i, so geht er in den neuen Zustand s_k über." Die Arbeitsweise des Automaten, die im wesentlichen aus dem wiederholten Anwenden der Überführungsfunktion besteht, kann durch das Bild 2.7 veranschaulicht werden.

---

1)   Genauer besteht ein endlicher Automat aus den angegebenen fünf Komponenten *und* einem Ablaufmechanismus, d.h. dem "Zusammenwirken" der Komponenten. Wir halten jedoch im folgenden an der obigen, vereinfachten Sichtweise fest.

```
BEGIN
    Bringe EA in Zustand s0;
    Setze LK über linkes Zeichen des Eingabewortes (falls vorhanden);
    WHILE Zeichen unter LK vorhanden DO
        Gehe in Folgezustand gemäß δ : S x E → S;
        Bewege LK um ein Feld nach rechts;
    END (* WHILE *)
END.
```

Bild 2.7: Arbeitsweise eines endlichen Automaten

Neben der Überführungsfunktion sowie den Mengen E und S, die uns bereits aus dem letzten Abschnitt bekannt sind, tritt in der Definition eines endlichen Automaten noch der Anfangszustand s_0 und die Menge der Endzustände F auf. Mit dem Anfangszustand beginnt die Verarbeitung jedes Eingabewortes. Die Menge der Endzustände befähigt den Automaten – wie bereits oben erwähnt –, zwischen Wörtern zu unterscheiden, die er *akzeptiert* und die er *nicht akzeptiert*: Ist der Automat nach dem Verarbeiten eines Wortes in einem Endzustand angelangt, so wird das Wort akzeptiert, andernfalls nicht.

Für den konkreten Fall ist es noch wichtig, wie man die Überführungsfunktion möglichst anschaulich darstellen kann. Dazu unterscheiden wir wieder die beiden Möglichkeiten, die wir schon im letzten Abschnitt (informal) für Automaten mit Ausgabe betrachtet haben:

Die *Zustandstafel* beschreibt die Überführungsfunktion $\delta : S \times E \to S$ in Form einer Matrix. Die Spalten werden mit je einem Eingabezeichen e_i $(i = 1,\dots,r)$, die Zeilen mit je einem Zustand s_j $(j = 0,\dots,n)$ überschrieben. Die Zuordnung $(s_j, e_i) \mapsto s_k$ wird durch den Eintrag s_k in der i-ten Spalten und der j-ten Zeile der Matrix wiedergegeben (s. Bild 2.8).

	e_1	e_2	...	e_i	...	e_r
s_0						
...						
s_j				s_k		
...						
s_n						

Bild 2.8: Zustandstafel

Das *Zustandsdiagramm* ist demgegenüber ein bewerteter gerichteter Graph zur Beschreibung der Überführungsfunktion $\delta : S \times E \to S$. Jeder Knoten entspricht einem Zustand s_j, jede gerichtete Kante entspricht einem Übergang von einem Zustand in einen anderen (oder denselben) Zustand. Die Bewertung einer Kante ist das Eingabezeichen e_i, das diese Zustandsänderung entsprechend der Zuordnung $(s_j, e_i) \mapsto s_k$ bewirkt. Von jedem Knoten gehen so viele Kanten aus, wie es Eingabezeichen gibt.

Um Zustandsdiagramme leichter lesbar zu machen, wollen wir den Anfangszustand s_0 mit einem kleinen Pfeil kennzeichnen, die Endzustände durch einen doppelten Kreis. Die einzelnen "Bausteine" eines Zustandsdiagramms sind in Bild 2.9 zusammengefaßt:

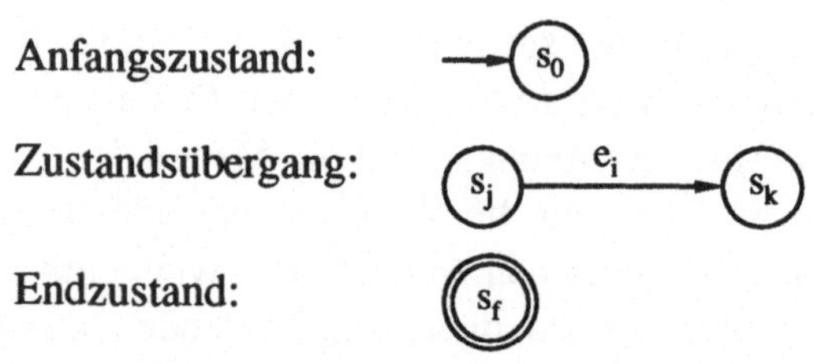

Bild 2.9: Bausteine eines Zustandsdiagramms

Zur Vereinfachung der Diagramme ist es auch hier möglich, mehrere Beschriftungen an einer Kante anzubringen. Diese werden wir durch einen Schrägstrich (/) voneinander trennen. Damit ist es wiederum möglich, eine Kante aufgrund mehrerer verschiedener Eingabealternativen zu durchlaufen, ohne daß die Kante mehrfach gezeichnet werden muß.

Wir werden in den folgenden Beispielen häufig sowohl ein Zustandsdiagramm als auch eine Zustandstafel angeben.

Oft ist es nützlich, die Überführungsfunktion δ nicht nur auf einzelne Zeichen anwenden zu können, sondern auch direkt hintereinander auf mehrere Zeichen. Dazu wird diese Funktion in der folgenden Definition erweitert:

(2.5) Definition: (natürliche Fortsetzung)

Es sei $\delta : S \times E \to S$ die Überführungsfunktion eines endlichen Automaten. Dann ist die *natürliche Fortsetzung* $\delta^* : S \times E^* \to S$ der Funktion δ definiert durch:

$$\delta^*(s, \lambda) \quad ::= \quad s \text{ für alle } s \in S,$$
$$\delta^*(s, ew) \quad ::= \quad \delta^*(\delta(s, e), w) \text{ für alle } s \in S, e \in E \text{ und } w \in E^*.$$

Somit ist δ^* eine echte Fortsetzung der Funktion δ, denn auf der Menge E sind beide identisch. Wir werden beide Funktionen im folgenden häufig nicht mehr unterscheiden und δ anstelle von δ^* schreiben. ∎

(2.6) Beispiel: Gegeben ist der endliche Automat EA = (E, S, δ, s_0, F) durch E = {a, b}, S = {s_0, s_1, s_2}, F = {s_2} und der durch Bild 2.10 angegebenen Überführungsfunktion δ.

	a	b
s_0	s_0	s_1
s_1	s_0	s_2
s_2	s_0	s_2

(a) Zustandstafel

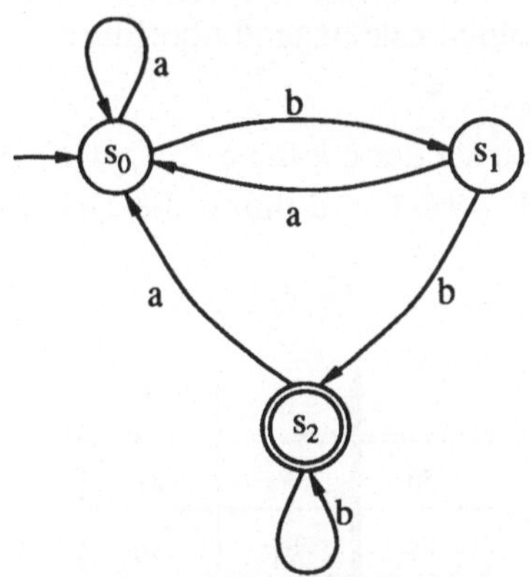

(b) Zustandsdiagramm

Bild 2.10: Automat zu Beispiel 2.6

Der Automat beginnt immer im Zustand s_0. Sehen wir uns an einer Reihe von Eingabewörtern an, wie EA arbeitet:

	Eingabe	*erreichter Zustand*
(1)	aab	$\delta(s_0,\ aab) = s_1$
(2)	baba	$\delta(s_0,\ baba) = s_0$
(3)	abb	$\delta(s_0,\ abb) = s_2$
(4)	abbabb	$\delta(s_0,\ abbabb) = s_2$
(5)	bba	$\delta(s_0,\ bba) = s_0$

Für jedes Eingabewort bestehend aus a's und b's bleibt der Automat in irgendeinem Zustand stehen. Da s_2 der einzige Endzustand ist, führen also nur die Eingaben (3) und (4) auf einen Endzustand. Es ergibt sich die Frage, für welche Eingaben dies allgemein der Fall ist und für welche nicht. Dieses Problem wird noch ausführlich im Rest dieses Abschnitts diskutiert werden. Für den obigen Automaten kann man leicht verifizieren, daß genau die Eingabewörter, die auf bb enden, den Automaten in einen Endzustand überführen. ■

(2.7) Beispiel: Gegeben sei der endliche Automat EA = (E, S, δ, s_0, F) durch E = {0, 1}, S = {s_0, s_1}, F = {s_1} und durch die Überführungsfunktion in Bild 2.11.

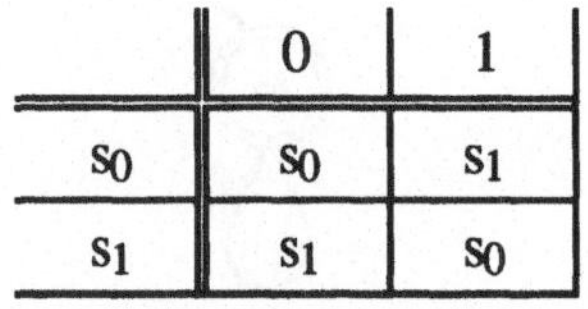

(a) Zustandstafel

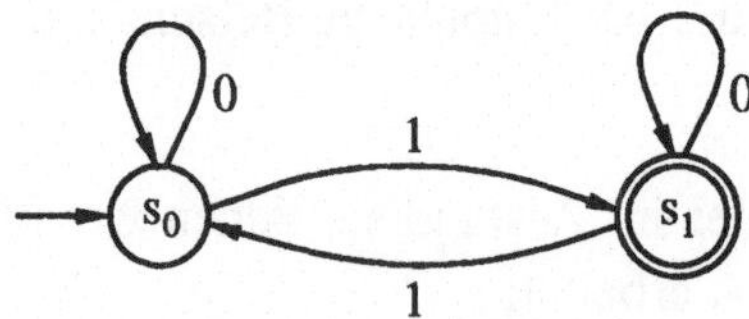

(b) Zustandsdiagramm

Bild 2.11: Automat zu Beispiel 2.7

Probieren wir wieder einige Eingaben aus:

	Eingabe	erreichter Zustand
(1)	00100	s_1
(2)	01010	s_0
(3)	110011	s_0
(4)	0111	s_1
(5)	0011101010111	s_0

Es führen genau diejenigen Eingabeworte in den einzigen Endzustand s_1, die eine ungerade Anzahl von Einsen enthalten. Dies ist leicht durch das Zustandsdiagramm erkennbar, da eine 0 den aktuellen Zustand unverändert läßt, während eine 1 einen Zustandswechsel auslöst. Da mit dem Zustand s_0 begonnen wird, kann nur jeweils eine ungerade Anzahl von Einsen nach s_1 führen.   ∎

Die Frage nach den Eingabeworten, die ein endlicher Automat akzeptiert, werden wir jetzt etwas genauer beschreiben. Dazu betrachten wir zunächst den Begriff der *Konfiguration*. Im allgemeinen wollen wir unter einer Konfiguration eines technischen Systems seinen Gesamtzustand zu einem festen Zeitpunkt verstehen, d.h. die Gesamtheit aller charakteristischen Größen, die das weitere Verhalten dieses Systems vollständig bestimmen. In diesem Buch werden wir diesem Begriff noch mehrfach für unterschiedliche Automatentypen begegnen. Im konkreten Fall eines endlichen Automaten gilt die folgende Definition:

(2.8) Definition: (Konfiguration, Übergangsrelation eines endlichen Automaten)

Es sei $EA = (E, S, \delta, s_0, F)$ ein endlicher Automat.

(a) Unter einer *Konfiguration von EA* versteht man ein Paar $(s, w) \in S \times E^*$. Dabei kann man s als den aktuellen Zustand und w als das noch zu verarbeitende Restwort interpretieren.

(b) Die *Übergangsrelation* $\vdash_{EA}$ $(\subseteq (S \times E^*) \times (S \times E^*))$ beschreibt alle möglichen, durch δ hervorgerufenen Übergänge von einer Konfiguration zu einer Folgekonfiguration, d.h. für alle $s \in S$, $w \in E^*$ und $e \in E$ gilt:
$(s, ew) \vdash_{EA} (\delta(s, e), w)$.

(c) Es bezeichne $\overset{*}{\underset{EA}{\vdash}}$ die reflexiv-transitive Hülle der Relation $\underset{EA}{\vdash}$, oder – anders ausgedrückt – alle Paare von Konfigurationen, die durch mehrmaliges Anwenden (0- und 1-mal eingeschlossen) der Überführungsfunktion δ auseinander hervorgehen können, d.h.

$\forall\, s \in S$ und $\forall\, w_1, w_2 \in E^*$: $(s, w_1 w_2) \overset{*}{\underset{EA}{\vdash}} (\delta(s, w_1), w_2)$. ∎

Mit diesen Begriffen läßt sich die Abarbeitung von Eingabeworten formal sauber aufschreiben. Wir werden dies im nächsten Beispiel sehen. Vorher werden wir in der folgenden Definition festlegen, was wir unter der Sprache eines endlichen Automaten verstehen.

(2.9) Definition: (Sprache eines endlichen Automaten)

Wir sagen, ein endlicher Automat $EA = (E, S, \delta, s_0, F)$ *akzeptiert* ein Wort $w \in E^*$, falls $\delta(s_0, w) \in F$ gilt, d.h. falls die Verarbeitung dieses Wortes in einen Endzustand führt.

Unter der *Sprache* $L(EA)$ des Automaten EA verstehen wir die Menge aller Worte, die EA akzeptiert, genauer:

$$L(EA) ::= \{w \in E^* \mid \delta(s_0, w) \in F\}$$
$$= \{w \in E^* \mid (s_0, w) \overset{*}{\underset{EA}{\vdash}} (s, \lambda) \text{ mit } s \in F\}. \qquad ∎$$

In Erweiterung der obigen Sprechweise nennt man Automaten ohne Ausgabe, d.h. Automaten, die lediglich ein Wort akzeptieren können, aber keine Ausgabe produzieren, auch *Akzeptoren*.

(2.10) Beispiel: Wir betrachten den Automaten aus Beispiel 2.6 (s. Bild 2.10) und sehen uns die Konfigurationen an, die der Automat beim Akzeptieren des Wortes "abbabb" durchläuft:

$(s_0, \text{abbabb}) \underset{EA}{\vdash} (s_0, \text{bbabb}) \underset{EA}{\vdash} (s_1, \text{babb}) \underset{EA}{\vdash} (s_2, \text{abb}) \underset{EA}{\vdash} (s_0, \text{bb})$
$\underset{EA}{\vdash} (s_1, \text{b}) \qquad \underset{EA}{\vdash} (s_2, \lambda)\,.$

Dieses Wort gehört also zur Sprache des Automaten, weil der Zustand s_2 in der letzten Konfiguration ein Endzustand ist.

Dagegen gelangt der Automat beim Verarbeiten des Wortes "baba" nicht in einen Endzustand:

$(s_0, \text{baba}) \underset{EA}{\vdash} (s_1, \text{aba}) \underset{EA}{\vdash} (s_0, \text{ba}) \underset{EA}{\vdash} (s_1, \text{a}) \underset{EA}{\vdash} (s_0, \lambda)\,.$ ∎

(2.11) Beispiel: Bisher sind wir in unseren Beispielen immer von einem gegebenen Automaten ausgegangen und haben versucht, die Sprache des Automaten zu erkennen. Jetzt wollen wir umgekehrt vorgehen und uns die Frage stellen, wie ein Automat aussehen kann, der eine fest vorgegebene Sprache hat. Wir gehen in diesem Beispiel von dem Eingabealphabet $E = \{a, b\}$ aus und suchen nach einem Automaten für die Menge aller Worte, in denen zwei aufeinanderfolgende a´s oder b´s vorkommen. Ein erster Entwurf führt auf Bild 2.12 (a):

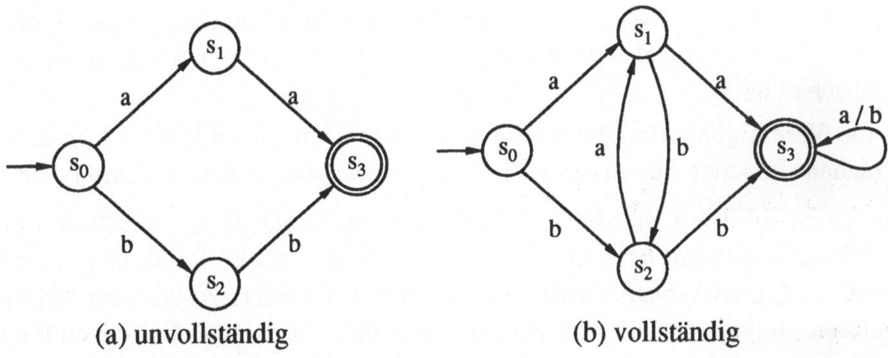

Bild 2.12: Zustandsdiagramme zu Beispiel 2.11

Vom Anfangszustand s_0 ausgehend, führen zwei a´s oder zwei b´s auf den einzigen Endzustand s_3. Die beiden dazwischen liegenden Zustände s_1 und s_2 dienen dazu, sich zu merken, daß zuletzt ein a bzw. ein b gelesen wurde. Beim genauen Betrachten dieses Entwurfs stellt man fest, daß das Diagramm nicht der Vereinbarung entspricht, daß aus jedem Knoten genau so viele Kanten herausgehen müssen, wie es verschiedene Eingabezeichen gibt. Diese Forderung wird durch die Knoten s_1 und s_2 verletzt, weil keine Kante mit der Bewertung b vom Knoten s_1 und von s_2 keine Kante mit der Bewertung a wegführt. Mit diesen fehlenden Kanten kann man aber gerade den Fall behandeln, daß die Eingabefolge aa bzw. bb erst in der Mitte (oder am Ende) der Eingabe auftritt. Man muß mit diesen Kanten jeweils in den anderen Zweig umschalten. Das Zustandsdiagramm von Bild 2.12 (b) zeigt die richtige Lösung.   ∎

An den obigen Beispielen haben wir gesehen, daß die Sprachen endlicher Automaten von recht unterschiedlichem Aufbau sein können. Vergegenwärtigen wir uns noch einmal die bisher betrachteten Sprachen:

Beispiel 2.6: $L(EA) = \{w \mid w$ endet auf b b$\}$

Beispiel 2.7: $L(EA) = \{w \mid w$ enthält ungerade Anzahl von Einsen$\}$

Beispiel 2.11: $L(EA) = \{w \mid w$ enthält a a oder b b$\}$

Aufgrund der bisherigen Betrachtungen treten eine Reihe von Fragen auf, die sich auf das Aussehen der Sprachen endlicher Automaten beziehen, zum Beispiel:

Kann auch das leere Wort λ zu einer solchen Sprache gehören?

Gibt es Sprachen, die nicht Sprachen eines endlichen Automaten sind, oder ist jede Menge $L \in \wp(E^*)$ Sprache eines geeigneten endlichen Automaten?

Falls nicht: Wie unterscheidet sich die Struktur einer Sprache, die durch einen endlichen Automaten akzeptiert werden kann, von einer Sprache, die nicht diese Eigenschaft hat?

Ist die Vereinigung, der Durchschnitt, das Komplement (d.h. $E^* - L$) etc. von Sprachen endlicher Automaten wiederum Sprache eines endlichen Automaten?

Der Leser wird auf die drei ersten Fragen im Laufe dieses Abschnitts eine ausführliche Antwort bekommen, die vierte Frage wird im Laufe des nächsten Kapitels (Kapitel 3) beantwortet werden. Zunächst werden wir uns aber mit zwei weiteren Beispielen beschäftigen, die uns mit den Eigenschaften endlicher Automaten noch etwas vertrauter machen sollen. Dabei wird bereits im folgenden Beispiel die erste der obigen Fragen geklärt werden.

(2.12) Beispiel: Bisher haben wir nur Automaten kennengelernt, deren Sprachen jeweils aus einer unendlichen Menge von Wörtern bestanden. Es ist einfach, einen endlichen Automaten anzugeben, dessen Sprache eine *endliche* Menge ist. Wir betrachten einen Automaten EA mit der Eingabemenge $E = \{a, b\}$, der Zustandsmenge $S = \{s_0, s_1, s_2\}$, die den Anfangszustand s_0 und die Endzustandsmenge $F = \{s_0, s_2\}$ enthält, und schließlich mit der Überführungsfunktion δ, die durch das Zustandsdiagramm in Bild 2.13 gegeben ist:

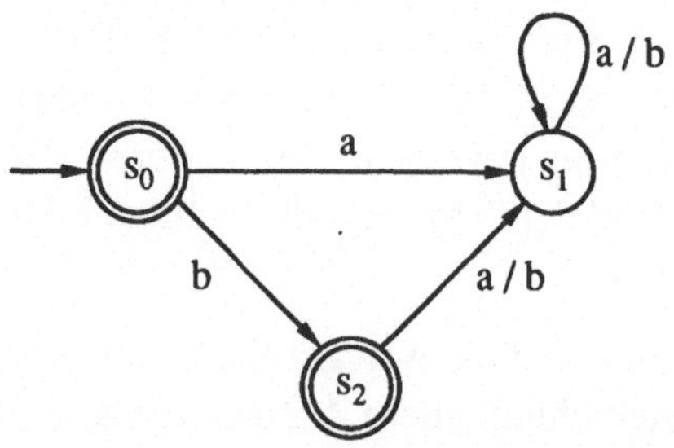

Bild 2.13: Zustandsdiagramm des Automaten zu Beispiel 2.12

Es ist leicht zu sehen, daß dieser endliche Automat die endliche Sprache $L(EA) = \{\lambda, b\}$ hat. Das leere Wort λ gehört zur Sprache, weil der Anfangszustand zugleich Endzustand ist. Der Leser sollte sich vergewissern, daß dies keine willkürliche Vereinbarung ist, sondern daß in diesem Fall die Definition 2.9 die Hinzunahme des leeren Wortes zur Sprache erzwingt.   ∎

(2.13) Beispiel: Jetzt wollen wir für das Alphabet $E = \{a, b, c\}$ einen endlichen Automaten EA konstruieren, für den

$$L(EA) = \{w \in E^* \mid w \text{ enthält nach jedem a genau ein b}\}$$

gilt.

Beispiele für Worte $w \in L(EA)$ sind: $w = abcccab$, $w = bcbcbb$, $w = bcab$
Beispiele für $w \notin L(EA)$ sind dagegen: $w = abbc$, $w = bacaa$, $w = aabb$.

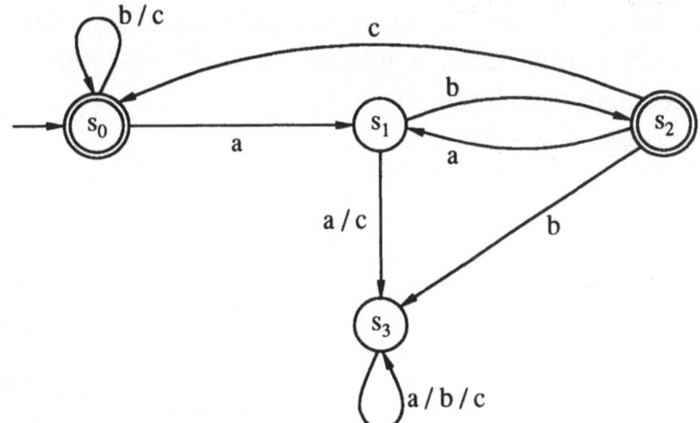

Bild 2.14:

Zustandsdiagramm des Automaten zu Beispiel 2.13

Die Lösung ist in Bild 2.14 dargestellt, und bei der Konstruktion kann man etwa folgendermaßen vorgehen:
Beim einfachsten Fall – w enthält kein a – verbleibt der Automat im Anfangszustand s_0. Der Fall $w = ab$ führt von s_0 über s_1 in den Endzustand s_2. Folgt auf ein a ein a oder c, geht der Automat in den Zustand s_3 über, von dem aus kein Endzustand erreicht werden kann. Dasselbe gilt für den Fall, daß auf ein ab ein weiteres b folgt. Der Zustand s_3 kann also als eine Art *Fehlerzustand* angesehen werden. Falls auf das Teilwort ab ein c folgt, so wird nach s_0 zurückgegangen. Dieser Zustand zeigt an, daß das bisher gelesene Teilwort der geforderten Bedingung genügt und daß es jede Möglichkeit der richtigen oder falschen Fortsetzung gibt. Der vollständige Automat lautet also:

$EA = (E, S, \delta, s_0, F)$ mit $E = \{a, b, c\}$, $S = \{s_0, s_1, s_2, s_3\}$, $F = \{s_0, s_2\}$ und der Überführungsfunktion δ wie in Bild 2.14 angegeben.   ∎

Jetzt werden wir uns der oben aufgeworfenen Frage zuwenden, ob man Sprachen $L \subseteq E^*$ angeben kann, zu denen es keinen endlichen Automaten EA gibt mit $L = L(EA)$. Es wird sich bei der bejahenden Antwort zeigen, wie Sprachen endlicher Automaten allgemein strukturiert sind und wo die Grenzen endlicher Automaten liegen. Wir beginnen unsere Betrachtungen mit einem Beispiel.

(2.14) Beispiel: Wir wollen uns die Sprache $L = \{a^n b^n \mid n \in \mathbb{N}\}$ über dem Alphabet $E = \{a, b\}$ ansehen. Wie sieht ein endlicher Automat EA aus, der genau die Wörter der Sprache L akzeptiert, d.h. alle Wörter, die mit einer endlichen Folge von a´s beginnen und dann mit genauso vielen b´s enden?

Wenn man die Konstruktion des Zustandsdiagramms wie in Bild 2.15 beginnt, wo die kurzen Pfeile auf einen Zustand führen, von denen aus kein Endzustand erreicht werden kann, so erkennt man sofort die Schwierigkeit, das Problem für allgemeines n zu lösen.

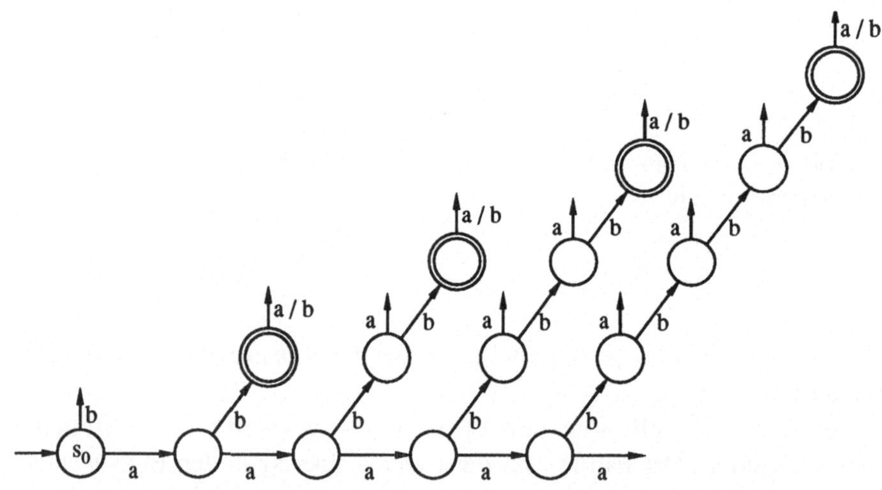

Bild 2.15: Unvollständiges Zustandsdiagramm zu Beispiel 2.14

Das Zustandsdiagramm ist für $n \leq 4$ richtig. Es sollte aber für alle natürlichen Zahlen aufgestellt werden. Daß diese Aufgabenstellung durch einen Automaten mit endlich vielen Zuständen unlösbar ist, lassen die vergeblichen Versuche vermuten, ein derartiges Zustandsdiagramm zu erstellen.   ∎

Der folgende Satz wird uns eine einleuchtende Erklärung dafür liefern, daß man keinen endlichen Automaten für die Sprache L des letzten Beispiels finden kann. Er gibt Auskunft über das Aussehen von Sprachen, für die ein entsprechender endlicher Automat existiert.

(2.15) Satz: (*Pumping-Lemma* für Sprachen endlicher Automaten)

Gegeben sei ein endlicher Automat $EA = (E, S, \delta, s_0, F)$. Die Menge S enthalte $n \in \mathbb{N}$ Zustände. Dann ist für jedes Wort $w \in L(EA)$ mit einer Länge $|w| \geq n$ die folgende Forderung erfüllbar:

w läßt sich schreiben als $w = xyz$ $(x, y, z \in E^*)$, mit den folgenden Eigenschaften:

- $|xy| \leq n$,

- $|y| \geq 1$ und

- $\forall\, i \in \mathbb{N}_0 : xy^i z \in L(EA)$.

Beweis: Wir betrachten ein beliebiges Wort $w = e_1' e_2' \ldots e_m'$ der Sprache $L(EA)$, bestehend aus $m \geq n$ Zeichen des Alphabets E. Wir nehmen an, daß der Automat beim Akzeptieren dieses Wortes die Zustandsfolge $s_0', s_1', \ldots, s_m'$ (mit $s_0' = s_0$ und $s_i' \in S$, $s_m' \in F$) durchläuft. Dies sind $m + 1$ Zustände, es muß aber bereits mindestens ein Zustand in der Folge der ersten $n + 1$ Zustände doppelt auftreten. Wir nehmen also an, daß $s_j' = s_k'$ gilt mit $0 \leq j < k \leq n$.

Wir setzen jetzt $x = e_1' \ldots e_j'$, $y = e_{j+1}' \ldots e_k'$ und $z = e_{k+1}' \ldots e_m'$.

Dann gilt offenbar: $w = xyz$, $|xy| = k \leq n$, $|y| = k - j \geq 1$.

Außerdem gilt, wie auf dem nachfolgenden Bild 2.16 verdeutlicht wird:

$\delta(s_0, xz) = \delta(s_0, xyz) = \delta(s_0, xy^iz) = s_m' \in F$, d.h. es gilt:

$\forall\, i \in \mathbb{N}_0 : xy^i z \in L(EA)$.

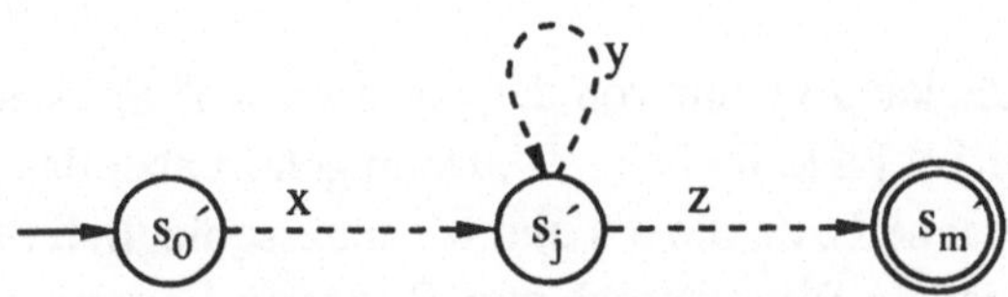

Bild 2.16: Durchlaufene Zustände beim Akzeptieren des Wortes $w = xyz$

Somit sind alle Behauptungen des Satzes bewiesen.   ∎

Der obige Satz heißt Pumping-Lemma, weil sich jedes mindestens aus n Zeichen bestehende Wort der Sprache in der angegebenen Weise (xy^iz) "aufpumpen", d.h. beliebig verlängern läßt. Wir sehen uns diesen Sachverhalt an einem konkreten

Beispiel an, bevor wir noch einmal auf die Sprache L des letzten Beispiels (Beispiel 2.14) zurückkommen.

(2.16) Beispiel: Wir betrachten noch einmal das erste Beispiel dieses Abschnitts (s. Beispiel 2.6). Der in Bild 2.10 angedeutete Automat akzeptiert alle Worte über dem Alphabet E = {a, b}, die auf bb enden. Wir nehmen ein Wort her, das zur Sprache des Automaten gehört und das aus mehr als drei Zeichen (d.h. mehr Zeichen als Zustände) besteht, etwa das Wort "bbabb". Wir unterteilen das Wort in drei Teilworte $x\,y\,z$ entsprechend der Beweisidee des Pumping-Lemmas. Zunächst stellen wir fest, daß der Automat beim Akzeptieren des Wortes die Zustandsfolge s_0, s_1, s_2, s_0, s_1, s_2 durchläuft. Da der Anfangszustand s_0 mehrfach durchlaufen wird, kann man das Wort in die Teilworte $x = \lambda$, $y = b\,ba$ und $z = bb$ zerlegen. Diese Zerlegung genügt – wie man leicht einsehen kann – den Aussagen des Satzes; insbesondere gilt, daß die Worte $xy^0z = x\,z = b\,b$, $xy^1z = x\,yz = bb\,abb$, $x\,y^2z = x\,y\,yz = bb\,ab\,babb$, $xy^3z = x\,yy\,yz$ $= \ldots$ etc. zur Sprache des Automaten gehören. ∎

(2.17) Beispiel: Jetzt sehen wir uns noch einmal die Sprache $L = \{a^ib^i \mid i \in \mathbb{N}\}$ des Beispiels 2.14 an. Wir werden zeigen, daß diese Sprache nicht den Aussagen des Pumping-Lemmas genügt und somit nicht die Sprache eines endlichen Automaten sein kann.

Denn nehmen wir an, es gäbe einen endlichen Automaten EA = (E, S, δ, s_0, F) mit der Sprache L = L(EA), der – sagen wir – n Zustände hat. Dann müßte sich jedes Wort der Sprache L, das aus mehr als n Zeichen besteht, entsprechend dem Pumping-Lemma zerlegen lassen. Wir betrachten das Wort a^nb^n, das sogar aus 2n Zeichen besteht, und schauen uns alle möglichen Zerlegungen $w = x\,yz$ dieses Wortes an:
Da $|x\,y| \leq n$ sein muß, kann $x\,y$ nur von der Form $x\,y = a^k$ mit $k \leq n$ sein. y hat also die Form $y = a^j$ mit $1 \leq j \leq k$, und $x = a^{k\text{-}j}$. Dann gehört aber das Wort $x\,y^0z = xz = a^{n\text{-}j}b^n$ nicht zur Sprache L, da die a´s und b´s unterschiedlich oft in diesem Wort vorkommen. Dies ist ein Widerspruch zum Pumping-Lemma.

Wir haben also ein hinreichend langes Wort der Sprache gefunden, für das keine Zerlegung existiert. Somit ist die obige Annahme, daß ein endlicher Automat EA mit L = L(EA) existiert, zu verwerfen. ∎

(2.18) Folgerung: Es gibt (mindestens) eine Sprache $L \in \wp(E^*)$, zu der es keinen endlichen Automaten EA gibt, so daß L = L(EA) gilt. ∎

An dem Vorgehen in Beispiel 2.17 sehen wir, daß das Pumping-Lemma ein sehr konstruktives Instrument ist, um einen derartigen Widerspruchsbeweis zu führen.

Dieses Instrument kann auf sehr kreative Weise zur Beweisführung eingesetzt werden. Das folgende Beispiel – das wir [HoU79] entnommen haben – ist ein Beleg dafür.

(2.19) Beispiel: Sei $L = \{a^{i^2} \mid i \in \mathbb{N}\}$ die Menge aller Wörter über dem Alphabet $E = \{a\}$, deren Länge gleich dem Quadrat einer natürlichen Zahl ist, d.h. $L = \{a, a\,a\,a\,a, a\,a\,a\,a\,a\,a\,a\,a\,a, \dots\}$.

Wir zeigen, daß L nicht die Sprache eines endlichen Automaten ist.

Nehmen wir an, der Automat $EA = (E, S, \delta, s_0, F)$ mit $|S| = n$ hätte L als Sprache. Dann müßte sich jedes Wort mit einer Länge größer gleich n gemäß dem Pumping-Lemma zerlegen lassen. Wir betrachten speziell das Wort $w = a^{n^2}$ und betrachten eine Zerlegung $a^{n^2} = x\,y\,z$ mit $1 \leq |y| \leq n$ und mit $x\,y^i\,z \in L$ für alle $i \in \mathbb{N}_0$.

Die letzte Aussage muß dann natürlich auch für $i = 2$ gelten, d.h. $x\,y\,y\,z \in L$. Nun gilt aber:

(1) $x\,y\,y\,z$ hat mindestens die Länge $n^2 + 1$, da $|x\,y\,y\,z| = |x\,y\,z| + |y| \geq n^2 + 1$

(2) $x\,y\,y\,z$ hat höchstens die Länge $n^2 + n$, wobei $n^2 + n < (n + 1)^2$.

Somit folgt $n^2 < |x\,y\,y\,z| < (n + 1)^2$, d.h. die Länge des Wortes $x\,y\,y\,z$ ist kein Quadrat einer natürlichen Zahl, d.h. es kann nicht zur Sprache L gehören. Aufgrund dieses Widerspruchs ist unsere Annahme falsch, daß L die Sprache eines endlichen Automaten ist. ∎

Fassen wir noch einmal zusammen, woran es liegt, daß endliche Automaten nicht alle denkbaren Sprachen beschreiben können. Im Beispiel 2.14 haben wir einen Versuch unternommen, einen entsprechenden Automaten für die Sprache $L = \{a^n b^n \mid n \in \mathbb{N}\}$ zu konstruieren. Der Versuch scheiterte daran, daß es unmöglich war, mit endlich vielen Zuständen auszukommen. Beim Akzeptieren eines Wortes $a^n b^n$ hätte man allein schon n verschiedene Zustände zum Zählen der a´s benötigt, um anschließend beim Verarbeiten der b´s noch einmal genauso weit zu zählen. Da die Länge der Worte nicht begrenzt worden ist, hätten wir unendlich viele Zustände benötigt. Wir merken uns also für spätere Kapitel, daß eine große Beschränkung endlicher Automaten darin besteht, daß sie nur endlich viele Zustände besitzen und somit nicht einmal in der Lage sind, unbeschränkt weit zu zählen.

Aufgaben zu 2.1.2:

1. Geben Sie jeweils die Sprache an, die von den nachfolgenden endlichen
   Automaten akzeptiert wird!

(a)   (b)

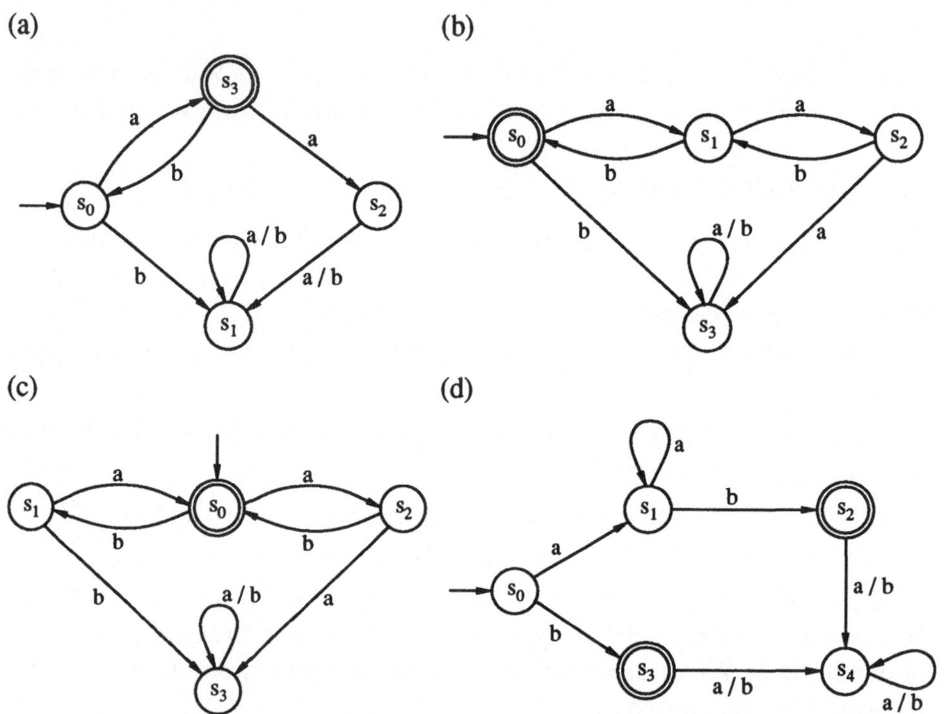

(c)   (d)

2. Welche Konfigurationen durchläuft der durch das nachfolgende
   Zustandsdiagramm beschriebene endliche Automat beim "Verarbeiten" der
   Eingabeworte 01100, 001, 1110 ? Welche Sprache akzeptiert der Automat?

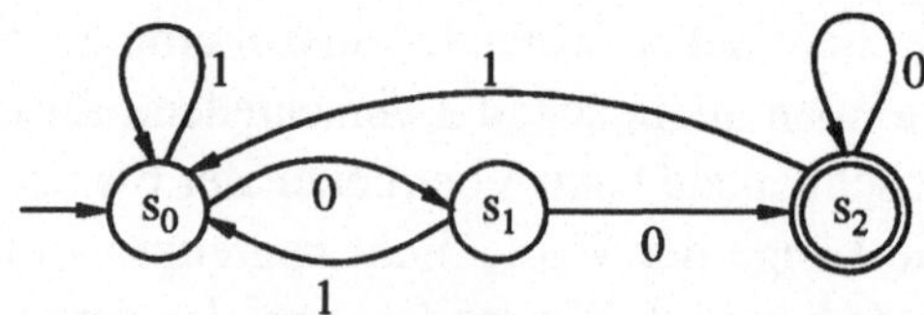

3. Geben Sie jeweils einen endlichen Automaten EA für die nachfolgenden
   Sprachen über dem Alphabet E = {a, b} an!

(a) Die Menge aller Worte, die auf b enden.

(b) Die Menge aller Worte, die mindestens drei aufeinanderfolgende a´s enthalten.

(c) Die Menge der Worte, die mit a beginnen und auf a enden und die aus mindestens zwei Zeichen bestehen.

(d) Die Menge aller Worte, die eine gerade Anzahl von a´s und eine gerade Anzahl von b´s enthalten (0 ist auch eine gerade Zahl!).

(e) Die Menge aller Worte, bei denen das zweite Zeichen kein a ist.

Beschreiben Sie alle Komponenten E, S, δ, s_0 und F des Automaten möglichst detailliert. Beschreiben Sie die Überführungsfunktion δ abwechselnd durch eine Zustandstafel und ein Zustandsdiagramm!

4.   Es sei L = L(EA) die Sprache eines endlichen Automaten EA und L^- die Sprache, die aus allen umgekehrten (d.h. rückwärts gelesenen) Wörtern von L besteht, d.h. falls beispielsweise das Wort aabb zu L gehört, so muß das Wort bbaa zu L^- gehören. Gibt es zu jedem endlichen Automaten EA mit einer Sprache L einen endlichen Automaten EA^-, der L^- akzeptiert?

5.   Es sei L = {w $\in$ {a, b}* | w enthält mehr a´s als b´s}.

Gibt es einen endlichen Automaten EA mit L(EA) = L?

2.1.3 Endliche Automaten mit Ausgabe

Wir haben bereits im einführenden Abschnitt 2.1.1 einige Beispiele für endliche Automaten mit Ausgabe kennengelernt. Jetzt werden wir mehr auf die formalen Aspekte dieses Automatentyps eingehen. Im folgenden werden wir endliche Automaten mit Ausgabe auch endliche Maschinen nennen und dafür abkürzend den Buchstaben M verwenden. Eine anschauliche Vorstellung einer endlichen Maschine gibt Bild 2.17. Neben einem Eingabeband gibt es jetzt auch ein Ausgabeband, auf das die Maschine zeichenweise schreiben kann. Demzufolge besitzt die Kontrolleinheit einen Lesekopf und einen Schreibkopf. Den Ablauf kann man sich so vorstellen, daß der Lesekopf ein Zeichen e_i vom Eingabeband liest, der Schreibkopf ein Zeichen z_j auf das Ausgabeband schreibt und der Automat – abhängig vom gelesenen Zeichen und vom aktuellen Zustand – in einen Folgezustand übergeht. Anschließend werden der Lese- und der Schreibkopf um eine Position nach rechts bzw. die Bänder um eine Position nach links bewegt.

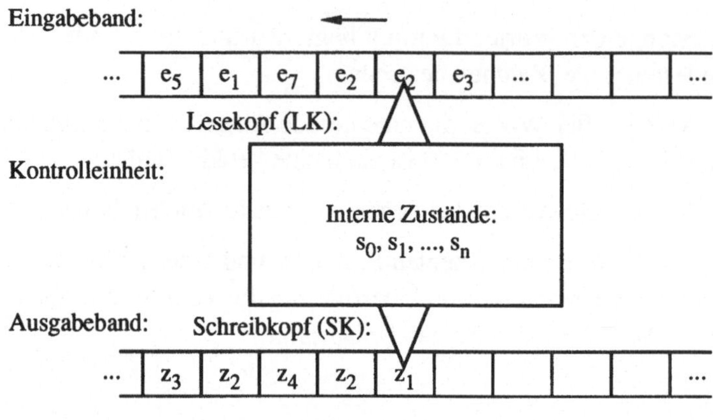

Bild 2.17: Endlicher Automat mit Ausgabe (endliche Maschine)

Exakter können wir eine endliche Maschine folgendermaßen definieren:

(2.20) Definition: (endliche (Mealy-) Maschine)

Ein *endlicher Automat M mit Ausgabe*, auch kurz *endliche Maschine* oder *Mealy-Maschine* genannt, ist durch ein Sechstupel $M = (E, S, Z, \delta, \gamma, s_0)$ definiert.

Dabei sind $E = \{e_1, ..., e_r\}$, $S = \{s_0, ..., s_n\}$, $Z = \{z_1, ..., z_m\}$ jeweils endliche, nichtleere Mengen zur Darstellung des *Eingabealphabets*, der *Zustandsmenge* und des *Ausgabealphabets* und ferner $\delta : S \times E \to S$ die *Überführungsfunktion*, $\gamma : S \times E \to Z$ die *Ausgabefunktion* und $s_0 \in S$ der *Anfangszustand*.   ∎

Gegenüber endlichen Automaten ohne Ausgabe können wir also folgende Unterschiede feststellen:

(1) Es gibt ein Ausgabealphabet und eine Ausgabefunktion.
(2) Nach jedem Lesen eines Zeichens wird neben der Überführungsfunktion die Ausgabefunktion angewendet.
(3) Es gibt bei endlichen Maschinen keine Endzustandsmenge.

Hier steht also nicht die Klassifizierung der Eingabewörter im Vordergrund, sondern es geht darum, welches Ausgabewort aus Z* beim "Verarbeiten" eines Eingabewortes aus E* erzeugt wird.

Die Überführungs- und die Ausgabefunktion einer (Mealy-) Maschine lassen sich ebenfalls am besten mit einem Zustandsdiagramm oder einer Zustandstafel darstellen (s. Bild 2.18). Es ergibt sich gegenüber dem vorigen Abschnitt die Erweiterung, daß die Zustandstafel bzw. das Zustandsdiagramm als zusätzlichen Eintrag bzw. als zusätzliche Kantenbeschriftung das auszugebende Zeichen enthalten.

	e_1	e_2	$\dots$	e_i	$\dots$	e_r
s_0						
s_1						
$\dots$						
s_j				s_k, z_h		
$\dots$						
s_n						

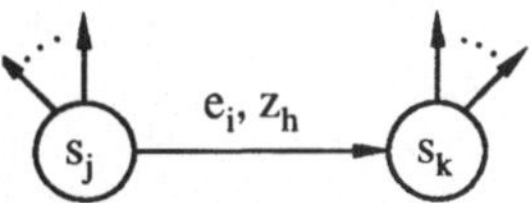

Bild 2.18: Zustandstafel und -diagramm einer Mealy-Maschine

Als einführendes Beispiel wollen wir Beispiel 2.7 etwas modifizieren:

(2.21) Beispiel: Wir bauen eine Paritätsprüfmaschine, d.h. eine Maschine, die angibt, ob die Anzahl gelesener Einsen eines Wortes gerade oder ungerade ist. Dazu definieren wir $M = (E, S, Z, \delta, \gamma, s_0)$ mit $E = \{0, 1, P\}$, $S = \{s_0, s_1\}$ und $Z = \{0, 1, G, U\}$. Die Funkionen δ und γ sind so beschaffen, daß eine Eingabe 0 oder 1 jeweils reproduziert wird, daß aber beim Eingabezeichen P die Parität G (gerade) oder U (ungerade) ausgegeben wird. Aus dem Beispiel 2.7 ergibt sich sofort die Lösung in Bild 2.19.

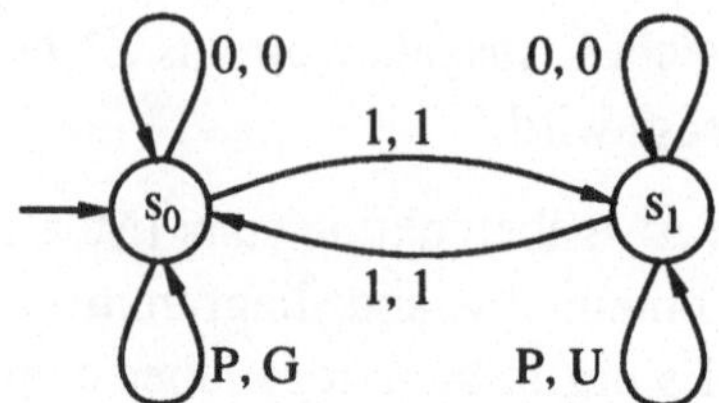

Bild 2.19: Endliche Maschine zu Beispiel 2.21   ∎

(2.22) Beispiel: Es ist recht einfach, durch eine endliche Maschine das Verhalten eines endlichen Automaten *ohne Ausgabe* zu simulieren. Die Idee ist folgende: Die Maschine soll bei jedem Zustandsübergang eine 1 ausgeben, bei dem der Automat in einen Endzustand übergeht, ansonsten eine 0. Dann gilt offensichtlich: Ein Wort wird von dem endlichen Automaten genau dann akzeptiert, wenn die Maschine beim Verarbeiten des Wortes als letztes Zeichen eine 1 produziert. Wir wollen den Automaten aus Beispiel 2.11 auf diese Weise simulieren und definieren die folgende Maschine:

$M = (E, S, Z, \delta, \gamma, s_0)$ mit $E = \{a, b\}$, $S = \{s_0, s_1, s_2, s_3\}$, $Z = \{0, 1\}$ und δ und γ gemäß dem Zustandsdiagramm in Bild 2.20.

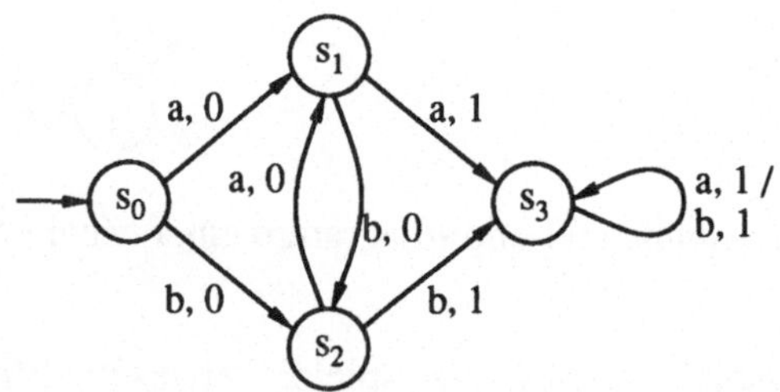

Bild 2.20: Endliche Maschine zu Beispiel 2.22

Diese Maschine gibt genau dann als letztes Zeichen eine 1 aus, wenn in dem Eingabewort zwei aufeinanderfolgende a´s oder b´s vorkommen.   ∎

(2.23) Beispiel: Als letztes Beispiel wollen wir eine Maschine entwerfen, die zwei Binärzahlen gleicher, aber beliebiger Länge addieren kann und deren Summe ausgibt (s. Bild 2.21).

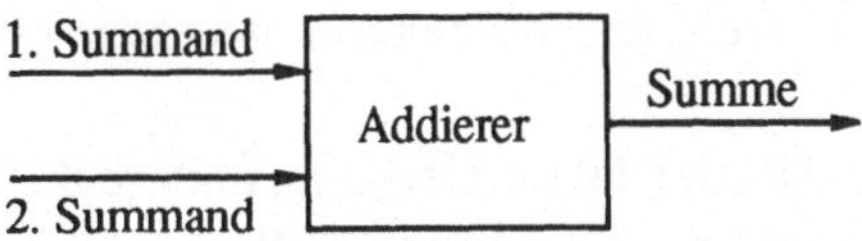

Bild 2.21: Addierer

Es ergibt sich die Schwierigkeit, daß die Maschine eigentlich zwei Eingänge (jeweils für 0 und 1) für beide Summanden haben müßte. Wenn man sich aber die folgende Schreibweise der Addition zweier Zahlen

$$\begin{array}{r} 100110 \\ +\ \underline{001100} \\ =\ 110010 \end{array}$$

ansieht, stellt man fest, daß es nur vier verschiedene Möglichkeiten gibt, wie 0 und 1 an einer Binärstelle verteilt sein können: 00, 01, 10 und 11. Wir werden deshalb jedes dieser Paare als ein atomares Zeichen interpretieren und betrachten das Eingabealphabet E = {00, 01, 10, 11}. Da schließlich wegen der Berücksichtigung von Überträgen die Summe von rechts nach links zu bilden ist, verarbeiten wir das Eingabewort in umgekehrter Reihenfolge, also im obigen Fall das Wort 00 10 11 01 00 10.

Was die Zustände anbelangt, haben wir zu unterscheiden, ob bei der Summenbildung an einer Binärstelle ein Übertrag zu berücksichtigen ist oder nicht. Es reichen deshalb zwei Zustände s_0 und s_1 aus. Der Zustand s_0 – gleichzeitig der Anfangszustand – gibt an, daß sich bei der zuletzt ausgeführten Addition kein Übertrag ergeben hat.

Insgesamt erhalten wir eine endliche Maschine M = (E, S, Z, δ, γ, s_0) mit E = {00, 01, 10, 11}, S = {s_0, s_1}, Z = {0, 1}, sowie δ und γ entsprechend dem Zustandsdiagramm in Bild 2.22.

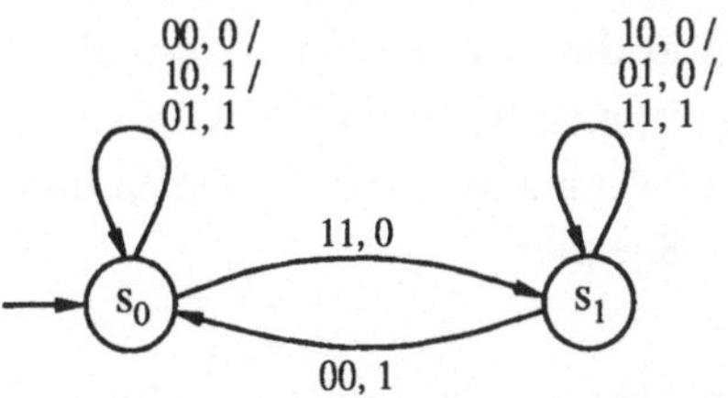

Bild 2.22: "Addiermaschine" zu Beispiel 2.23

Bei der obigen Eingabe 00 10 11 01 00 10 ergibt sich zum Beispiel das Ausgabewort 010011, welches, umgekehrt gelesen, tatsächlich die richtige Summe darstellt.

Zu beachten ist noch, daß der letzte Übertrag unberücksichtigt bleibt, falls die Addition im Zustand s_1 abbricht. In diesem Fall wäre das Ergebnis nicht korrekt. Wir fordern deshalb zusätzlich, daß das Eingabewort immer mit dem Zeichen 00 endet (was bei obiger Eingabe jedoch nicht notwendig war). ■

Wir werden uns jetzt einem anderen Maschinenkonzept zuwenden. War bisher bei der (Mealy-) Maschine die Ausgabe immer von der aktuellen Eingabe und dem aktuellen Zustand abhängig, so soll jetzt die Ausgabe nur noch vom Zustand abhängig sein.

(2.24) Definition: (Moore-Maschine)

Eine *Moore-Maschine* ist durch ein Sechstupel $M = (E, S, Z, \delta, \gamma_M, s_0)$ definiert mit E, S, Z, δ, s_0 wie bei der Mealy-Maschine (s. Definition 2.20), jedoch mit einer Ausgabefunktion $\gamma_M: S \to Z$, die nur vom aktuellen Zustand abhängt. ■

Die Arbeitsweise einer Moore-Maschine ist anders erklärt als die der Mealy-Maschine. Die Verarbeitung eines Wortes läuft folgendermaßen ab: Zu einem Wort $w = e_1´ \ldots e_n´$ durchläuft die Moore-Maschine die Zustandsfolge $s_0´, \ldots, s_n´$ mit $s_k´ ::= \delta(s_{k-1}´, e_k´)$ für $k \geq 1$ und produziert die Ausgabefolge $\gamma_M(s_1´), \ldots, \gamma_M(s_n´)$. Das erste ausgegebene Zeichen hängt also nicht vom Startzustand, sondern von dessen erstem Folgezustand ab. Man kann sich vorstellen, daß – wenn in einem Zustand s ein Zeichen e gelesen wird – zuerst die Überführungsfunktion $\delta(s, e) = s´$ angewendet wird und *anschließend* die Ausgabefunktion $\gamma_M(\delta(s, e)) = \gamma_M(s´)$. Die Ausgabe wird also jeweils nicht aufgrund des aktuellen, sondern aufgrund des nachfolgenden Zustandes produziert.

Zusammenfassend gilt also, daß die Funktionsweise einer Moore-Maschine $M = (E, S, Z, \delta, \gamma_M, s_0)$ durch die Funktionsweise der Mealy-Maschine $M´ = (E, S, Z, \delta, \gamma, s_0)$ mit $\gamma ::= \gamma_M \circ \delta$ erklärt werden kann, wobei "∘" die "Hintereinanderausführung" zweier Funktionen bedeutet. Es wird sich herausstellen, daß es zu jeder Mealy-Maschine eine gleichwertige (s. Definition 2.26) Moore-Maschine gibt. Wir geben dazu ein Beispiel.

(2.25) Beispiel: Betrachten wir die Addiermaschine $M = (E, S, Z, \delta, \gamma, s_0)$ aus Beispiel 2.23.

Wir gehen bei der Konstruktion einer gleichwertigen Moore-Maschine

$M' = (E, S', Z, \delta', \gamma', s_0')$ so vor, daß wir als neue Zustandsmenge alle möglichen Paare aus Zeichen der alten Zustandsmenge S und des Ausgabealphabets Z betrachten, also:

$$S' ::= S \times Z$$
$$= \{(s, z) \mid s \in \{s_0, s_1\}, z \in \{0, 1\}\}$$
$$= \{(s_0, 0), (s_0, 1), (s_1, 0), (s_1, 1)\}$$

Ferner seien definiert

$$s_0' ::= (s_0, 0) ,$$
$$\delta' : S' \times E \to S' \text{ durch } \delta'((s, z), e) ::= (\delta(s, e), \gamma(s, e)), \text{ und}$$
$$\gamma' : S' \to Z \text{ durch } \gamma'((s, z)) ::= z .$$

Die Grundidee dieser Festlegung ist recht einfach. Die Ausgabefunktion der Mealy-Maschine wird durch die Zustandsmenge simuliert, denn die Anwendung der Überführungsfunktion δ' liefert angewendet auf ein Paar $((s, z), e)$ zum einen den Folgezustand $\delta(s, e)$ und zum anderen das auszugebende Zeichen $\gamma(s, e)$. Durch die Anwendung von γ' wird anschließend $\gamma(s, e)$ ausgegeben.

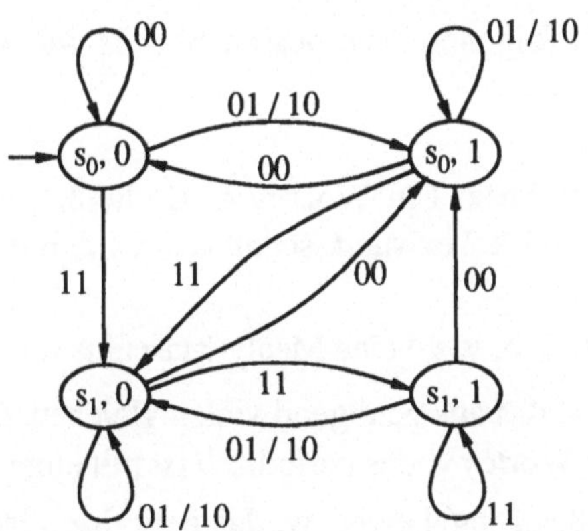

Bild 2.23: Moore-Maschine zu Beispiel 2.25

Wir erhalten damit eine Moore-Maschine $M' = (E, S', Z, \delta', \gamma', s_0')$, bei der die Überführungsfunktion dem Zustandsdiagramm in Bild 2.23 entspricht.

Die Ausgabefunktion gibt – *nach* dem Anwenden der Überführungsfunktion – jeweils die zweite Komponente des neuen Zustands aus.

Beispielsweise liefert die Eingabefolge 00 10 11 01 00 10 das Ausgabewort 010011, das mit dem Ergebnis in Beispiel 2.23 übereinstimmt.   ∎

Wir stellen diesen Sachverhalt jetzt etwas allgemeiner dar:

(2.26) Definition: (Gleichwertigkeit)

Eine Mealy-Maschine M heißt *gleichwertig* zu einer Moore-Maschine M´ (und umgekehrt), wenn beide Maschinen zu jedem Eingabewort $w \in E^*$ dasselbe Ausgabewort erzeugen. ∎

(2.27) Satz: Zu jeder Mealy-Maschine gibt es eine gleichwertige Moore-Maschine und umgekehrt. ∎

Den Beweis dieses Satzes überlassen wir dem Leser (s. Aufgabe 5), da die wesentlichen Ideen bereits in Beispiel 2.25 auftreten.

Wir wollen jetzt die Grenze der Leistungsfähigkeit von endlichen Maschinen betrachten. Bei endlichen Automaten ohne Ausgabe wurden diese Grenzen durch das Pumping-Lemma dokumentiert. Hier lassen sich Abbildungen zwischen Eingabe- und Ausgabewörtern angeben, die nicht durch eine endliche Maschine realisierbar sind.

Einen Einblick gibt der folgende Satz, dessen Beweis wir wiederum dem Leser überlassen (s. Aufgabe 6).

(2.28) Definition und Satz: Ein Wort $w \in E^*$ heiße *periodisch mit einer Periodenlänge n*, falls ein $i \geq 2$ existiert, sodaß $w = x\,y^i z$ mit $x, y, z \in E^*$ und $|x|$, $|z| \leq n$, $|y| = n$.

Es sei ferner $M = (E, S, Z, \delta, \gamma, s_0)$ eine Mealy-Maschine mit $|S| = n$. Dann gilt:

(a) Ein Eingabewort w, das aus genügend vielen gleichen Zeichen besteht, führt zur Ausgabe eines Wortes v, das periodisch ist mit einer Periodenlänge $\leq n$.

(b) Ein genügend großes Eingabewort w, das periodisch ist und eine Periodenlänge $\leq p$ hat, führt zur Ausgabe eines periodischen Wortes v mit einer Periodenlänge $\leq n{\cdot}p$. ∎

(2.29) Beispiel: Aufgrund der Aussage (a) des letzten Satzes kann es keine endliche Maschine M mit $E = \{1\}$ und $Z = \{0, 1\}$ geben, die folgende Abbildung der Eingabe- auf die Ausgabewörter realisiert:

$$w = 111111111 \dots$$

$$v = 100100001 \dots ,$$

die also immer dann eine 1 ausgibt, wenn die Anzahl bisher eingelesener Zeichen
einer Quadratzahl entspricht, und sonst 0.   ∎

Eine noch interessantere Aussage – die man ähnlich wie Satz 2.28 begründen
kann – besagt, daß es zwar eine endliche Addiermaschine, nicht jedoch eine
endliche Multipliziermaschine für beliebig lange Binärzahlen geben kann:

(2.30) Satz: Es gibt keine endliche Maschine M, die Paare von beliebig langen
Binärzahlen miteinander multiplizieren kann.

Beweis: Um den Satz einzusehen, nehmen wir an, es gäbe eine solche Maschine
M mit n Zuständen. Wir wollen jetzt die Zahl 2^p (mit $p > n$) mit sich selbst
multiplizieren.

Dabei gehen wir davon aus, daß

– die Zahlen stellenweise, Paar für Paar, am Ende beginnend, d.h. mit der
  kleinsten Stellenwertigkeit zuerst, eingelesen werden,

– beide Zahlen und das Ergebnis in Binärdarstellung mit $2p + 1$ Stellen
  gegeben sind (diese werden benötigt, denn das Ergebnis besteht aus einer 1
  und $2p$ Nullen),

– der Automat $2p + 1$ Verarbeitungsschritte benötigt, d. h. er verarbeitet je ein
  Eingabezeichen pro Schritt und gibt je ein Zeichen aus.

Die Binärdarstellung von 2^p besteht aus p Nullen gefolgt von einer 1 (und
anschließend wieder p Nullen): $2^p = 00\ldots0100\ldots0$. Das Ergebnis 2^{2p} besteht
dementsprechend aus $2p$ Nullen und einer Eins: $2^{2p} = 00\ldots0000\ldots1$.

Bei der Berechnung der letzten Ziffer im $(2p + 1)$-ten Verarbeitungsschritt hat
der Automat schon $(p - 1)$-mal vorher die Eingabe 00 erhalten. Wegen $p > n$ muß
er sich dabei in einem Zustand befinden, den er vorher – nach der Eingabe des
Paares 1 1 – schon einmal angenommen hat.

Also muß die Eingabe 00 im $(2p + 1)$-ten Verarbeitungsschritt wie bereits vorher
die Ausgabe 0 bewirken. Das ist ein Widerspruch zur Annahme.   ∎

Aufgaben zu 2.1.3:

1. Geben Sie für die Alphabete $E = Z = \{0, 1\}$ eine Maschine an, die das
    Einerkomplement des Eingabewortes berechnet. Für das Wort $w = 01011$
    soll z.B. das Wort $v = 10100$ ausgegeben werden.
    Geben Sie sowohl eine Mealy- als auch eine Moore-Maschine an!

2. Geben Sie für die Alphabete $E = Z = \{0, 1\}$ jeweils eine endliche Maschine an, die

    (a) das Eingabewort um zwei Zeichen versetzt reproduziert, d. h. die letzten beiden Ziffern des Wortes abschneidet, und das Wort am Anfang mit zwei Einsen "auffüllt" (z.B. $01011000 \rightarrow 11010110$),

    (b) solange eine 0 ausgibt, bis erstmalig die Zeichenkette 101 im Eingabewort erkannt wird. Danach sollen nur noch Einsen ausgegeben werden (z.B. $010110 \rightarrow 000111$)!

3. Wandeln Sie die Paritätsprüfmaschine aus Beispiel 2.21 in eine gleichwertige Moore-Maschine um!

4. Konstruieren Sie eine Mealy-Maschine, die die Multiplikation von zwei Binärzahlen mit beschränkter Stellenzahl durchführen kann! Nehmen Sie an, daß die Zahlen aus maximal 2 Stellen bestehen.

5. Beweisen Sie, daß es zu jeder Mealy-Maschine eine gleichwertige Moore-Maschine gibt und umgekehrt! Gehen Sie dabei von Beispiel 2.25 aus!

6. Beweisen Sie die Richtigkeit von Satz 2.28!

2.1.4 Äquivalenz und Minimierung endlicher Automaten

Wir kehren in diesem Abschnitt wieder zu den endlichen Automaten ohne Ausgabe zurück. Alle folgenden Betrachtungen können auf endliche Maschinen übertragen werden. Wir werden dies zum Ende des Abschnittes andeuten.

Die "Leistung" oder "Funktionalität" eines endlichen Automaten wird, wie wir gesehen haben, durch die von ihm akzeptierte Sprache angegeben. Es ist nun aber sehr leicht möglich, zu einer Sprache L verschiedene – sogar unendlich viele verschiedene – Automaten anzugeben, die L als Sprache haben.

Wir sind daher in diesem Abschnitt an Automaten interessiert, die von ihrem Aufbau her möglichst einfach sind, die also technisch und wirtschaftlich am einfachsten herzustellen wären. Es ist naheliegend, die möglichst geringe Anzahl interner Zustände als Kriterium für einen einfachen Automaten anzusehen, und wir werden deshalb die nachfolgenden Fragestellungen untersuchen:

–   Gibt es zu einem vorgegebenen Automaten EA einen Automaten EA´, der dieselbe Sprache akzeptiert und mit weniger Zuständen auskommt?

–   Gibt es einen Minimalautomaten EA´, der mit einer minimalen Anzahl von Zuständen auskommt?

–   Ist dieser Minimalautomat eindeutig bestimmt (abgesehen von der Umbenennung von Zuständen)?

–   Gibt es ein effektives, abbrechendes Verfahren zur Bestimmung eines derartigen Automaten?

Wir wollen zunächst festlegen, was wir unter der Äquivalenz zweier Automaten verstehen:

(2.31) Definition: (äquivalente Automaten)

Zwei endliche Automaten EA_1 und EA_2 mit demselben Eingabealphabet E heißen *äquivalent*, kurz: $EA_1 \sim EA_2$, wenn $L(EA_1) = L(EA_2)$ gilt.   ∎

Es ist sofort einzusehen, daß die Relation $\sim$ eine Äquivalenzrelation, d.h. reflexiv, symmetrisch und transitiv ist. Ein einfacher Fall von Äquivalenz liegt vor, wenn man die sogenannten *nicht erreichbaren* Zustände eines Automaten entfernt. Damit sind diejenigen Zustände gemeint, die ein Automat niemals durchlaufen kann, unabhängig davon, welches Eingabewort betrachtet wird.

(2.32) Definition: ((nicht-) erreichbarer Zustand)

Ein Zustand $s \in S$ eines endlichen Automaten $EA = (E, S, \delta, s_0, F)$ heißt *nicht erreichbar*, wenn für alle Eingabeworte $w \in E^*$ gilt: $\delta(s_0, w) \neq s$.
Andernfalls heißt s *erreichbar*.   ∎

(2.33) Definition: (vereinfachter Automat)

Es sei $EA = (E, S, \delta, s_0, F)$ ein endlicher Automat.

(a) Der endliche Automat $\widetilde{EA} = (E, \widetilde{S}, \widetilde{\delta}, s_0, \widetilde{F})$ mit:

$$\widetilde{S} ::= S - \{s \in S \mid s \text{ nicht erreichbar}\} ,$$

$$\widetilde{F} ::= F \cap \widetilde{S} \text{ und}$$

$$\widetilde{\delta} : \widetilde{S} \times E \to \widetilde{S}, \text{ wobei } \widetilde{\delta}(s, e) ::= \delta(s, e) \text{ für } s \in \widetilde{S} \text{ gilt,}$$

heißt der *zu EA gehörige vereinfachte Automat*.

(b) EA heißt *vereinfacht*, falls EA = $\widetilde{EA}$, d.h. falls alle Zustände von EA erreichbar sind. ∎

Um die nicht erreichbaren Zustände eines Automaten EA mit n Zuständen zu entdecken, reicht es aus, alle Eingabeworte mit einer Länge $\leq$ n - 1 daraufhin zu überprüfen, ob sie beim "Verarbeiten" dieser Worte in einen der Zustände führen (s. Aufgabe 3).

(2.34) Satz: Es sei EA = (E, S, δ, s_0, F) ein endlicher Automat. Dann gilt:

(a) s_0 ist ein erreichbarer Zustand.

(b) Der zu EA gehörige vereinfachte Automat $\widetilde{EA}$ ist äquivalent zu EA.

Beweis:

(a) gilt wegen $\delta(s_0, \lambda) = s_0$.

(b) ist gültig, weil nicht erreichbare Zustände zum Akzeptieren eines Wortes nicht benötigt werden. ∎

Als nächstes wollen wir ein Verfahren entwickeln, das uns ermöglicht, die Anzahl der Zustände eines Automaten zu minimieren. Als theoretischen Hintergrund führen wir dazu einen Äquivalenzbegriff für Zustände ein.

(2.35) Definition: (Äquivalenz von Zuständen)

Es seien EA = (E, S, δ, s_0, F) und EA´= $(E, S´, \delta´, s_0´, F´)$ endliche Automaten.

(a) Zwei Zustände $s \in S$ und $s´ \in S´$ heißen *k - äquivalent* zueinander ($k \in \mathbb{N}_0$), in Zeichen $s \overset{k}{\sim} s´$

$::\Leftrightarrow \forall\ w \in E^*,\ |w| \leq k:\ \delta(s, w)$ und $\delta´(s´, w)$ sind entweder beide Endzustände, oder sie sind beide keine Endzustände.

(b) s und s´ heißen *äquivalent* zueinander, in Zeichen $s \sim s´$, wenn $s \overset{k}{\sim} s´$ für alle $k \in \mathbb{N}_0$ gilt.

(c) Diese Definition gilt insbesonders auch für EA = EA´, d.h. für Zustände s, s´ ein- und desselben Automaten. ∎

Es ist leicht nachprüfbar, daß es sich bei den Relationen $\sim$ und $\overset{k}{\sim}$ auf der Zustandsmenge eines Automaten um Äquivalenzrelationen im mathematischen Sinne handelt (s. Aufgabe 4), und wir stellen außerdem fest:

(2.36) Folgerung: Mit den Bezeichnungen von Definition 2.35 gilt:

(a) $s \overset{0}{\sim} s'$ $\quad\Leftrightarrow\quad$ $s \in F$ und $s' \in F$, oder $s \notin F$ und $s' \notin F$.

(b) $s \overset{k}{\sim} s'$ $\quad\Leftrightarrow\quad$ $\forall\, w \in E^*, |w| \le k$: $\delta(s, w) \overset{0}{\sim} \delta'(s', w)$

(c) $s_0 \sim s_0'$ $\quad\Leftrightarrow\quad$ die beiden endlichen Automaten $EA = (E, S, \delta, s_0, F)$ und $EA' = (E, S', \delta', s_0', F')$ akzeptieren dieselbe Sprache. ∎

Aufgrund der Betrachtungen in Kapitel 1.1 wird durch die Äquivalenz-relationen $\sim$ und $\overset{k}{\sim}$ jeweils eine Zerlegung der Zustandsmengen induziert. Wir legen fest:

(2.37) Definition: (Zerlegung der Zustandsmenge)

Es seien $\sim$ und $\overset{k}{\sim}$ (für $k \in I\!N_0$) die Äquivalenzrelationen auf der Zustandsmenge S eines Automaten EA. Wir bezeichnen die durch $\sim$ festgelegte Zerlegung von S mit π und die durch $\overset{k}{\sim}$ festgelegte Zerlegung mit π_k. ∎

(2.38) Satz: Für $\pi = \{[\,s\,] \mid s \in S\}$ und $\pi_k = \{[\,s\,]_k \mid s \in S\}$ mit $k \in I\!N_0$ gilt:

(a) $\pi \prec \pi_k$ oder gleichwertig

$\forall\, s \in S : [\,s\,] \subseteq [\,s\,]_k.$

(b) Für $k_1 \le k_2$ gilt $\pi_{k_2} \prec \pi_{k_1}$ oder gleichwertig

$\forall\, s \in S : [\,s\,]_{k_2} \subseteq [\,s\,]_{k_1}.$

Beweis: Die Behauptungen folgen aus Satz 1.15. ∎

Eine weitere wichtige Aussage beinhaltet der folgende Satz. Er besagt, daß die feinste Zerlegung bereits nach höchstens n Schritten erreicht wird und anschließend konstant bleibt.

(2.39) Satz: Es sei $EA = (E, S, \delta, s_0, F)$ mit π_k ($k = 0, 1, 2, \dots$) wie in Definition 2.37. Dann gilt:

(a) Falls für ein $k \in I\!N_0$ $\pi_k = \pi_{k+1}$ gilt, so auch $\pi_{k+1} = \pi_{k+2} = \pi_{k+3} = \dots = \pi$.

(b) Falls EA höchstens n Zustände hat (d.h. $|S| \le n$), gilt $\pi_{n-1} = \pi_n$.

Beweis: s. Aufgabe 5. ∎

Jetzt können wir festlegen:

(2.40) Definition: (reduzierter Automat)

Ein endlicher Automat $EA = (E, S, \delta, s_0, F)$ heißt *reduziert*, wenn er vereinfacht ist und alle Zustände paarweise nicht äquivalent zueinander sind.   ■

Bei einem reduzierten Automaten werden alle Zustände tatsächlich benötigt, d.h. man kann keine Zustände "entfernen", ohne die Sprache des Automaten zu verändern.

Unser Ziel ist es jetzt, eventuell vorhandene äquivalente Zustände eines Automaten zu entdecken. Wir werden einen Algorithmus[1] angeben, der uns alle Paare äquivalenter Zustände eines Automaten als Ausgabe liefert. Anschließend können wir dann zu dem betrachteten Automaten einen äquivalenten reduzierten Automaten konstruieren.

Als zentrale Idee für den Algorithmus dienen die nun folgenden Aussagen.

(2.41) Satz: Es sei S die Zustandsmenge des endlichen Automaten EA, und $\overset{k}{\sim}$ wie in Definition 2.35. Dann gilt für alle $s_1, s_2 \in S$ und $k \in \mathbb{N}_0$:

$$s_1 \overset{k+1}{\sim} s_2 \Leftrightarrow \forall e \in E : \delta(s_1, e) \overset{k}{\sim} \delta(s_2, e) \text{ und } s_1 \overset{0}{\sim} s_2.$$

Beweis: Durch einfaches Umformen erhalten wir:

$$s_1 \overset{k+1}{\sim} s_2$$

$$\Leftrightarrow \forall v \in E^*, |v| \le k+1 : \delta(s_1, v) \overset{0}{\sim} \delta(s_2, v)$$

$$\Leftrightarrow s_1 \overset{0}{\sim} s_2 \text{ und } \forall e \in E, v \in E^*, |v| \le k : \delta(s_1, ev) \overset{0}{\sim} \delta(s_2, ev)$$

$$\Leftrightarrow s_1 \overset{0}{\sim} s_2 \text{ und } \forall e \in E, v \in E^*, |v| \le k : \delta(\delta(s_1, e), v) \overset{0}{\sim} \delta(\delta(s_2, e), v)$$

$$\Leftrightarrow s_1 \overset{0}{\sim} s_2 \text{ und } \forall e \in E : \delta(s_1, e) \overset{k}{\sim} \delta(s_2, e).$$ ■

(2.42) Folgerung: Wenn man im letzten Satz nur den Folgepfeil von links nach rechts betrachtet ($\Rightarrow$) und die ganze Aussage umformt, erhält man:

$$s_1 \overset{0}{\not\sim} s_2 \text{ oder } \exists e \in E : \delta(s_1, e) \overset{k}{\not\sim} \delta(s_2, e) \;\Rightarrow\; s_1 \overset{k+1}{\not\sim} s_2.$$

Beweis: Eine Aussage der Form $(\alpha \Rightarrow \beta)$ ist logisch äquivalent zu $(\neg\,\beta \Rightarrow \neg\,\alpha)$, und eine Aussage $(\neg\, \forall x \in E : \gamma)$ ist logisch äquivalent zu $(\exists x \in E : \neg\,\gamma)$.   ■

---

1) Zum Begriff des Algorithmus verweisen wir auf Kapitel 4. Der Leser möge sich darunter ein maschinell ausführbares Verfahren vorstellen, etwa ein Programm in einer höheren Programmiersprache.

Wir können also induktiv aus der "Nicht-k-Äquivalenz" zweier Folgezustände $\delta(s_1, e)$ und $\delta(s_2, e)$ auf die "Nicht-(k+1)-Äquivalenz" der Zustände s_1 und s_2 schließen. Genau diese Idee wird nun ausgenutzt. Zur Ermittlung der äquivalenten Zustände nehmen wir ein Dreiecksschema zu Hilfe, das für jedes Zustandspaar (s_i, s_j), oder umgekehrt, (mit $i \neq j$) einen Eintrag vorsieht:

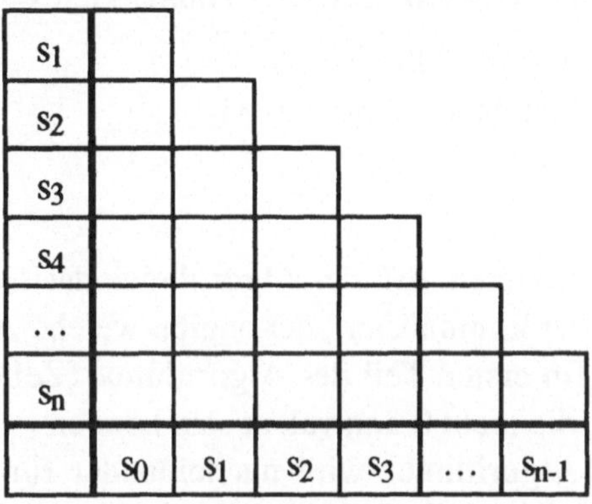

Es wird nun jedes Kästchen zu einem Paar (s_i, s_j) mit einem Kreuz markiert, für das $s_i \sim s_j$ nicht gelten kann. Zum Schluß, wenn sich durch das Verfahren keine Änderung mehr ergibt, geben die nichtmarkierten Kästchen genau die äquivalenten Zustände an.

(2.43) Algorithmus: (Feststellung der äquivalenten Zustände eines endlichen Automaten ohne Ausgabe)

INPUT: vereinfachter endlicher Automat EA $= (E, S, \delta, s_0, F)$ ohne Ausgabe;

OUTPUT: alle Paare (s, s') äquivalenter Zustände;

BEGIN ($*$ Bestimmung von "$\sim$" $*$)

    $k := 0$; (1)

    FOR EACH *Paar* $(s, s') \in S \times S$ *mit* $s \neq s'$ **DO** (2)

        IF $s \in F, s' \in S - F$ **OR** $s' \in F, s \in S - F$ (3)

        THEN *markiere* (s, s')

        END ($*$ IF $*$)

    END ($*$ FOR $*$); ($*$ jetzt gilt: (s, s') unmarkiert $\Leftrightarrow s \overset{0}{\sim} s'$ $*$) (4)

    REPEAT

        $k := k + 1$;

$$\textbf{FOR EACH}\ \textit{unmarkiertes Paar}\ (s, s') \in S \times S\ \textit{mit}\ s \neq s'\ \textbf{DO}$$

$$\textbf{IF}\ \exists\, e \in E : (\delta(s, e), \delta(s', e))\ \textit{ist markiert} \qquad (5)$$

$$\textbf{THEN}\ \textit{markiere}\ (s, s')$$

$$\textbf{END}\ (*\ \textbf{IF}\ *)$$

$$\textbf{END}\ (*\ \text{FOR}\ *);\ (*\ \text{jetzt gilt: } (s, s')\ \text{unmarkiert} \Leftrightarrow s \overset{k}{\sim} s'\ *)$$

$$\textbf{UNTIL}\ \textit{keine Veränderung}; \qquad (6)$$

$$(*\ \text{jetzt gilt: } (s, s')\ \text{unmarkiert} \Leftrightarrow s \sim s'\ *)$$

$$\textbf{END}\ (*\ \text{Bestimmung von "}\!\sim\!\text{" } *). \qquad \blacksquare$$

Wir können leicht verifizieren, daß der Algorithmus das Gewünschte leistet. In Zeile (1) wird ein Zähler k initialisiert, der angibt, welche Art von k-Äquivalenz aktuell geprüft wird. Im ersten Teil des Algorithmus (Zeilen (2) - (4)) werden alle Paare festgestellt, die nicht 0-äquivalent sein können (s. Folgerung 2.36 (a)). Im zweiten Teil des Algorithmus wird nacheinander für $k = 1, 2, \ldots$ die k-Äquivalenz jedes Paares geprüft. Dabei reicht es aus, nur unmarkierte Paare zu betrachten, denn falls ein Paar bereits markiert worden ist (also nicht $(k - 1)$-äquivalent ist), bleibt es auch weiterhin markiert (d.h. es ist nicht k-äquivalent). Entscheidend ist nun Zeile (5) des Algorithmus; dort wird genau die Aussage der Folgerung 2.42 umgesetzt: falls es ein Eingabezeichen $e \in E$ gibt, so daß $\delta(s, e) \overset{k}{\not\sim} \delta(s', e)$ gilt, folgt $s \overset{k+1}{\not\sim} s'$; die Berechnung nicht-äquivalenter Zustände erfolgt also induktiv durch das Schließen von k auf $k+1$.

Der Algorithmus bricht ab, falls erstmalig in einem Durchlauf keine Markierung mehr stattfindet (Zeile (6)). Auch dieses Vorgehen ist aufgrund von Satz 2.39 korrekt. Wir fassen zusammen:

(2.44) Satz: Für den Algorithmus 2.43 gilt: Ein Paar (s, s') (oder umgekehrt) von Zuständen eines Automaten EA wird genau dann markiert, wenn $s \not\sim s'$ gilt. $\blacksquare$

(2.45) Beispiel: Wir betrachten den endlichen Automaten $EA = (E, S, \delta, s_0, F)$ mit $E = \{0, 1\}$, $S = \{s_0, s_1, s_2, s_3, s_4, s_5\}$, $F = \{s_4, s_5\}$ und δ gemäß der nachfolgenden Zustandstafel:

	0	1
s_0	s_1	s_2
s_1	s_4	s_5
s_2	s_0	s_0

	0	1
s_3	s_5	s_4
s_4	s_3	s_5
s_5	s_3	s_5

Es empfiehlt sich, bei diesem Algorithmus aufgrund der besseren Übersicht immer von einer Zustandstafel auszugehen. Ein gegebenes Zustandsdiagramm sollte daher in eine Zustandstafel umgewandelt werden.

Wir wenden nun den ersten Teil des Algorithmus an und markieren alle Paare von Zuständen mit einem X_0, von denen einer ein Endzustand ist und der andere nicht:

	s_0	s_1	s_2	s_3	s_4
s_1					
s_2					
s_3					
s_4	X_0	X_0	X_0	X_0	
s_5	X_0	X_0	X_0	X_0	

Aufgrund von Teil 2 des Verfahrens markieren wir jetzt diejenigen Paare, die durch eines der Eingabesymbole 0 oder 1 auf ein bereits markiertes Zustandspaar führen. So wird z.B. (s_0, s_1) markiert, weil bereits $(\delta(s_0, 0), \delta(s_1, 0)) = (s_1, s_4)$ markiert ist. Wir erhalten nach einem Durchlauf der REPEAT-Schleife:

	s_0	s_1	s_2	s_3	s_4
s_1	X_1				
s_2		X_1			
s_3	X_1		X_1		
s_4	X_0	X_0	X_0	X_0	
s_5	X_0	X_0	X_0	X_0	

Ein weiterer Durchlauf durch die Schleife liefert:

s_1	X_1				
s_2	X_2	X_1			
s_3	X_1		X_1		
s_4	X_0	X_0	X_0	X_0	
s_5	X_0	X_0	X_0	X_0	
	s_0	s_1	s_2	s_3	s_4

Anschließend ergibt sich keine weitere Änderung, d.h. das Verfahren bricht ab, und wir erhalten nun aufgrund der beiden nichtmarkierten Kästchen die Beziehungen $s_1 \sim s_3$ und $s_4 \sim s_5$. ∎

Nun sind wir in der Lage, den zu einem Automaten EA gehörigen reduzierten Automaten EA´ anzugeben. Es wird einfach die Menge der Äquivalenzklassen von EA als Zustandsmenge von EA´ definiert. Der Anfangszustand $s_0´$ ist diejenige Klasse, in der der Zustand s_0 liegt, und die Menge der Endzustände bilden diejenigen Klassen, die (mindestens einen) Endzustand $s \in F$ enthalten.

(2.46) Definition: (Reduktion von EA)

Es sei EA = (E, S, δ, s_0, F) ein vereinfachter endlicher Automat ohne Ausgabe. Dann heißt der Automat   EA´ = (E, S´, $\delta´$, $s_0´$, F´) mit

$$S´ ::= \pi = \{[\,s\,] \mid s \in S\},$$

$$s_0´ ::= [\,s_0\,],$$

$$F´ ::= \{[\,s\,] \mid s \in F\} \text{ und}$$

$$\delta´ : S´ \times E \to S´ \text{ mit } \delta´([\,s\,], e) ::= [\,\delta(s, e)\,]$$

der *zu EA gehörige reduzierte Automat* oder auch *Reduktion von EA*. ∎

Wir geben ein Beispiel, bevor wir auf die Korrektheit dieser Definition (d.h. daß beim Übergang zum reduzierten Automaten die Sprache nicht verändert wird) und auf die Eigenschaften dieses Automaten eingehen.

(2.47) Beispiel: Wir betrachten nochmals das letzte Beispiel. Aufgrund der berechneten Beziehungen $s_1 \sim s_3$ und $s_4 \sim s_5$ erhalten wir die Äquivalenzklassen

$$s_0' = [\,s_0\,] = \{s_0\}\,,$$

$$s_1' = [\,s_1\,] = \{s_1, s_3\}\,,$$

$$s_2' = [\,s_2\,] = \{s_2\}\ \text{und}$$

$$s_4' = [\,s_4\,] = \{s_4, s_5\}\,.$$

Somit ergibt die Konstruktion des reduzierten Automaten gemäß Definition 2.46 den Automaten $EA' = (E, S', \delta', s_0', F')$ mit $E = \{0, 1\}$, $S = \{s_0', s_1', s_2', s_4'\}$, $F = \{s_4'\}$ und δ gemäß Bild 2.24:

	0	1
s_0'	s_1'	s_2'
s_1'	s_4'	s_4'
s_2'	s_0'	s_0'
s_4'	s_1'	s_4'

(a) Zustandstafel

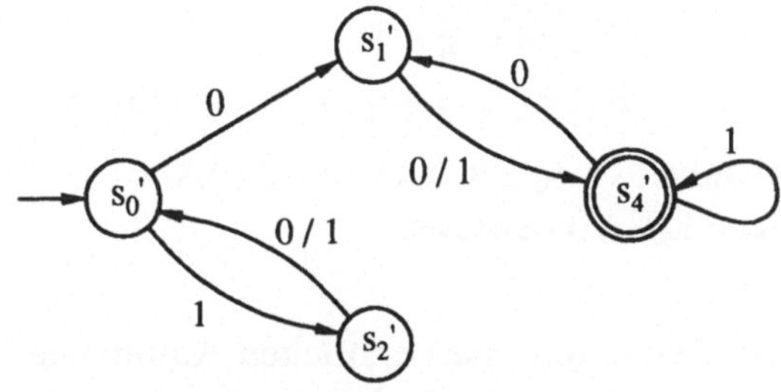

(b) Zustandsdiagramm

Bild 2.24: Reduzierter Automat zu Beispiel 2.47

Der Leser sollte die Durchführung dieses Reduktionsverfahrens an eigenen Beispielen und anhand der am Ende des Abschnitts gestellten Aufgaben üben.

Wir werden jetzt den theoretischen Hintergrund dieses Verfahrens beleuchten. Dabei haben wir versucht, den Grad der Formalisierung möglichst gering zu halten und teilweise die Beweise nur anzudeuten, um auch den theoretisch weniger interessierten Leser nicht zu überfordern.

Das letzte Beispiel läßt bereits vermuten, daß es sich bei der Reduktion um ein wohldefiniertes und korrektes, d.h. die Sprache erhaltendes Verfahren handelt.

Wir belegen dies durch folgenden Satz:

(2.48) Satz: Es sei $EA = (E, S, \delta, s_0, F)$ ein vereinfachter endlicher Automat und $EA' = (E, S', \delta', s_0', F')$ der zu EA gehörige reduzierte Automat. Dann gilt:

(a) EA' ist wohldefiniert, d.h. $\delta'([\,s\,], e) = [\,\delta(s, e)\,]$ ist unabhängig von der Wahl des Elementes $s \in [\,s\,]$,

(b) Für alle $s \in S$ gilt : $s \sim [\,s\,]$, insbesondere gilt auch $s_0 \sim [\,s_0\,]$
und damit $L(EA) = L(EA')$.

Beweis:

(a) Es gelte $s \neq s'$ und $s \sim s'$, d.h. $[\,s\,] = [\,s'\,]$

Dazu ist äquivalent: $\forall\, k \in \mathrm{IN}_0 : s \overset{k}{\sim} s'$.

Wegen Satz 2.41 folgt: $s \overset{0}{\sim} s'$ und $\forall\, k \in \mathrm{IN} : \forall\, e \in E : \delta(s, e) \overset{k\text{-}1}{\sim} \delta(s', e)$.

Daraus folgt: $\forall\, k \in \mathrm{IN}_0 : \forall\, e \in E : \delta(s, e) \overset{k}{\sim} \delta(s', e)$

und deshalb $[\,\delta(s, e)\,] = [\,\delta(s', e)\,]$ für alle $e \in E$.

(b) Zunächst kann man durch vollständige Induktion über die Wortlänge zeigen, daß für alle $s \in S$ und $w \in E^*$ gilt: $[\,\delta(s, w)\,] = \delta'([\,s\,], w)$.

Dann folgt sofort: $\delta(s, w) = s_f \in F$

$\Leftrightarrow$ $\delta'([\,s\,], w) = [\,s_f\,] \in F'$, und somit $s \sim [s]$.

Für den speziellen Fall $s = s_0$ gilt dann: $w \in L(EA) \Leftrightarrow w \in L(EA')$.
Damit ist $L(EA) = L(EA')$ bewiesen.   ■

Somit stellt sich die Reduktion eines endlichen Automaten als ein Verfahren heraus, das wirklich einen Automaten liefert, der zum ursprünglichen Automaten äquivalent ist.

Ungeklärt ist noch die Frage, ob der so berechnete Automat wirklich *minimal* ist oder ob es vielleicht einen anderen äquivalenten Automaten gibt, der mit weniger Zuständen auskommt. Es gilt zunächst, daß sich bei der Reduktion eines vereinfachten endlichen Automaten die Anzahl der Zustände tatsächlich verringert (oder gleich bleibt) und daß diese paarweise nicht äquivalent zueinander sind.

(2.49) Satz: Es sei $EA = (E, S, \delta, s_0, F)$ ein vereinfachter endlicher Automat, und es sei $EA' = (E, S', \delta', s_0', F')$ der zu EA gehörige reduzierte Automat. Dann gilt:

(a) $|S'| \leq |S|$

(b) Für alle Zustände s_1', $s_2' \in S'$ gilt: $s_1' \sim s_2' \Leftrightarrow s_1' = s_2'$

Beweis: s. Aufgabe 6.   ■

Damit ist die Reduktion eines endlichen Automaten ein reduzierter Automat im Sinne der Definition 2.40.

Um die Beziehung zwischen einem endlichen Automaten und seiner Reduktion zu präzisieren, definieren wir als nächstes strukturerhaltende Abbildungen zwischen endlichen Automaten.

(2.50) Definition: ((Zustands-) Homo- und Isomorphismus)

Es seien $EA_1 = (E, S_1, \delta_1, s_{0,1}, F_1)$ und $EA_2 = (E, S_2, \delta_2, s_{0,2}, F_2)$ endliche Automaten ohne Ausgabe.

(a) Eine Funktion $f : S_1 \to S_2$ heißt ein *(Zustands-) Homomorphismus* von EA_1 nach EA_2, wenn die Bedingungen

   (1) $\forall\, e \in E\; \forall\, s \in S_1 : f(\delta_1(s, e)) = \delta_2(f(s), e)$

   (2) $f(s_{0,1}) = s_{0,2}$

   (3) $\forall\, s \in S_1 : s \in F_1 \Leftrightarrow f(s) \in F_2$

   erfüllt sind.

   EA_2 heißt darüber hinaus ein *homomorphes Bild* von EA_1, falls das Bild $\{f(s) \mid s \in S_1\}$ mit S_2 übereinstimmt.

(b) f heißt *(Zustands-) Isomorphismus* von EA_1 nach EA_2, wenn f (Zustands-) Homomorphismus und zusätzlich bijektiv ist. Wir nennen EA_1 und EA_2 dann *isomorph zueinander* und schreiben dafür auch $EA_1 \simeq EA_2$.   ■

(Zustands-) Isomorphe Automaten können bis auf die Umbenennung von Zuständen als identisch angesehen werden, denn es gilt der folgende Satz, dessen Beweis wir dem Leser überlassen (s. Aufgabe 7):

(2.51) Satz:

(a) Ist $f : S_1 \to S_2$ ein (Zustands-) Homomorphismus von EA_1 nach EA_2, so gilt

   $L(EA_1) = L(EA_2).$

   Die Umkehrung dieser Aussage gilt i.a. nicht.

(b) Ist f sogar ein (Zustands-) Isomorphismus, so ist die sogenannte Umkehrabbildung $f^{-1}: S_2 \to S_1$ mit $f^{-1}(f(s)) = s$ ein (Zustands-) Isomorphismus von EA_2 nach EA_1. ■

Jetzt werden wir – zum Abschluß dieses Abschnitts – den Zusammenhang zwischen der Reduktion eines Automaten und den (Zustands-) Homomorphismen aufdecken. Wir werden feststellen, daß wir mit dem *reduzierten* Automaten bereits den bis auf Isomorphie eindeutig bestimmten *minimalen* Automaten gewonnen haben.

(2.52) Satz:

(a) Für einen endlichen Automaten $EA = (E, S, \delta, s_0, F)$ und den zu EA gehörigen reduzierten Automaten $EA' = (E, S', \delta', s_0', F')$ ist die Abbildung $f: S \to S'$ mit $f(s) = [\,s\,]$ für alle $s \in S$ ein (Zustands-) Homomorphismus.

(b) Für zwei endliche Automaten EA_1 und EA_2 mit den zugehörigen reduzierten Automaten EA_1' und EA_2' gilt:

$$EA_1 \sim EA_2$$

$$\Leftrightarrow \quad EA_1' \sim EA_2'$$

$$\Leftrightarrow \quad EA_1' \simeq EA_2',$$

d.h. die Reduktionen äquivalenter Automaten sind nicht nur äquivalent, sondern sogar isomorph zueinander, d.h. identisch bis auf eventuell verschieden benannte Zustände.

(c) Insbesondere gilt für zwei verschiedene Reduktionen EA_1' und EA_2' ein- und desselben Ausgangsautomaten EA bereits $EA_1' \simeq EA_2'$; die Reduktion eines endlichen Automaten ist also bis auf Isomorphie eindeutig bestimmt und stimmt mit dem *minimalen Automaten* überein.

Beweis(skizze):

(a) Es ist leicht einzusehen, daß die Definition der Reduktion eines Automaten (s. Definition 2.46, dort speziell die Abbildung $s \mapsto [\,s\,]$) der Definition eines (Zustands-) Homomorphismus (s. Definition 2.50) sehr nahe kommt. Das formale Nachrechnen überlassen wir dem Leser.

(b) (1) Die erste Äquivalenz

$$EA_1 \sim EA_2 \Leftrightarrow EA_1' \sim EA_2'$$

ist sofort einzusehen, denn es gilt

$$EA_1 \sim EA_1' \text{ und } EA_2 \sim EA_2'$$

nach Definition 2.31 und Satz 2.48 (b). Dann folgt aus der Transitivitätsregel aus $EA_1 \sim EA_2$ bereits

$$EA_1{}' \sim EA_2{}'$$

und umgekehrt.

(2) Die zweite Äquivalenz

$$EA_1{}' \sim EA_2{}' \Leftrightarrow EA_1{}' \simeq EA_2{}'$$

ist in der einen Richtung ($\Leftarrow$) klar, da isomorphe Automaten dieselbe Sprache akzeptieren.

Die andere Richtung ($\Rightarrow$) ist zwar auch nicht sehr schwierig zu beweisen, doch etwas technisch und langwierig. Wir verweisen den interessierten Leser deshalb auf [Mau77].

(c) folgt aus (b), da die Isomorphie der Reduktionen insbesondere dieselbe Anzahl an Zuständen impliziert.   ∎

Damit sind alle zu Beginn des Abschnitts aufgetretenen Fragen positiv beantwortet worden, d.h. es gibt zu jedem Automaten einen äquivalenten, minimalen Automaten; dieser ist eindeutig bestimmt und läßt sich algorithmisch in endlich vielen Schritten konstruieren.

Die wesentlichen Aussagen dieses Abschnitts lassen sich auf endliche Maschinen übertragen. Anstelle der akzeptierenden Sprache müßte man die Ein-/ Ausgabebeziehung einer Maschine als Grundlage für einen Äquivalenzbegriff nehmen. Eine ausführliche Darstellung ist etwa in [Bra84] zu finden.

Aufgaben zu 2.1.4:

1. Gegeben ist ein endlicher Automat $EA = (E, S, \delta, s_0, F)$ mit $E = \{a, b\}$, $S = \{s_0, s_1, s_2, s_3, s_4, s_5, s_6\}$, $F = \{s_2, s_4, s_5\}$ und δ gemäß der nachfolgenden Zustandstafel.

	a	b
s_0	s_1	s_2
s_1	s_1	s_3
s_2	s_2	s_4
s_3	s_1	s_6

	a	b
s_4	s_5	s_2
s_5	s_5	s_5
s_6	s_6	s_3

(a) Geben Sie einen äquivalenten, reduzierten Automaten EA´ an!

(b) Welche Sprache akzeptieren EA bzw. EA´?

2. Geben Sie zu dem durch das folgende Zustandsdiagramm beschriebenen endlichen Automaten einen äquivalenten reduzierten endlichen Automaten an!

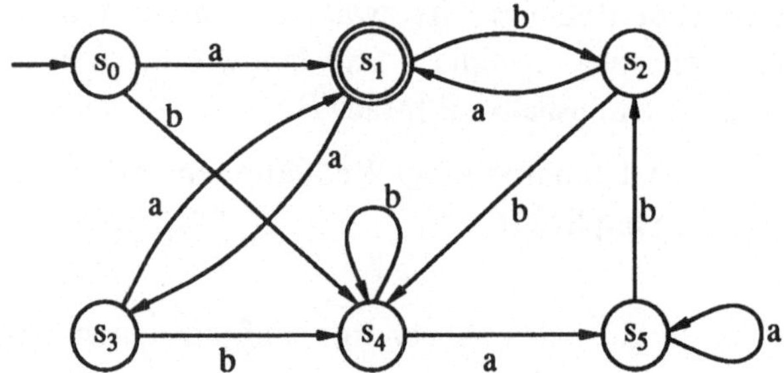

3. Zeigen Sie für einen endlichen Automaten $EA = (E, S, \delta, s_0, F)$ mit $|S| = n$, daß ein Zustand $s \in S$ bereits dann nicht erreichbar ist, wenn für alle Worte $w \in E^*$ mit $|w| \leq n - 1$ die Aussage $\delta(s_0, w) \neq s$ gilt!

4. Weisen Sie nach, daß die Relationen $\sim$ und $\overset{k}{\sim}$ auf der Zustandsmenge eines endlichen Automaten Äquivalenzrelationen (d.h. reflexiv, transitiv und symmetrisch) sind!

5. Es seien π bzw. π_k die durch $\sim$ und $\overset{k}{\sim}$ induzierten Zerlegungen der Zustandsmenge eines endlichen Automaten $EA = (E, S, \delta, s_0, F)$.
Beweisen Sie die Aussagen von Satz 2.39:

(a) Falls für ein $k \in \mathbb{N}_0$ $\pi_k = \pi_{k+1}$ gilt, so auch $\pi_{k+1} = \pi_{k+2} = \ldots = \pi$.

(b) Falls EA höchstens n Zustände hat (d.h. $|S| \leq n$), gilt $\pi_{n-1} = \pi_n$.

6. Beweisen Sie die Aussagen von Satz 2.49:
Für einen Automaten $EA = (E, S, \delta, s_0, F)$ und die zu ihm gehörige Reduktion $EA´ = (E, S´, \delta´, s_0´, F´)$ gilt:

(a) $|S'| \leq |S|$

(b) Für alle Zustände $s_1', s_2' \in S'$: $s_1' \sim s_2'$ $\Leftrightarrow$ $s_1' = s_2'$.

7. Beweisen Sie die Aussagen von Satz 2.51:

(a) Ist $f : S_1 \to S_2$ ein (Zustands-) Homomorphismus von EA_1 nach EA_2, so gilt $L(EA_1) = L(EA_2)$.

(b) Ist f sogar ein (Zustands-) Isomorphismus, so ist die Umkehrabbildung $f^{-1} : S_2 \to S_1$ mit $f^{-1}(f(s)) = s$ ein (Zustands-) Isomorphismus von EA_2 nach EA_1.

2.1.5 Nichtdeterministische endliche Automaten

Bisher haben wir endliche Automaten betrachtet, die für jedes Eingabezeichen in jedem möglichen Zustand in genau einen Folgezustand wechseln konnten; die Überführungsfunktion war jeweils eine totale Funktion $\delta : S \times E \to S$.

In diesem Abschnitt werden wir die Automaten untersuchen, bei denen der Folgezustand nicht eindeutig festgelegt ist. Es kann also in jeder Konfiguration aus einer Menge von Folgezuständen – die auch leer sein kann – ein beliebiger ausgewählt werden.

Es stellen sich mehrere Fragen, wenn wir ein derartiges nichtdeterministisches Automatenkonzept in geeigneter Weise definieren:

– Welche Sprachen können von solchen Automaten akzeptiert werden?

– Gewinnt man durch diese Verallgemeinerung der endlichen Automaten Sprachen hinzu, die bisher nicht akzeptiert wurden?

Wir werden beide Fragen im Laufe dieses Abschnittes beantworten, doch zunächst beginnen wir mit einem Beispiel:

(2.53) Beispiel: Das Bild 2.25 zeigt das Zustandsdiagramm und die Zustandstafel eines nichtdeterministischen endlichen Automaten. Es handelt sich um einen Automaten mit $E = \{a, b\}$, $S = \{s_0, s_1, s_2, s_3\}$ und $F = \{s_3\}$.

	a	b
s_0	$\{s_0, s_1\}$	$\{s_0, s_2\}$
s_1	$\{s_1, s_3\}$	$\{s_1\}$
s_2	$\{s_2\}$	$\{s_2, s_3\}$
s_3	–	–

(a) Zustandstafel

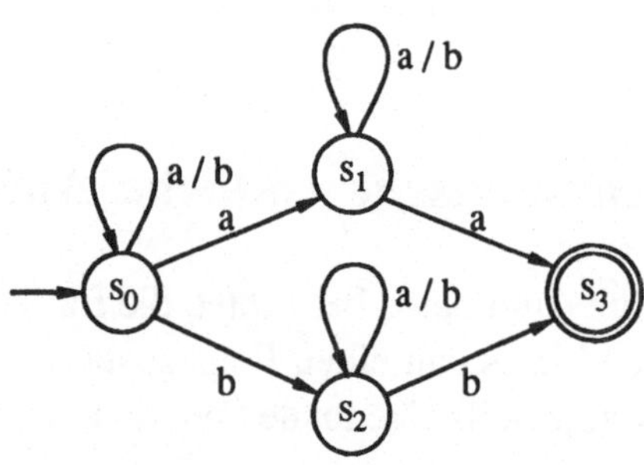

(b) Zustandsdiagramm

Bild 2.25: Nichtdeterministischer endlicher Automat zu Beispiel 2.53

Man sieht anhand der Zustandstafel deutlich, daß es Zustände gibt, bei denen es zu einem Eingabezeichen mehrere mögliche Folgezustände gibt, und daß es andere Zustände gibt, bei denen die Menge der Folgezustände leer ist.

Ein nichtdeterministischer endlicher Automat akzeptiert genau dann ein Wort, wenn es unter den verschiedenen Möglichkeiten des Durchlaufens des Zustandsdiagrammes *mindestens eine* gibt, die in einen Endzustand führt. In diesem Beispiel sind dies alle Worte, bei denen das letzte Zeichen vorher schon einmal im Wort vorgekommen ist. ∎

Wir werden jetzt die nichtdeterministischen endlichen Automaten formal definieren:

(2.54) Definition: (nichtdeterministischer endlicher Automat)

Ein *nichtdeterministischer endlicher Automat* NEA ohne Ausgabe ist durch ein Quintupel NEA = (E, S, δ, s_0, F) definiert, wobei E, S, s_0 und F dieselbe Bedeutung haben wie für (deterministische) endliche Automaten (s. Definition

2.4). Dagegen ist die Überführungsfunktion δ jetzt eine totale Funktion

$$\delta : S \times E \to \wp(S). \qquad \blacksquare$$

Analog zu den endlichen Automaten aus Abschnitt 2.1.2, die wir hier zur Abgrenzung von nichtdeterministischen endlichen Automaten auch *deterministische* endliche Automaten nennen, kann δ auch auf die Verarbeitung ganzer Worte fortgesetzt werden:

(2.55) Definition: (natürliche Fortsetzung)

Es sei $\delta : S \times E \to \wp(S)$ die Überführungsfunktion eines nichtdeterministischen endlichen Automaten. Dann ist die natürliche Fortsetzung $\delta^* : S \times E^* \to \wp(S)$ induktiv definiert durch:

$$\delta^*(s, \lambda) \quad ::= \{s\} \quad \forall\, s \in S,$$

$$\delta^*(s, ew) \quad ::= \{s'' \in S \mid \exists\, s' \in \delta(s, e): s'' \in \delta^*(s', w)\} \; \forall\, s \in S, w \in E^*, e \in E. \quad \blacksquare$$

Das Bild 2.26 veranschaulicht die zweite Gleichung. Auch in diesem Zusammenhang werden wir δ und δ^* nicht mehr unterscheiden und kurz δ schreiben.

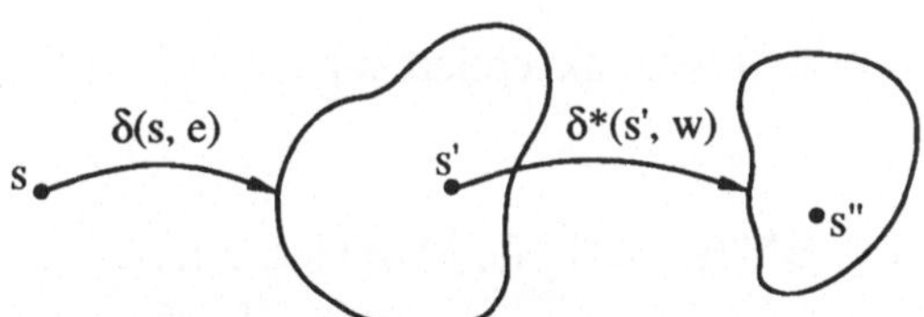

Bild 2.26: Natürliche Fortsetzung

Auch können wir für nichtdeterministische endliche Automaten die Begriffe *Konfiguration*, *Übergangsrelation* und *Sprache* in ähnlicher Weise wie für deterministische Automaten festlegen:

(2.56) Definition: (Konfiguration, Übergangsrelation)

Es sei NEA = (E, S, δ, s_0, F) ein nichtdeterministischer endlicher Automat.

(a) Eine *Konfiguration* von NEA ist ein Paar $(s, w) \in S \times E^*$. Dabei kann s als der aktuelle Zustand und w als das noch zu verarbeitende Restwort interpretiert werden.

(b) Die *Übergangsrelation*

$$\underset{\text{NEA}}{\vdash} \ (\subseteq (S \times E^*) \times (S \times E^*))$$

von NEA ist für alle $s \in S$, $w \in E^*$, $e \in E$ definiert durch:

$$(s, ew) \underset{\text{NEA}}{\vdash} (s', w) \ \Leftrightarrow \ s' \in \delta(s, e).$$

(c) Ferner sei $\underset{\text{NEA}}{\overset{*}{\vdash}}$ die reflexiv-transitive Hülle von $\underset{\text{NEA}}{\vdash}$, d.h. die Menge aller Paare von Konfigurationen, die durch mehrmaliges Anwenden der Überführungs-funktion δ auseinander hervorgehen können.   ∎

(2.57) Definition: (akzeptiertes Wort, Sprache)

Wir sagen, ein nichtdeterministischer endlicher Automat NEA = (E, S, δ, s_0, F) *akzeptiert* ein Wort $w \in E^*$, falls man durch Anwendung der Überführungs-funktion in einen Endzustand gelangen kann, d.h. falls

$$\delta(s_0, w) \cap F \neq \varnothing$$

gilt, oder gleichwertig

$$(s_0, w) \underset{\text{NEA}}{\overset{*}{\vdash}} (s, \lambda) \text{ mit } s \in F.$$

Die *Sprache* eines solchen Automaten ist dann

$$L(\text{NEA}) ::= \{ w \in E^* \mid \text{NEA akzeptiert } w \}$$

oder gleichwertig

$$L(\text{NEA}) ::= \{ w \in E^* \mid (s_0, w) \underset{\text{NEA}}{\overset{*}{\vdash}} (s, \lambda) \text{ mit } s \in F \}.   ∎$$

(2.58) Beispiel: Wir betrachten den Automaten aus Beispiel 2.53. Da es sich um einen nichtdeterministischen endlichen Automaten handelt, ist die Zuordnung einer Konfiguration zu einer Folgekonfiguration i.a. nicht eindeutig. So kann das Eingabewort $ababa$ unter anderem zu diesen Konfigurationsfolgen führen:

(1) $(s_0, ababa) \underset{\text{NEA}}{\vdash} (s_0, baba) \underset{\text{NEA}}{\vdash} (s_0, aba) \underset{\text{NEA}}{\vdash} (s_0, ba) \underset{\text{NEA}}{\vdash} (s_0, a) \underset{\text{NEA}}{\vdash} (s_0, \lambda)$,

(2) $(s_0, ababa) \underset{\text{NEA}}{\vdash} (s_1, baba) \underset{\text{NEA}}{\vdash} (s_1, aba) \underset{\text{NEA}}{\vdash} (s_1, ba) \underset{\text{NEA}}{\vdash} (s_1, a) \underset{\text{NEA}}{\vdash} (s_1, \lambda)$,

(3) $(s_0, ababa) \underset{\text{NEA}}{\vdash} (s_0, baba) \underset{\text{NEA}}{\vdash} (s_0, aba) \underset{\text{NEA}}{\vdash} (s_1, ba) \underset{\text{NEA}}{\vdash} (s_1, a) \underset{\text{NEA}}{\vdash} (s_3, \lambda)$,

etc.

Der Leser sollte sich vergegenwärtigen, daß hier viele andere Folgen möglich sind. Das Wort a b a b a wird von dem Automaten akzeptiert, da beispielsweise (3) in einen Endzustand führt.   ∎

Jetzt werden wir die eingangs aufgeworfene Frage untersuchen, ob die nicht-deterministischen endlichen Automaten eine größere Leistungsfähigkeit haben als die deterministischen. Oder anders ausgedrückt: Gibt es Sprachen, die von einem nichtdeterministischen endlichen Automaten akzeptiert werden, aber von keinem deterministischen?

Es ist ein ganz wesentliches Ergebnis der Theorie endlicher Automaten, daß diese Frage zu verneinen ist, d.h. daß beide Konzepte tatsächlich die gleiche Menge von Sprachen akzeptieren können.

Bevor wir dieses Ergebnis beweisen werden, zeigen wir an einem Beispiel, wie man zu einem vorgegebenen nichtdeterministischen endlichen Automaten einen äquivalenten deterministischen endlichen Automaten in endlich vielen Schritten konstruieren kann.

Die Grundidee ist ähnlich wie bei der Konstruktion des reduzierten Automaten im letzten Abschnitt. Wir werden *Mengen* von Zuständen des nicht-deterministischen Automaten als Zustände des deterministischen Automaten auffassen, d.h. anstelle von $\delta : S \times E \to \wp(S)$ setzen wir $\delta' : S' \times E \to S'$ mit $S' = \wp(S)$. Für $|S| = n$ folgt dann $|S'| = 2^n$, d. h. die Anzahl der Zustände wächst exponentiell an. Von diesen 2^n Zuständen sind aber die meisten häufig nicht erreichbar, so daß man in der Regel mit weniger Zuständen auskommt.

Die Anwendung des folgenden Verfahrens gewährleistet, daß nur die erreichbaren Zustände berechnet werden:

Wir setzen für eine Zustandsmenge $\Sigma \subseteq S$ und für jedes Eingabezeichen $e \in E$:

$$\delta'(\Sigma, e) ::= \bigcup_{s \in \Sigma} \delta(s, e).$$

Dabei betrachten wir nur diejenigen Zustandsmengen $\Sigma \subseteq S$, die wir – ausgehend von der Menge $\{s_0\}$ – durch ein- oder mehrmalige Anwendung dieser Regel auch tatsächlich erhalten.

(2.59) Beispiel: Es wird jetzt dieses Verfahren auf den Automaten NEA = (E, S, δ, s_0, F) aus Beispiel 2.53 angewendet. Die Zustandstafel haben wir nochmals in Bild 2.27 angegeben:

	a	b
s_0	$\{s_0, s_1\}$	$\{s_0, s_2\}$
s_1	$\{s_1, s_3\}$	$\{s_1\}$
s_2	$\{s_2\}$	$\{s_2, s_3\}$
s_3	-	-

Bild 2.27: Zustandstafel des Automaten zu Beispiel 2.53

Wir beginnen mit dem Zustand $\{s_0\}$ und erhalten als mögliche Folgezustände:

$\delta'(\{s_0\}, a) = \{s_0, s_1\}$, und

$\delta'(\{s_0\}, b) = \{s_0, s_2\}$.

Die so erhaltenen Zustände tragen wir in eine Zustandstafel ein:

	a	b
$\{s_0\}$	$\{s_0, s_1\}$	$\{s_0, s_2\}$

Wir berechnen nun die Folgezustände von $\{s_0, s_1\}$ und $\{s_0, s_2\}$ und erhalten:

	a	b
$\{s_0\}$	$\{s_0, s_1\}$	$\{s_0, s_2\}$
$\{s_0, s_1\}$	$\{s_0, s_1, s_3\}$	$\{s_0, s_1, s_2\}$
$\{s_0, s_2\}$	$\{s_0, s_1, s_2\}$	$\{s_0, s_2, s_3\}$

Von den neu hinzugekommenen Zuständen sind ebenfalls die Folgezustände zu berechnen:

	a	b
$\{s_0\}$	$\{s_0, s_1\}$	$\{s_0, s_2\}$
$\{s_0, s_1\}$	$\{s_0, s_1, s_3\}$	$\{s_0, s_1, s_2\}$
$\{s_0, s_2\}$	$\{s_0, s_1, s_2\}$	$\{s_0, s_2, s_3\}$
$\{s_0, s_1, s_3\}$	$\{s_0, s_1, s_3\}$	$\{s_0, s_1, s_2\}$
$\{s_0, s_1, s_2\}$	$\{s_0, s_1, s_2, s_3\}$	$\{s_0, s_1, s_2, s_3\}$
$\{s_0, s_2, s_3\}$	$\{s_0, s_1, s_2\}$	$\{s_0, s_2, s_3\}$

Dasselbe geschieht jetzt noch einmal für den Zustand $\{s_0, s_1, s_2, s_3\}$; wir erhalten abschließend die Zustandstafel in Bild 2.28 (a), bei der wir jeweils die Mengen $\{s_i, s_j, s_k, \dots\}$ abkürzend durch neue Zustände $s_{\{i,j,k,\dots\}}$ ersetzt haben.

	a	b
$s_{\{0\}}$	$s_{\{0,1\}}$	$s_{\{0,2\}}$
$s_{\{0,1\}}$	$s_{\{0,1,3\}}$	$s_{\{0,1,2\}}$
$s_{\{0,2\}}$	$s_{\{0,1,2\}}$	$s_{\{0,2,3\}}$
$s_{\{0,1,3\}}$	$s_{\{0,1,3\}}$	$s_{\{0,1,2\}}$
$s_{\{0,1,2\}}$	$s_{\{0,1,2,3\}}$	$s_{\{0,1,2,3\}}$
$s_{\{0,2,3\}}$	$s_{\{0,1,2\}}$	$s_{\{0,2,3\}}$
$s_{\{0,1,2,3\}}$	$s_{\{0,1,2,3\}}$	$s_{\{0,1,2,3\}}$

Bild 2.28 (a) Zustandstafel

Wir haben außerdem das Zustandsdiagramm der Überführungsfunktion δ' angegeben. Dabei sind die Endzustände des so konstruierten Automaten genau diejenigen Zustandsmengen, die den Zustand s_3 enthalten, also den Endzustand des nichtdeterministischen Automaten.

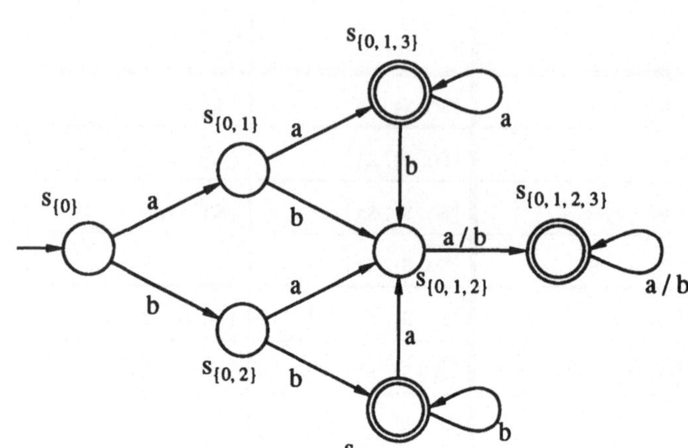

(b) Zustandsdiagramm

Bild 2.28: Gleichwertiger deterministischer Automat
zum Automaten aus Beispiel 2.53

Der Leser sollte an beispielhaften Eingabeworten überprüfen, daß beide
Automaten dieselbe Sprache akzeptieren.   ■

Wie bereits vorher bemerkt, sind wir im letzten Beispiel mit einer viel
geringeren Anzahl von Zuständen ausgekommen als der möglichen Anzahl von
2^n. Anstelle von $2^4 = 16$ Zuständen haben wir lediglich 7 Zustände benötigt.

Jetzt wollen wir das angegebene Verfahren untermauern und beweisen den
folgenden wichtigen Satz:

(2.60) Satz: Zu jedem nichtdeterministischen endlichen Automaten
$NEA = (E, S, \delta, s_0, F)$ gibt es einen deterministischen endlichen Automaten
$EA = (E, S', \delta', s_0', F')$ und umgekehrt mit

$$L(EA) = L(NEA).$$

Beweis:

(1) Die umgekehrte Richtung der Aussage ist offensichtlich:

Ist ein deterministischer endlicher Automat $EA = (E, S, \delta, s_0, F)$ gegeben, so
kann dieser als nichtdeterministischer Automat $NEA = (E, S, \delta', s_0, F)$
interpretiert werden mit:

$$\delta': S \times E \to \wp(S) \text{ mit } \delta'(s, e) ::= \{\delta(s, e)\}$$

Es gilt offensichtlich $L(EA) = L(NEA)$.

(2) Bei der anderen, etwas komplizierteren Richtung gehen wir so vor wie im letzten Beispiel. Sei $NEA = (E, S, \delta, s_0, F)$ ein nichtdeterministischer endlicher Automat. Dann ist $EA = (E, S', \delta', s_0', F')$ der zugehörige deterministische endliche Automat mit:

$$S' ::= \wp(S),$$

$$\delta': S' \times E \to S' \text{ mit } \delta'(\Sigma, e) ::= \bigcup_{s \in \Sigma} \delta(s, e) \text{ für } \Sigma \subseteq S,$$

$$s_0' ::= \{s_0\} \text{ und}$$

$$F' ::= \{\, \Sigma \subseteq S \mid \Sigma \cap F \neq \varnothing \,\},$$ d. h. ein Wort $w \in E^*$ wird genau dann akzeptiert, wenn es ein $s \in F$ gibt mit $s \in \delta'(\{s_0\}, w)$.

Auch hier denken wir uns δ' wieder fortgesetzt zu $\delta'^* : S' \times E^* \to S'$ (gemäß Definition 2.5) und schreiben weiterhin δ' anstelle von δ'^*; es gilt dann:

$$\delta'(\Sigma, \lambda) ::= \Sigma \quad \text{und}$$

$$\delta'(\Sigma, ew) ::= \delta'(\delta'(\Sigma, e), w)$$

$$= \delta'(\bigcup_{s \in \Sigma} \delta(s, e), w).$$

Wir werden jetzt zeigen, daß EA und NEA dieselbe Sprache akzeptieren. Dazu beweisen wir zuerst die folgende

Behauptung: es gilt für alle $w \in E^*$ und für alle Zustände $s, s' \in S$:

$$s' \in \delta'(\{s\}, w) \iff (s, w) \stackrel{*}{\underset{NEA}{\vdash}} (s', \lambda).$$

Beweis: durch Induktion über die Wortlänge $|w|$.

Induktionsanfang: Sei $|w| = 0$, d.h. $w = \lambda$:

$$s' \in \delta'(\{s\}, \lambda) \iff s = s' \iff (s, \lambda) \stackrel{*}{\underset{NEA}{\vdash}} (s', \lambda).$$

Induktionsannahme: Die Behauptung sei bereits für alle Worte $v \in E^*$ mit $|v| \leq n$ bewiesen.

Induktionsschluß: Wir zeigen, daß die Behauptung dann auch für $w \in E^*$ mit $|w| = n + 1$ gilt:

Sei $w = ev$, mit $|e| = 1$ und $|v| = n$:

$$s' \in \delta'(\{s\}, ev)$$

$$\Leftrightarrow \exists\, s'' \in S: s'' \in \delta'(\{s\}, e) \text{ und } s' \in \delta'(\{s''\}, v) \text{ (wg. der Definition von } \delta')$$

$$\Leftrightarrow \exists\, s'' \in S: (s, e) \underset{NEA}{\vdash} (s'', \lambda) \text{ und } (s'', v) \underset{NEA}{\overset{*}{\vdash}} (s', \lambda) \qquad \text{(Induktionsannahme)}$$

$$\Leftrightarrow (s, ev) \underset{NEA}{\overset{*}{\vdash}} (s', \lambda) \qquad\qquad \text{(aufgrund der Transitivität von } \underset{NEA}{\overset{*}{\vdash}} \text{)}.$$

Damit ist unsere Zwischenbehauptung gezeigt, und es gilt insbesondere für jeden Zustand $s \in F$ und jedes $w \in E^*$:

$$s \in \delta'(\{s_0\}, w) \Leftrightarrow (s_0, w) \underset{NEA}{\overset{*}{\vdash}} (s, \lambda)$$

oder gleichwertig: $w \in L(EA) \Leftrightarrow w \in L(NEA)$.

Damit gilt die Behauptung. ∎

(2.61) Folgerung: Die Menge aller Sprachen, die durch einen deterministischen endlichen Automaten bzw. durch einen nichtdeterministischen endlichen Automaten erkannt werden können, sei mit $\mathcal{L}_{EA}$ bzw. $\mathcal{L}_{ndet\text{-}EA}$ bezeichnet.

Es gilt dann: $\mathcal{L}_{EA} = \mathcal{L}_{ndet\text{-}EA}$ ∎

Daß diese Gleichwertigkeit der beiden Automatentypen keine Selbstverständlichkeit ist, werden wir bereits im nächsten Abschnitt feststellen. Bei den dort behandelten Kellerautomaten werden sich die deterministischen und nichtdeterministischen Automaten als unterschiedlich leistungsfähig erweisen.

Aufgaben zu 2.1.5:

1. Geben Sie zu den folgenden nichtdeterministischen endlichen Automaten jeweils einen äquivalenten deterministischen Automaten an!

   Wie lauten die Sprachen der Automaten?

(a) NEA = (E, S, δ, s_0, F) mit E = {0, 1}, S = {s_0, s_1, s_2, s_3}, F = {s_3} und δ wie in dem nachfolgenden Zustandsdiagramm:

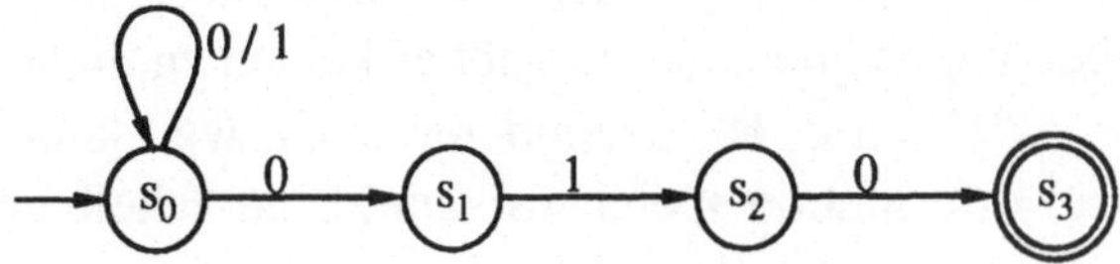

(b) NEA = (E, S, δ, s_0, F) mit E = {0, 1}, S = {s_0, s_1, s_2, s_3}, F = {s_1, s_2} und δ wie in dem nachfolgenden Zustandsdiagramm:

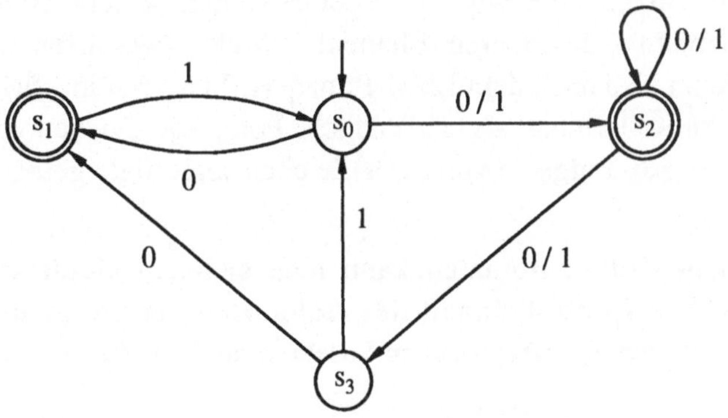

2. Wandeln Sie den durch das folgende Zustandsdiagramm gegebenen nichtdeterministischen endlichen Automaten NEA = (E, S, δ, s_0, F) mit S = {s_0, s_1, s_2, s_3, s_4} und F = {s_3} in einen äquivalenten deterministischen endlichen Automaten um!

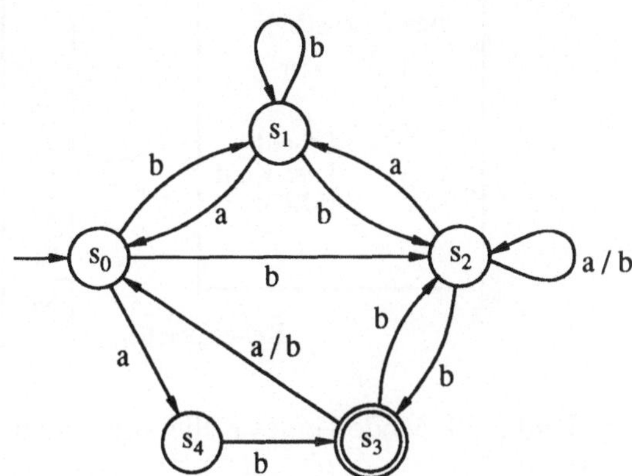

2.2 Kellerautomaten

In Abschnitt 2.1.2 haben wir gesehen, daß endliche Automaten für gewisse Problemstellungen ungeeignet sind. So gibt es keinen endlichen Automaten, der die Sprache $L = \{a^n b^n \mid n \in \mathbb{N}\}$ akzeptieren kann, weil kein solcher Automat unbeschränkt viel Information speichern kann. Eine naheliegende Erweiterung besteht deshalb darin, einen endlichen Automaten mit einem unbeschränkt großen Speicher zu versehen, der es erlaubt, die Vergangenheit der Verarbeitung eines Wortes in gewissem Umfang festzuhalten. Der hier betrachtete Speicher ist kein herkömmlicher Speicher, wie man ihn etwa als Arbeitsspeicher in einem Computer findet, sondern es handelt sich um einen *Kellerspeicher* oder auch *Keller*. Die prinzipielle Beschränkung eines Kellers besteht darin, daß jeweils nur auf ein Element – das oberste Element – direkt zugegriffen werden kann. Ein Keller arbeitet also nach dem LIFO-Prinzip (LIFO = last in - first out), d.h. stellt man sich den Kellerinhalt als eine endliche Folge von Zeichen vor, so kann nur an einem Ende der Folge jeweils ein Zeichen angefügt, gelöscht oder gelesen werden.

Unter einem Kellerautomaten kann man sich ein Gerät wie in Bild 2.29 vorstellen. Die Kontrolleinheit des Automaten kann verschiedene Zustände annehmen und verfügt neben einem Lesekopf auch über einen Schreib-/Lesekopf.

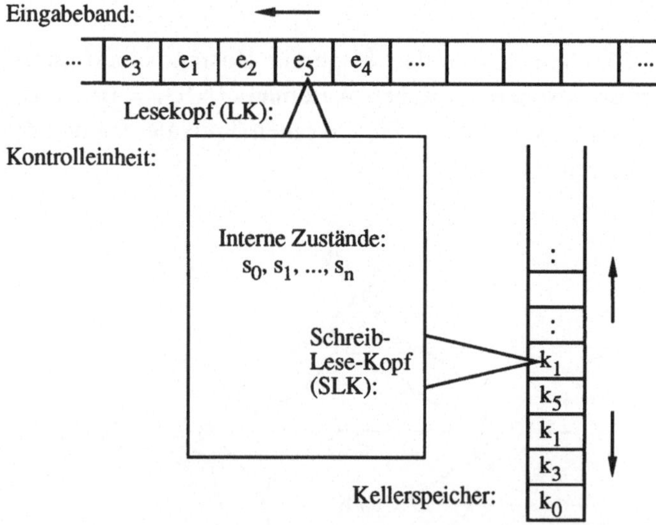

Bild 2.29: Modell eines Kellerautomaten

Der Lesekopf (L-Kopf) dient – genau wie bei den endlichen Automaten – zum sequentiellen Lesen der einzelnen Eingabezeichen. Der Lesekopf kann auf dem Eingabeband nur nach rechts bewegt werden. Dagegen wird der Schreib-/Lesekopf (SL-Kopf) für einen schreibenden und/oder lesenden Zugriff auf die oberste beschriebene Zelle des Kellerspeichers bewegt. Das Zeichen unter dem Schreib-/Lesekopf nennen wir dementsprechend *oberstes Kellerzeichen*. Ein Verarbeitungsschritt besteht nun darin, daß der Automat das Zeichen unter dem Lesekopf und unter dem Schreib-/Lesekopf liest und – in Abhängigkeit vom aktuellen Zustand – seinen Zustand verändert sowie das oberste Kellerzeichen durch eine Folge von Zeichen ersetzt. Anschließend wird der Lesekopf um eine Position nach rechts und der Schreib-/Lesekopf auf das oberste Kellerzeichen positioniert.

Wir wollen zunächst wieder die deterministische Form eines Kellerautomaten angeben.

(2.62) Definition: (deterministischer Kellerautomat)

Ein deterministischer Kellerautomat KA ist durch ein Septupel
$KA = (E, S, K, \delta, s_0, k_0, F)$ definiert. Dabei sind wiederum

$E = \{e_1, ..., e_r\}$ das *Eingabealphabet*,
$S = \{s_0, ..., s_n\}$ die *Zustandsmenge*,
$s_0 \in S$ der *Anfangszustand* und
$F \subseteq S$ die nichtleere *Menge der Endzustände*.

Außerdem ist

$K = \{k_0, ...,k_m\}$ das *Kelleralphabet*,
$k_0 \in K$ das *Kellerstartzeichen* und
$\delta : S \times (E \cup \{\lambda\}) \times K \rightarrow S \times K^*$ eine partielle Funktion, die *Überführungsfunktion*.

Dabei muß δ folgende Bedingung (*) erfüllen:

(*) Ist für $s \in S$, $e \in E$ und $k \in K$ $\delta(s, e, k)$ definiert, so ist $\delta(s, \lambda, k)$ undefiniert.   ∎

Ähnlich wie ein endlicher Automat ist ein Kellerautomat ein Akzeptor, d.h. ein Eingabewort $e \in E^*$ wird akzeptiert, wenn sich der Automat nach der Verarbeitung des Wortes in einem Endzustand befindet, andernfalls wird es nicht akzeptiert.

Die Überführungsfunktion

$$\delta : S \times (E \cup \{\lambda\}) \times K \to S \times K^*$$

soll bedeuten, daß ein geordnetes Tripel (s, e, k) in ein Paar (s´, v) überführt wird, wobei s´ der neue Zustand und $v \in K^*$ ein Wort aus Kellerzeichen ist, durch das das oberste Kellerzeichen ersetzt wird. Unter den Tripeln kann auch (s, λ, k) vorkommen. Es soll dann das Eingabezeichen unter dem Lesekopf unberücksichtigt bleiben und der Lesekopf auf dem Eingabeband nicht verschoben werden. Damit kann der Inhalt des Kellerspeichers und der Zustand unabhängig vom aktuellen Eingabezeichen verändert werden. Ganz wesentlich ist noch, daß die Überführungsfunktion nur partiell definiert ist. Ist die Funktion δ für das "aktuelle Tripel" (s, e, k) oder (s, λ, k) nicht definiert, so hält der Automat an.

Durch die Bedingung (∗) in Definition 2.62 wird gewährleistet, daß es immer nur höchstens eine Möglichkeit gibt, die Überführungsfunktion anzuwenden.

Wir beschreiben die *Arbeitsweise* noch einmal ausführlich:

Zu Anfang befindet sich der Kellerautomat im Zustand s_0, der Lesekopf über dem linken Zeichen des Eingabewortes $w \in E^*$ und der Schreib-/Lesekopf über dem untersten Kellerfeld mit der Beschriftung k_0.

Erreicht der Kellerautomat *im Laufe der Abarbeitung* von w eine Situation, in der sich der Lesekopf über dem Zeichen e, der Schreib-/Lesekopf über dem Zeichen k und der Kellerautomat im Zustand s befindet, so gibt es folgende Möglichkeiten:

(1) Gibt es im Definitionsbereich von δ kein Tripel (s, e, k) oder (s, λ, k), so hält der Kellerautomat an.

(2) Gibt es in δ eine Zuordnung (s, e, k) $\mapsto$ (s´, v), dann geht der Kellerautomat in den Zustand s´ über, k wird durch $v \in K^*$ ersetzt, der Lesekopf wird um eine Position nach rechts bewegt und der Schreib-/Lesekopf steht auf dem obersten Kellerzeichen, dem ersten (linken) Zeichen von v. Im Falle $v = \lambda$ wird das oberste Kellerzeichen gelöscht und der Schreib-/Lesekopf wird auf dem "darunterliegenden" Zeichen positioniert (gegebenenfalls λ, falls der Keller leer ist).

(3) Gibt es eine Zuordnung (s, λ, k) $\mapsto$ (s´, v), so wird wie in (2) verfahren, nur wird die Position des Lesekopfes nicht verändert.

Ist das Eingabewort $w \in E^*$ *vollständig verarbeitet*, so bleibt der Kellerautomat stehen. Das Wort w wird akzeptiert, falls sich der Kellerautomat in einem Endzustand befindet (unabhängig vom Inhalt des Kellerspeichers).

Diese Sachverhalte sind – ähnlich wie bei endlichen Automaten – formal so darstellbar:

(2.63) Definition: (Konfiguration, Übergangsrelation eines Kellerautomaten)

Es sei $KA = (E, S, K, \delta, s_0, k_0, F)$ ein Kellerautomat.

(a) Unter einer *Konfiguration* von KA versteht man ein Tripel
$(s, w, v) \in S \times E^* \times K^*$. Dabei sind s, w und v als der aktuelle Zustand, das zu verarbeitende Restwort und der aktuelle Kellerinhalt interpretierbar.

(b) Die *Übergangsrelation*

$$\underset{KA}{\vdash} \; (\subseteq (S \times E^* \times K^*) \times (S \times E^* \times K^*))$$

beschreibt alle möglichen, durch δ hervorrufbaren Übergänge von einer Konfiguration zu einer Folgekonfiguration, d.h. für $s, s' \in S$, $e \in E \cup \{\lambda\}$, $w \in E^*$, $k \in K$ und $v, v' \in K^*$ wird definiert:

$$(s, ew, kv) \underset{KA}{\vdash} (s', w, v'v) \;\; ::\Leftrightarrow\; \delta(s, e, k) = (s', v')$$

bzw. $(s, ew, kv) \underset{KA}{\vdash} (s', ew, v'v) \;\; ::\Leftrightarrow\; \delta(s, \lambda, k) = (s', v')$.

(c) Es sei wiederum $\underset{KA}{\overset{*}{\vdash}}$ die reflexiv-transitive Hülle der Relation $\underset{KA}{\vdash}$.   ∎

(2.64) Definition: (akzeptiertes Wort, Sprache eines Kellerautomaten)

Es sei $KA = (E, S, K, \delta, s_0, k_0, F)$ ein Kellerautomat.

(a) KA *akzeptiert* ein Wort $w \in E^*$, falls $(s_0, w, k_0) \underset{KA}{\overset{*}{\vdash}} (s, \lambda, v)$ mit $s \in F$ gilt,
d.h. falls sich der Kellerautomat KA nach der Verarbeitung von w in einem Endzustand befindet.

(b) Die *Sprache* L(KA) des Automaten KA ist die Menge aller Worte, die KA akzeptiert, kurz:

$$L(KA) ::= \{w \in E^* \mid (s_0, w, k_0) \underset{KA}{\overset{*}{\vdash}} (s, \lambda, v) \text{ mit } s \in F\}.$$ ∎

Nun wollen wir uns einem Beispiel zuwenden und nehmen dazu das Beispiel 2.14, in dem wir vergeblich versucht haben, für die Sprache $L = \{a^n b^n \mid n \in \mathbb{N}\}$ über dem Alphabet $E = \{a, b\}$ einen endlichen Automaten zu finden.

(2.65) Beispiel: Wir wollen zeigen, daß der Kellerautomat KA mit $E = \{a, b\}$, $S = \{s_0, s_1, s_2\}$, $K = \{k_0, a\}$, $F = \{s_2\}$ und δ gemäß

$$(s_0, a, k_0) \;\mapsto\; (s_0, a\,k_0) \tag{1}$$

$$(s_0, a, a) \;\mapsto\; (s_0, a\,a) \tag{2}$$

$$(s_0, b, a) \;\mapsto\; (s_1, \lambda) \tag{3}$$

$$(s_1, b, a) \;\mapsto\; (s_1, \lambda) \tag{4}$$

$$(s_1, \lambda, k_0) \;\mapsto\; (s_2, k_0) \tag{5}$$

genau die Wörter der Sprache $L(KA) = \{\, a^n b^n \mid n \in \mathbb{IN}\}$ akzeptiert.

Zunächst betrachten wir die Konfigurationen, die KA beim Akzeptieren des Wortes $a^3 b^3$ durchläuft:

$$(s_0, a^3 b^3, k_0) \;\vdash_{KA}\; (s_0, a^2 b^3, a\,k_0) \qquad \text{((1) angewendet)}$$

$$\vdash_{KA}\; (s_0, a\,b^3, a^2 k_0) \qquad \text{((2) angewendet)}$$

$$\vdash_{KA}\; (s_0, b^3, a^3 k_0) \qquad \text{((2) angewendet)}$$

$$\vdash_{KA}\; (s_1, b^2, a^2 k_0) \qquad \text{((3) angewendet)}$$

$$\vdash_{KA}\; (s_1, b, a\,k_0) \qquad \text{((4)angewendet)}$$

$$\vdash_{KA}\; (s_1, \lambda, k_0) \qquad \text{((4) angewendet)}$$

$$\vdash_{KA}\; (s_2, \lambda, k_0) \qquad \text{((5) angewendet).}$$

Es ist leicht einzusehen, daß KA alle Worte der Form $a^n b^n$ akzeptiert. Durch (1) wird das erste a im Kellerspeicher abgelegt, ebenso alle folgenden a´s durch (2). Beim ersten Auftreten eines b wird durch (3) ein a vom Keller gelöscht und es wird in den Zustand s_1 übergegangen. Danach wird durch (4) für jedes weitere b ein a gelöscht. Anschließend wird durch (5) in den Endzustand s_2 übergegangen. Es werden also folgende Konfigurationen durchlaufen:

$$(s_0, a^n b^n, k_0) \;\overset{*}{\vdash}_{KA}\; (s_0, b^n, a^n k_0)$$

$$\vdash_{KA}\; (s_1, b^{n-1}, a^{n-1} k_0)$$

$$\overset{*}{\vdash}_{KA}\; (s_1, \lambda, k_0)$$

$$\vdash_{KA}\; (s_2, \lambda, k_0).$$

Zudem kann KA nur Worte akzeptieren, die von der Form $a^n b^n$ sind. Beispielsweise darf das Eingabewort nicht mit einem b anfangen, da δ nicht für

(s_0, b, k_0) definiert ist. Nach dem ersten gelesenen b darf auch kein a mehr folgen, da δ für ein Tripel (s_1, a, a) ebenfalls nicht definiert ist. Die übrigen Fälle, die denkbar sind, sollte sich der Leser selbst überlegen.   ∎

Wie eingangs erwähnt, stellen Kellerautomaten eine echte Erweiterung endlicher Automaten dar. Dies wird durch den folgenden – leicht zu beweisenden – Satz belegt:

(2.66) Satz: Es sei $EA = (E, S, \delta, s_0, F)$ ein endlicher Automat.
Dann gibt es einen deterministischen Kellerautomaten mit $L(KA) = L(EA)$.

Beweis: Es sei $EA = (E, S, \delta, s_0, F)$ beliebig vorgegeben. Wir definieren $KA = (E, S, K, \delta', s_0, k_0, F)$ mit

$\quad K = \{k_0\}$, und

$\quad \forall\, s \in S$ und $\forall\, e \in E : \delta'(s, e, k_0) = (s', k_0) \quad \Leftrightarrow \quad \delta(s, e) = s'\,.$

Es folgt unmittelbar $L(KA) = L(EA)$.   ∎

Die Idee des obigen Satzes besteht also ganz einfach darin, daß von der Speicherfähigkeit des Kellers kein Gebrauch gemacht wird. Im Kellerspeicher steht während der gesamten Verarbeitung eines Wortes nur das Kellerstartsymbol k_0.

(2.67) Folgerung: Es bezeichne $\mathcal{L}_{EA}$ bzw. $\mathcal{L}_{\text{det-KA}}$ die Menge aller Sprachen, die durch einen endlichen Automaten bzw. durch einen deterministischen Kellerautomaten akzeptiert werden können.
Dann gilt: $\mathcal{L}_{EA} \subset \mathcal{L}_{\text{det-KA}}\,.$ ∎

Das nächste Beispiel behandelt Zeichenketten, die auch in höheren Programmiersprachen relevant sind.

(2.68) Beispiel: Ein wesentlicher Bestandteil der Syntax höherer Programmiersprachen wie PASCAL, MODULA-2 und FORTRAN sind arithmetische Ausdrücke, z.B.

$$A + B \quad , \quad 2 * A * (A + B) \quad , \quad (A + B) * (B + C) + 2.$$

Es ist die Aufgabe des jeweiligen Compilers, den korrekten syntaktischen Aufbau eines solchen Ausdruckes zu untersuchen.

Wir wollen uns hier auf einen Teilaspekt dieser Aufgabe konzentrieren und einen

Automaten entwerfen, der die korrekte Klammerstruktur solcher Ausdrücke erkennt. Wir werden also Zeichenketten betrachten, die nur aus öffnenden und schließenden Klammern bestehen, wie etwa [[ ]] ,] [, [[ ] [[und [ ] [ ]. Korrekte Klammerausdrücke sind diejenigen, die die beiden folgenden Bedingungen erfüllen:

(1) Der Ausdruck enthält genauso viele öffnende wie schließende Klammern.

(2) An jeder Position des Ausdrucks gilt, daß links von dieser Position höchstens so viele schließende wie öffnende Klammern stehen.

Von den obigen Beispielen erfüllen also genau die beiden Ausdrücke [[ ]] und [ ] [ ] diese Bedingungen. Wir werden alle Ausdrücke, die (1) und (2) erfüllen, als *wohlgeformte Klammerausdrücke* oder kurz *WKA* bezeichnen.

Der folgende deterministische Kellerautomat $KA = (E, S, K, \delta, s_0, k_0, F)$ akzeptiert genau die Menge der WKA. Es ist dabei $E = \{ [,] \}$, $S = \{s_0, s_1\}$, $K = \{k_0, [\}$, $F = \{s_0\}$ und δ gemäß

$$(s_0, [, k_0) \mapsto (s_1, [k_0) \tag{1}$$

$$(s_1, [, [) \mapsto (s_1, [[ ) \tag{2}$$

$$(s_1,], [) \mapsto (s_1, \lambda) \tag{3}$$

$$(s_1, \lambda, k_0) \mapsto (s_0, k_0) \tag{4}$$

Der Zustand s_0 ist zugleich Endzustand, damit auch das leere Wort λ als WKA erkannt wird.

Nach dem Lesen der ersten Klammer wechselt der Automat in den Zustand s_1. Danach wird jede öffnende Klammer im Kellerspeicher abgelegt, während eine schließende Klammer dazu führt, daß eine Klammer vom Kellerspeicher entfernt wird ((2) und (3)). Erscheint im Zustand s_1 das Kellerstartsymbol k_0 als oberstes Kellerzeichen, so geht der Automat – ohne ein Zeichen zu lesen – durch (4) in den Endzustand s_0 über. Falls das Eingabeband dann noch nicht leer ist, muß eine öffnende Klammer folgen, und der Automat wechselt wieder in den Zustand s_1 (durch (1)).

Wir verfolgen die Zustandsübergänge beim Akzeptieren des Wortes [ ] [ ] :

$$(s_0, [\,]\,[\,], k_0) \vdash_{KA} (s_1,]\,[\,], [k_0) \qquad \text{((1) angewendet)}$$

$$\vdash_{KA} (s_1, [\,], k_0) \qquad \text{((3) angewendet)}$$

$$\vdash_{KA} (s_0, [\,], k_0) \qquad \text{((4) angewendet)}$$

$$\vdash_{KA} (s_1,], [k_0) \qquad \text{((1) angewendet)}$$

$\underset{\text{KA}}{\vdash}$ (s_1, λ, k_0) ((3) angewendet)

$\underset{\text{KA}}{\vdash}$ (s_0, λ, k_0) ((4) angewendet).

Der Leser sollte wieder verifizieren, daß der angegebene Automat genau die Menge der WKA akzeptiert.   ∎

Bei den letzten Beispielen haben wir die Arbeitsweise eines vorgegebenen Kellerautomaten nur nachvollzogen. Wir wollen nun für eine gegebene Problemstellung einen Kellerautomaten entwerfen, und der Leser wird sehen, daß dies nicht sonderlich schwierig ist.

(2.69) Beispiel: Es ist ein Kellerautomat gesucht, der bei

$$E = \{0, 1, c\}, S = \{s_0, s_1, s_2\}, K = \{k_0, 0, 1\} \text{ und } F = \{s_2\}$$

die Wörter der Sprache $L(KA) = \{w \in E^* \mid w = vcv', v \in \{0, 1\}^*\}$ akzeptiert. Dabei soll v' die Umkehrung des Wortes v bedeuten. Es handelt sich also um zur Mitte symmetrische Eingabewörter, deren Mitte durch ein c gekennzeichnet ist.

Wie sieht dazu die Überführungsfunktion δ aus ?

Es ist einleuchtend, was zu tun ist. Man hat das Teilwort v auf den Kellerspeicher zu schreiben und beim Teilwort v' zu prüfen, ob es mit der Bandbeschriftung in umgekehrter Reihenfolge identisch ist. Dabei ist der Keller zu leeren.

Das erste Zeichen von v wird abgespeichert durch

$$(s_0, 0, k_0) \mapsto (s_0, 0\,k_0)$$
$$(s_0, 1, k_0) \mapsto (s_0, 1\,k_0).$$

Danach werden die folgenden Zeichen von v abgespeichert:

$$(s_0, 0, 0) \mapsto (s_0, 0\,0)$$
$$(s_0, 0, 1) \mapsto (s_0, 0\,1)$$
$$(s_0, 1, 0) \mapsto (s_0, 1\,0)$$
$$(s_0, 1, 1) \mapsto (s_0, 1\,1).$$

Beim Auftreten von c bringen wir den Kellerautomaten in den neuen Zustand s_1 :

$$(s_0, c, k_0) \mapsto (s_1, k_0)$$
$$(s_0, c, 0) \mapsto (s_1, 0)$$
$$(s_0, c, 1) \mapsto (s_1, 1).$$

Im Zustand s_1 darf es nur noch Tripel geben, bei denen Eingabe- und Kellerzeichen übereinstimmen:

$$(s_1, 1, 1) \quad \mapsto \quad (s_1, \lambda)$$
$$(s_1, 0, 0) \quad \mapsto \quad (s_1, \lambda).$$

Die Zuordnung

$$(s_1, \lambda, k_0) \quad \mapsto \quad (s_2, k_0)$$

bringt den Kellerautomaten schließlich in den Endzustand s_2.   ∎

Wir ändern die Sprache des letzten Beispiels jetzt zu

$$L = \{ w \in E^* \mid w = v\,v', v \in E^* \}$$

ab. Dabei kann man leicht einsehen, daß es *keinen* deterministischen Kellerautomaten gibt, der L akzeptiert.

Bei einem deterministischen Kellerautomaten ist für jedes Tripel (s, e, k) die Zuordnung durch δ eindeutig festgelegt und anschließend nicht mehr rückgängig zu machen. Im letzten Beispiel war die Mitte durch ein c gekennzeichnet, und es war klar, wann mit dem Löschen der gespeicherten Kellersymbole begonnen werden konnte. Dieser "Umkehrpunkt" ist jetzt nicht mehr gegeben und muß durch Probieren herausgefunden werden.

Deshalb erweitern wir jetzt das Konzept des Kellerautomaten und gehen zu den nichtdeterministischen Kellerautomaten über.

(2.70) Definition: (nichtdeterministischer Kellerautomat)

Ein nichtdeterministischer Kellerautomat ist definiert durch ein Septupel $KA = (E, S, K, \delta, s_0, k_0, F)$. Es haben alle Komponenten außer δ dieselbe Bedeutung wie in Definition 2.62.

Die Überführungsfunktion ist von der Gestalt

$$\delta : S \times (E \cup \{\lambda\}) \times K \to \wp(S \times K^*).   ∎$$

Durch die Überführungsfunktion werden die Tripel aus $S \times (E \cup \{\lambda\}) \times K$ in die Potenzmenge von $S \times K^*$ abgebildet, also in die Menge der Teilmengen von $S \times K^*$. Somit kann es für die jeweils aktuelle Konfiguration eventuell mehrere mögliche Übergänge geben.

Wir können δ als eine totale Funktion annehmen, bei der einem Argument auch die leere Menge zugeordnet werden kann. Im Gegensatz zu Definition 2.62 benötigen wir hier nicht mehr die dortige Einschränkung (*).

Die Begriffe *Konfiguration, Übergangsrelation* und *Sprache* eines nicht-deterministischen Kellerautomaten können jetzt völlig analog zu den nicht-deterministischen endlichen Automaten exakt definiert werden. Wir verzichten hier auf eine Darstellung und überlassen diese Aufgabe dem Leser.

Wir zeigen jetzt, daß sich für die Sprache $L = \{w \in E^* \mid w = vv', v \in E^*\}$ ein nichtdeterministischer Kellerautomat angeben läßt:

(2.71) Beispiel: Für die Sprache $L = \{w \in E^* \mid w = vv', v \in E^*\}$ soll ein nichtdeterministischer Kellerautomat KA entworfen werden, für den $L = L(KA)$ ist.

Wir nehmen hierzu $E = \{0, 1\}$, $S = \{s_0, s_1, s_2, s_3\}$, $K = \{k_0, 0, 1\}$ und $F = \{s_0, s_3\}$.
Durch

$$(s_0, 0, k_0) \mapsto \{(s_1, 0k_0)\}$$
$$(s_0, 1, k_0) \mapsto \{(s_1, 1k_0)\}$$

wird das erste Zeichen abgekellert. Da in der Mitte des Eingabewortes zwei gleiche Zeichen nebeneinander stehen müssen, können wir vom Vorgänger verschiedene Zeichen weiter im Kellerspeicher ablegen:

$$(s_1, 0, 1) \mapsto \{(s_1, 01)\}$$
$$(s_1, 1, 0) \mapsto \{(s_1, 10)\}.$$

Stimmt ein Eingabezeichen mit dem Vorgänger überein, so kann die Mitte des Wortes erreicht sein (oder auch nicht). Hier machen wir von der nicht-deterministischen Überführungsfunktion Gebrauch:

$$(s_1, 0, 0) \mapsto \{(s_1, 00), (s_2, \lambda)\}$$
$$(s_1, 1, 1) \mapsto \{(s_1, 11), (s_2, \lambda)\}.$$

Es kann das aktuelle Eingabezeichen entweder abgekellert werden, oder es kann ein Zeichen vom Keller gelöscht werden. Im letzteren Fall wird in den Zustand s_2 übergegangen, woraufhin nur noch die Übereinstimmung von v mit v' getestet wird:

$$(s_2, 0, 0) \mapsto \{(s_2, \lambda)\}$$
$$(s_2, 1, 1) \mapsto \{(s_2, \lambda)\}.$$

Mit der Zuordnung

$$(s_2, \lambda, k_0) \mapsto \{(s_3, k_0)\}$$

wird schließlich in den Endzustand übergegangen.

Wir nehmen ferner an, daß allen Tripeln, die hier nicht auftreten, die leere Menge zugeordnet wird.

Der Leser sollte sich die nichtdeterministische Arbeitsweise dieses Automaten genau vergegenwärtigen.

Entscheidend ist beim Vorliegen einer Situation $(s_1, 0, 0)$ oder $(s_1, 1, 1)$ nicht, welches Element der Menge $\{ (s_1, 00), (s_2, \lambda) \}$ bzw. $\{ (s_1, 11), (s_2, \lambda) \}$ im Augenblick zu nehmen ist, sondern es ist entscheidend, ob es überhaupt eine Verarbeitung des Eingabewortes *gibt*, die in einen Endzustand führt. ∎

Wir können nach diesem Beispiel festhalten:

(2.72) Satz: Es bezeichne $\mathcal{L}_{\text{det-KA}}$ bzw. $\mathcal{L}_{\text{ndet-KA}}$ die Menge aller Sprachen, die durch einen deterministischen bzw. nichtdeterministischen Kellerautomaten akzeptiert werden können.

Dann gilt: $\qquad \mathcal{L}_{\text{det-KA}} \subset \mathcal{L}_{\text{ndet-KA}}.$ ∎

Es ist beachtenswert, daß die Verhältnisse bei endlichen Automaten anders sind. Dort ist die Menge der Sprachen der deterministischen und der nichtdeterministischen Automaten identisch.

In der Literatur findet man oft andere, teilweise gleichwertige Varianten von Kellerautomaten. Sehr verbreitet – und auch naheliegend – sind Kellerautomaten, bei denen man auf Endzustände völlig verzichtet und die ein Wort genau dann akzeptieren, wenn nach der Verarbeitung eines Wortes der Keller geleert ist, sich also kein Zeichen im Keller befindet. Diese Art von Kellerautomaten wird also durch ein Sechstupel $KA = (E, S, K, \delta, s_0, k_0)$ beschrieben, bei dem die einzelnen Komponenten dieselbe Bedeutung haben wie in Definition 2.62 bzw. 2.70. Ein Wort $w \in E^*$ wird von KA akzeptiert, wenn gilt:

$$(s_0, w, k_0) \overset{*}{\underset{\text{KA}}{\vdash}} (s, \lambda, \lambda),$$

wobei $s \in S$ beliebig ist.

Es wird in [Mau77] und [HoU79] bewiesen, daß für nichtdeterministische Kellerautomaten durch beide Automatentypen – also für die durch einen Endzustand akzeptierenden und die durch den leeren Keller akzeptierenden – dieselbe Sprachenklasse $\mathcal{L}_{\text{ndet-KA}}$ definiert wird.

Dies gilt allerdings nicht für deterministische Kellerautomaten, wie in [Mau77] gezeigt wird. Deterministische Kellerautomaten, die Worte aufgrund des leeren Kellers akzeptieren, erreichen in gewisser Hinsicht nicht einmal die Leistungsfähigkeit endlicher Automaten. Ein Beispiel dafür findet der Leser in Aufgabe 4.

Bei den endlichen Automaten haben wir festgestellt, daß es Sprachen gibt, für die es keinen entsprechenden Automaten gibt. Die gleiche Fragestellung ist hier zu wiederholen: Gibt es Teilmengen $L \subseteq E^*$, so daß sich kein Kellerautomat mit $L(KA) = L$ finden läßt?

Die Frage ist zu bejahen, und wir wollen uns in dem folgenden Beispiel einen solchen Fall ansehen.

(2.73) Beispiel: Für das Eingabealphabet $E = \{a, b, c\}$ ist ein Kellerautomat KA gesucht, für den $L(KA) = \{a^n b^n c^n \mid n \in IN\}$ ist.

In Beispiel 2.65 hatten wir den Fall mit $w = a^n b^n$ gelöst, und die dortige Lösungsmethode zeigt sogleich die hier vorliegenden Schwierigkeiten. Das Teilwort a^n wird im Kellerspeicher abgelegt; durch das Teilwort b^n wird der Keller wieder entleert, woraufhin der Anhalt fehlt, die Anzahl der folgenden c's zu prüfen. Auch andere Versuche, etwa zuerst $a^n b^n$ im Keller abzulegen und den Keller mit c^n zu leeren, sind ohne Erfolg.

Tatsächlich ist das vorliegende Problem mit Kellerautomaten nicht lösbar. Einen Beweis dafür findet der Leser in Kapitel 3.   ∎

Wir erhalten also:

(2.74) Satz: Es gibt Teilmengen L von E^*, zu denen es keine Kellerautomaten KA mit $L(KA) = L$ gibt.   ∎

Wir fassen unsere bisherigen Ergebnisse zusammen:

(2.75) Folgerung: Es gilt für alle betrachteten Automatentypen (mit den entsprechenden Sprachklassen) über festem Eingabealphabet E:

$$\mathcal{L}_{EA} = \mathcal{L}_{ndet\text{-}EA} \subset \mathcal{L}_{det\text{-}KA} \subset \mathcal{L}_{ndet\text{-}KA} \subset \wp(E^*). \qquad ∎$$

Damit steht man vor der Frage, wie der Begriff des Kellerautomaten zu erweitern ist, damit etwa solche Sprachen wie in Beispiel 2.73 akzeptiert werden. Die eine Möglichkeit scheint die zu sein, zweiseitige Kellerautomaten zu definieren, bei denen das Eingabeband in beide Richtungen bewegt werden kann. Ähnlich wie bei den endlichen Automaten werden die Fähigkeiten von (einseitigen) Kellerautomaten aber dadurch nicht größer.

Die zweite Möglichkeit, einen Kellerautomaten mit zwei oder mehr Speicherbändern einzuführen, führt allerdings sehr viel weiter. Es läßt sich zeigen, daß damit ein sehr viel leistungsfähigerer Automatentyp geschaffen ist, der zur

Klasse der Turing-Maschinen gehört.

Damit wollen wir uns in Kapitel 4 beschäftigen.

Aufgaben zu 2.2.:

1. Geben Sie einen deterministischen Kellerautomaten KA an mit
    $L(KA) = \{a^n b^n \mid n \in \mathbb{N}_0\}$, d.h. der zusätzlich zu Beispiel 2.65 noch das leere
    Wort akzeptieren kann!

2. Geben Sie je einen endlichen Automaten und einen Kellerautomaten für die
    Sprache $L = \{w \in \{a, b\}^* \mid w = a^n b, n \in \mathbb{N}\}$ an!

3. Weisen Sie für den Kellerautomaten KA aus Beispiel 2.69 und
    $L = \{w \in E^* \mid w = v\,c\,v'\}$ nach, daß der Automat genau die Worte aus L
    akzeptiert!

4. Gibt es für die Sprache $L = \{a^n \mid n \in \mathbb{N}_0\}$ einen deterministischen Keller-
    automaten ohne Endzustände, d.h. einen Automaten, der Worte lediglich
    durch das Leeren des Kellers akzeptiert ?
    Begründen Sie Ihre Antwort!

5. Definieren Sie für nichtdeterministische Kellerautomaten die Begriffe
    Konfiguration, Übergangsrelation und *Sprache des Automaten*!

6. Entwerfen Sie für $E = \{a, b\}$ einen Kellerautomaten KA, so daß
    $L(KA) = \{\, w \in E^* \mid w$ enthält gleich viele a´s und b´s$\}$ gilt!
    Kann KA deterministisch gewählt werden?

7. (a) Geben Sie einen Kellerautomaten an, der die Sprache
    $L = \{a^m b^n a^n b^m \mid m, n \in \mathbb{N}_0\}$ akzeptiert!
    Kann der Automat deterministisch gewählt werden?

    (b) Beschreiben Sie die Konfigurationsübergänge beim "Verarbeiten" der
    Worte a b b a a b und a b a b b!

8. Gegeben ist folgendes Rangierproblem:

Ein Zug aus n ($\in$ $\mathbb{N}$) unterscheidbaren Wagen w_ν, $\nu \in \{1, ..., n\}$, ist, wie angedeutet, auf einem Gleis G_1 angeordnet.

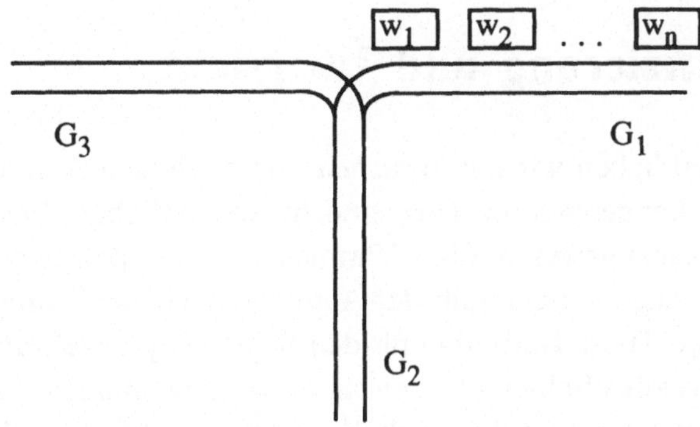

Die Gleisanlage ist mit einem Automaten verbunden, der – auf unterschiedlichen Knopfdruck (Eingabe) – folgende Aktionen realisiert:

Eingabe	Aktion	
A	falls G_1 nicht leer: sonst:	rangiere den ersten Wagen von G_1 nach G_2; Fehler;
B	falls G_2 nicht leer: sonst:	rangiere den ersten Wagen von G_2 nach G_3; Fehler.

Die Sprache L sei die Menge aller Eingabefolgen über $\{A, B\}$, die zu keinem Fehlerzustand führen und die einen Zug der Länge n (n ist dabei nicht fest vorgegeben) vollständig nach G_3 überführen.

Beschreiben Sie L und bilden Sie einen Kellerautomaten, der L akzeptiert!

3 Formale Sprachen

3.1 Klassifizierung und Übersicht

Im letzten Kapitel haben wir die Sprachen von endlichen Automaten und von
Kellerautomaten kennengelernt. Dies sind im wesentlichen Wortmengen über
einem festen Alphabet gewesen. Eine Wortmenge ist als Sprache eines gegebenen
Automaten bezeichnet worden, falls der Automat genau die Worte dieser Menge
akzeptieren konnte. Diese Definition für den Begriff "Sprache" erscheint auf den
ersten Blick etwas künstlich und technisch, da wir gewohnt sind, eher natürliche
Sprachen – wie etwa Deutsch, Englisch, Russisch etc. – als Sprachen anzusehen.
Allenfalls noch Personen, die im Umgang mit Computern geschult sind, kämen
auf die Idee, künstliche Sprachen – z.B. Programmier- und Datenbanksprachen –
unter diesen Oberbegriff einzuordnen.

Betrachtet man natürliche Sprachen, so weiß jeder, der in seinem Leben eine
Fremdsprache erlernt hat, daß die Eigenschaften einer Sprache von
unterschiedlicher Natur sein können:

– Die *Syntax* kann man als eine Menge von Vorschriften und Regeln ansehen,
   die den formal korrekten Aufbau von Wörtern und Sätzen angeben. So
   schreibt die Syntax der deutschen Sprache vor, daß ein Satz ein Prädikat und
   ein Subjekt enthalten muß, daß Sätze mit einem Punkt abgeschlossen werden
   etc.

– Die *Semantik* dagegen beschreibt die Bedeutung eines syntaktisch korrekten
   Satzes. Diese Bedeutung sollte eindeutig sein und von jedermann verstanden
   werden, der die Sprache beherrscht. Die syntaktische Korrektheit ist
   allerdings nur eine notwendige Bedingung für einen semantisch eindeutig
   interpretierbaren Satz. Es gibt beliebig viele Beispiele für Sätze, die
   syntaktisch korrekt sind, denen man aber keine Bedeutung zuordnen kann.

– Die dritte Ebene wird als *Pragmatik* bezeichnet. Sie enthält eher subjektive
   Aspekte individueller Benutzer, beispielsweise die Umgebung und die Zeit,
   und ist für uns nur von geringer Bedeutung.

Diese Dreiteilung der *Semiotik* – der Lehre von den Zeichen und ihrer
Anordnung – in Syntax, Semantik und Pragmatik hat sich in der
Sprachwissenschaft, vor allem in der mathematischen Linguistik, als sehr

vorteilhaft erwiesen.

Im Zusammenhang mit künstlichen Sprachen, die zur Bedienung und Programmierung von Computern entwickelt wurden, sind nur noch die Syntax und die Semantik einer Sprache ausschlaggebend. Die subjektive Bedeutung von Zeichenreihen aufgrund irgendwelcher äußerer Einflüsse wird hier vernachlässigt.

Zur Syntax solcher Sprachen gehört etwa, wie man in MODULA-2 oder PASCAL eine Variablenvereinbarung oder eine IF-THEN-ELSE-Anweisung korrekt aufbaut oder welche SELECT-FROM-WHERE-Abfragen in der Datenbanksprache SQL zulässig sind.

Die Semantik gibt dagegen die Bedeutung dieser Sprachkonstrukte an, etwa im Fall der Anweisung

> **IF** A = B
> **THEN** A := A + 1
> **ELSE** B := B + 1

kann man die Semantik umgangssprachlich so formulieren:

> "Falls die Werte der Variablen A und B übereinstimmen, so addiere die Konstante 1 zum Wert der Variablen A, andernfalls addiere sie zum Wert der Variablen B."

Diese natürlichsprachliche Beschreibung der Semantik birgt natürlich die Gefahr in sich, daß sie durch unterschiedliche Leser eventuell unterschiedlich interpretiert werden kann. Dies ist insbesondere dann leicht möglich, wenn Formulierungen etwas mißverständlich sind oder wenn der Leser die natürliche Sprache nicht vollständig beherrscht.

Es sind deshalb in den letzten Jahren verschiedene Ansätze vorgeschlagen worden, die Semantik von Sprachen formal – d.h. mathematisch exakt, widerspruchsfrei und vollständig – zu definieren. Aus dieser Aufgabe heraus hat sich inzwischen ein wichtiges Gebiet der Informatik entwickelt – die sogenannte *Formale Semantik* –, in dem man sich ausschließlich mit Formalisierungsmöglichkeiten beschäftigt (s. dazu etwa [RMD83]). Es gibt mittlerweile einige wohldefinierte Vorschläge und Ansätze, die sich aber in der Praxis – wohl aufgrund ihrer Kompliziertheit – bisher noch nicht durchsetzen konnten.

Wir werden uns weiterhin nur mit den syntaktischen Merkmalen von Sprachen beschäftigen. Dies ist sicherlich der einfachste Teil, der zudem zur Verarbeitung auf Computern hervorragend geeignet ist, da sich die Syntax auf verschiedenartigste Weise mit wenig technischem Aufwand exakt angeben läßt. Wir werden auch nicht, wie es etwa bei natürlichen Sprachen üblich ist, eine Unterscheidung von Worten und Sätzen vornehmen, sondern wir betrachten lediglich Worte (d.h. endliche Zeichenketten) über einem festen Alphabet.

Wir wollen im folgenden von einer *formalen Sprache* reden, wenn wir eine Menge von Worten meinen, die einerseits formal beschreibbar ist und sich andererseits die Zugehörigkeit der Worte zur Menge lediglich aus den syntaktischen Regeln, also nicht aufgrund einer Interpretation oder Semantik, ergibt.

(3.1) Definition: (formale Sprache)

Es sei E ein Alphabet (also eine endliche, nichtleere Menge von Zeichen), und es sei E* das Wortmonoid über E.

$L \subseteq E^*$ heißt eine *formale Sprache*, falls L durch ein endliches formales System vollständig beschreibbar ist.   ∎

Der Begriff des formalen Systems wird hier nicht präzisiert, der Leser kann sich darunter alle möglichen Werkzeuge der diskreten Mathematik vorstellen (siehe auch Beispiel 3.3).

(3.2) Beispiel: Die folgenden Sprachen sind formale Sprachen über einem Alphabet E:

(a) $\emptyset, E$;

(b) $L \subseteq E^*$, L endlich;

(c) $L \subseteq E^*$, L = L(A), wobei A ein Automat ist. Dies kann beispielsweise ein endlicher Automat, ein Kellerautomat oder eine Turing-Maschine (s. Kapitel 4) sein.   ∎

(3.3) Beispiel: Formale Systeme können unter anderem sein (wir werden nicht alle ausführlich in diesem Buch betrachten):

(a) Mengennotationen, d.h. Auflistung aller Wörter oder Beschreibung der Gestalt der Wörter durch geeignete Eigenschaften;

(b) Automaten, die die Sprache akzeptieren;

(c) reguläre Ausdrücke (s. Kapitel 3.2);

(d) Semi-Thue-Systeme, Chomsky-Grammatiken (s. Kapitel 3.3);

(e) algebraische Charakterisierungen: Äquivalenz- und Kongruenzrelationen.   ∎

Es wird sich herausstellen, daß viele dieser Darstellungsmittel bzgl. bestimmter Sprachklassen gleichwertig (oder: gleichmächtig) sind, und es bedarf oft eines großen Aufwandes, diese Gleichwertigkeit zu beweisen. So ist es uns bereits in Kapitel 2 gelungen, die Gleichwertigkeit von deterministischen und nicht-deterministischen endlichen Automaten nachzuweisen, d.h. zu zeigen, daß beide Automatentypen genau dieselbe Klasse von Sprachen akzeptieren können.

Wir sollten noch anmerken, daß es vordergründig als eine grobe Vereinfachung erscheinen muß, daß wir ausschließlich Mengen von *Zeichenketten* über einem Alphabet als Sprachen ansehen; letztendlich aber sind alle Sprachen auf diese Art und Weise aufgebaut. In Programmiersprachen wie etwa MODULA-2 betrachtet man ebenfalls eine Menge von elementaren Grundsymbolen (BEGIN, IF, WHILE, :=, ...) und zusätzlich üblicherweise den ASCII-Zeichensatz, um daraus komplizierte Einheiten (Programme) zusammenzusetzen. Programme in höheren Programmiersprachen werden in unserem Formalismus also einfach als Worte über dem Alphabet der Grundsymbole und des ASCII-Zeichensatzes interpretiert.

Die Definition der Syntax durch formale Systeme kann grundsätzlich auf zwei Arten erfolgen. Manche Formalismen erlauben nur eine dieser Arten, andere dagegen beide. Zum einen kann das Problem lauten, daß ein Wort $w \in E^*$ gegeben ist, und es ist festzustellen, ob w zur betrachteten Sprache L gehört. In diesem Fall sprechen wir von einer Analyse, d.h. es handelt sich um ein *analysierendes* formales System.

Auf der anderen Seite gibt es *erzeugende* formale Systeme. Dies sind Formalismen, mit denen alle Worte einer Sprache L durch Anwendung von Regeln oder Ableitungsvorschriften generiert werden können.

(3.4) Definition: (erzeugende und analysierende Systeme)

Ein formales System zur Beschreibung einer formalen Sprache L heißt

– *erzeugend,* wenn jedes Wort $w \in L$ in endlich vielen "Schritten" erzeugt werden kann,

– *analysierend,* wenn es zu jedem Wort $w \in L$ nach endlich vielen "Schritten" angeben kann, daß w zu L gehört.   ■

Was genau unter einem "Schritt" zu verstehen ist, hängt von dem konkreten System ab. Bei endlichen Automaten und bei Kellerautomaten versteht man darunter eine einzelne Anwendung der Überführungsfunktion. Es ist offensichtlich, daß beide Automatentypen analysierende Systeme sind, da zu einem vorgelegten Wort durch wiederholtes Anwenden der Überführungsfunktion entschieden wird, ob es zur Sprache des Automaten gehört oder nicht.

Dagegen können Semi-Thue-Systeme und Chomsky-Grammatiken, die wir im Kapitel 3.3 studieren werden, als erzeugende formale Systeme angesehen werden.

3.2 Reguläre Sprachen

In Kapitel 2 haben wir als Sprache eines endlichen Automaten die Menge aller Wörter bezeichnet, die den Automaten von einem Anfangs- in einen Endzustand überführen. Oft haben wir auch in intuitiver Weise versucht, die Wortmenge verbal durch ihre Eigenschaften zu charakterisieren, etwa durch Formulierungen der Art:

L = { w | w endet auf b b } oder

L = { w | w enthält nach jedem b genau ein a } oder

L = { w | w besteht aus einem periodischen Auftreten von ab }.

Jetzt werden wir einen mathematischen Formalismus vorstellen, der es erlaubt, Beschreibungen dieser Art in eleganter und präziser Weise vorzunehmen. Dabei bedienen wir uns der Mengenlehre mit ihren leicht verständlichen Operationen wie Vereinigung, Komplexprodukt etc. Dieses Vorgehen ist naheliegend, wenn man bedenkt, daß Formulierungen der Art "auf a folgt b", "auf c folgt a oder b" und "a b wiederholen sich periodisch" in der Mengenlehre der Produktbildung, der Vereinigung und der Iteration (Hüllenbildung) entsprechen.

Es wird sich herausstellen, daß die Anwendung dieser drei letztgenannten Operationen – ausgehend von einelementigen Mengen mit je einem Zeichen – ausreichend sind, um sämtliche Sprachen endlicher Automaten beschreiben zu können. In der folgenden Definition geben wir diese Operationen noch einmal kurz an. Der Leser kann und sollte sich aber zusätzlich noch einmal die grundlegenden Definitionen in Kapitel 1.3 ansehen.

(3.5) Definition: (Vereinigung, Produkt, Iteration)

A und B seien Mengen. Dann bezeichne

– $A \cup B ::= \{x \mid x \in A$ oder $x \in B\}$ die *Vereinigung* von A und B,

– $AB ::= \{x\,y \mid x \in A$ und $y \in B\}$ das *Produkt* von A und B (genauer: das *Komplexprodukt* bzgl. "Hintereinanderschreiben" ∘),

- $A* ::= A^0 \cup A^1 \cup A^2 \cup A^3 \cup \ldots = \{ \lambda \} \cup A \cup AA \cup AAA \cup \ldots$ die
Iteration (oder: Hülle) von A (bzgl. $\circ$).   ∎

Während bei der Vereinigung und Produktbildung aus zwei Mengen eine neue Menge gebildet wird, entsteht bei der Iteration aus einer Menge eine neue Menge. Bei der Vereinigung und Produktbildung entsteht aus zwei endlichen Mengen wieder eine endliche Menge. Im Gegensatz dazu führt die Iteration einer endlichen Menge auf eine unendliche Menge. Die Iteration ist das Ergebnis der Vereinigung aller derjenigen Mengen, die sich durch beliebig häufige Produktbildung der Menge mit sich selbst ergeben.

Die Iteration haben wir schon – mehr oder weniger intuitiv – benutzt, als wir mit E* die Menge aller Worte über dem Alphabet E bezeichnet haben.

In der folgenden Definition werden wir festlegen, auf welche Art und Weise diese Operationen zur Beschreibung von Sprachen benutzt werden können. Dazu werden wir zunächst rein syntaktisch die Menge der sogenannten *regulären Ausdrücke* definieren; dies sind Zeichenketten über einem vorgegebenen Alphabet, die durch Anwendung festgelegter Regeln aufgebaut werden können. Jedem regulären Ausdruck entspricht in eindeutiger Weise eine *reguläre Sprache* (oder auch *reguläre Menge*), die man durch geeignete Interpretation des Ausdrucks erhält.

(3.6) Definition: (regulärer Ausdruck, reguläre Sprache)

Es sei E ein Alphabet.

(a) Ein *regulärer Ausdruck* (RA) ist ein Ausdruck einer bestimmten Form über der Zeichenmenge
$$E \cup \{ \cup, *, \emptyset, \lambda, (,) \}.$$

(b) Jeder *reguläre Ausdruck* α legt eindeutig eine ihm zugeordnete Sprache $L(\alpha)$ $\subseteq E*$ fest. Jede solche Sprache $L(\alpha)$ wird als *reguläre Sprache* oder *reguläre Menge* bezeichnet.

(c) Formal sind reguläre Ausdrücke genau durch (1) bis (4) festgelegt:

(1) $\emptyset$ ist ein RA, und es ist $L(\emptyset) ::= \emptyset$.

(2) λ ist ein RA, und es ist $L(\lambda) ::= \{\lambda\}$.

(3) Für jedes Zeichen $a \in E$ ist a ein RA, und es ist $L(a) ::= \{a\}$.

(4) Sind α und α' reguläre Ausdrücke, so auch

- die Vereinigung $(\alpha \cup \alpha')$, und es ist $L((\alpha \cup \alpha')) ::= L(\alpha) \cup L(\alpha')$,

- das Produkt $(\alpha\,\alpha')$, und es ist $L((\alpha\alpha')) ::= L(\alpha)\,L(\alpha')$,

- die Iteration (α^*), und es ist $L((\alpha^*)) ::= L(\alpha)^*$.   ∎

Reguläre Sprachen sind also Wortmengen, die durch Anwendung der Operationen "Vereinigung", "Produkt" und "Iteration" aus den "Grundmengen" $\emptyset$, $\{\lambda\}$ und $\{a\}$ für jedes $a \in E$ gebildet werden können.

Wenn wir uns den Teil (c) der Definition 3.6 genau ansehen, so stellen wir fest, daß es sich um eine rekursive Definition handelt. In (1) bis (3) wird die Basis festgelegt, wonach gewisse Ausdrücke zur Menge der regulären Ausdrücke gehören. In (4) dagegen werden rekursiv aus bereits bestehenden Ausdrücken neue Ausdrücke hergeleitet. Es handelt sich hier offensichtlich um einen Erzeugungsprozeß, der durch die in (4) spezifizierten "Regeln" festgelegt ist. Deshalb kann man diesen Formalismus im Sinne von Definition 3.4 als ein erzeugendes formales System ansehen.

Der Leser sollte sich unbedingt die Unterscheidung zwischen dem "syntaktischen Teil" (regulärer Ausdruck) und dem "semantischen Teil" (reguläre Sprache) vor Augen halten. Beispielsweise ist das Zeichen $\cup$ in einem regulären Ausdruck der Form $(\alpha \cup \alpha')$ zunächst von rein syntaktischer Bedeutung. Erst durch die Interpretation der Ausdrücke α und α' durch die Sprachen $L(\alpha)$ und $L(\alpha')$ und der anschließenden Vereinigung beider Sprachen erhält $\cup$ die Bedeutung der mengentheoretischen Vereinigung.

(3.7) Beispiel:

(a) Wir betrachten den Ausdruck

$$\alpha ::= (\,a \cup (\,bc\,))$$

über dem Alphabet $\{a, b, c\}$. Der Ausdruck definiert die reguläre Sprache $L(\alpha) = \{a, bc\}$. Dies leuchtet unmittelbar ein und läßt sich durch die folgende Umformung verifizieren:

$$
\begin{aligned}
L(\alpha) \;&= L(a) \cup L((bc)) \\
&= \{a\} \cup L(b)L(c) \\
&= \{a\} \cup \{b\}\{c\} \\
&= \{a\} \cup \{bc\} = \{a, bc\}.
\end{aligned}
$$

(b) Für den Ausdruck

$$\alpha ::= ((a \cup b) c)$$

ist entsprechend $L(\alpha) = \{ac, bc\}$.

(c) Dem Ausdruck

$$\alpha ::= ((a^*) b)$$

wird dagegen eine unendliche Menge als Sprache zugeordnet:

$$L(\alpha) = \{b, ab, aab, aaab, \ldots\}. \qquad \blacksquare$$

Da es oft sehr mühselig ist, in einem größeren regulären Ausdruck auf die korrekte Verwendung von Klammern zu achten, vereinbaren wir die folgenden Vorrangregeln. Sie erlauben uns oft, bei gemischtem Auftreten verschiedener Operationen Klammerpaare wegzulassen (s. Beispiel 3.9).

(3.8) Vereinbarung: Kommen innerhalb eines regulären Ausdrucks Klammern vor, so sind die Operationen innerhalb der Klammern vor denen außerhalb der Klammern auszuführen. In allen anderen Fällen wird die Iteration vor der Produktbildung und die Produktbildung vor der Vereinigung ausgeführt. $\qquad \blacksquare$

(3.9) Beispiel: Im Beispiel 3.7 könnten wir anstelle von

$$(a \cup (bc)) \text{ auch } a \cup bc$$

und anstelle von

$$((a^*) b) \text{ auch } a^*b$$

schreiben.

Dagegen ist im Ausdruck

$$((a \cup b) c)$$

das innere Klammernpaar notwendig, um auszudrücken, daß die Vereinigung vor dem Produkt ausgeführt werden soll. $\qquad \blacksquare$

Wir haben bereits eingangs erwähnt, daß man mit regulären Ausdrücken die Sprachen endlicher Automaten vollständig beschreiben kann. Betrachten wir hierzu zunächst einige Beispiele:

(3.10) Beispiel: Es sei $E = \{a, b\}$.

(a) Es sei $L = \{w \in E^* \mid w$ enthält als vorletztes Zeichen ein $b\}$.

Dann gilt $L = L(\alpha)$ für den regulären Ausdruck $\alpha ::= (a \cup b)^* b (a \cup b)$, denn $(a \cup b)^*$ beschreibt ein Wort beliebiger Länge (also evtl. auch das leere Wort), bestehend aus a´s und b´s, anschließend muß ein b folgen, und das letzte Zeichen ist wiederum ein a oder ein b.

Es ist sehr leicht, einen endlichen Automaten anzugeben, der L als Sprache hat. Beispielsweise leistet der nichtdeterministische Automat, dessen Überführungsfunktion in Bild 3.1 dargestellt ist, das Gewünschte.

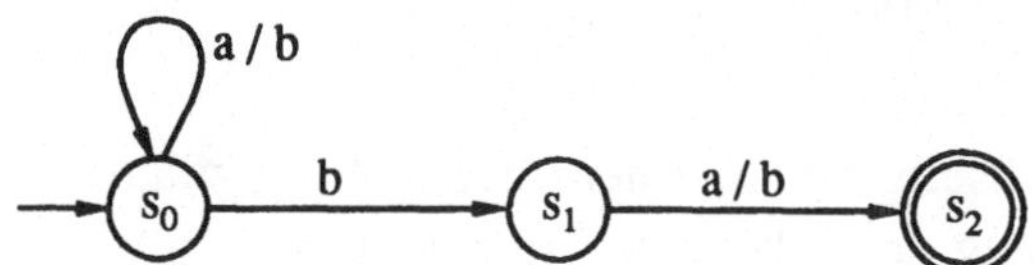

Bild 3.1: Automat zu Beispiel 3.10 (a)

Aufgrund der Betrachtungen in Abschnitt 2.1.5 ist es möglich, auch einen deterministischen endlichen Automaten anzugeben, der genau die Sprache L akzeptiert.

(b) Es sei jetzt $L = \{a^n ba \mid n \in \mathbb{N}\}$. Die Worte dieser Sprache bestehen also aus einer nichtleeren, endlichen Folge von a´s, worauf noch abschließend die Zeichenkette b a folgen muß. Ein entsprechender regulärer Ausdruck ist durch

$\alpha ::= a\,a^* \,ba$

gegeben. Dabei wird durch den Teilausdruck aa^* gewährleistet, daß die Folge der a´s zu Anfang nicht leer ist.

Ein endlicher Automat EA mit $L(EA) = L(\alpha)$ kann ohne große Mühe angegeben werden. Das Zustandsdiagramm eines solchen Automaten zeigt Bild 3.2:

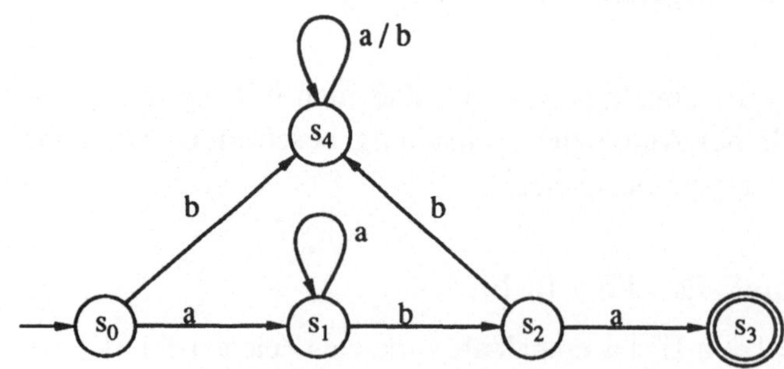

Bild 3.2: Automat zu Beispiel 3.10 (b).

Bei der Betrachtung dieser Beispiele fällt auf, daß man beim Übergang von einem regulären Ausdruck zu einem endlichen Automaten sehr systematisch vorgehen kann:

Das Produkt kann man durch seriell verlaufende Kanten, die Vereinigung durch parallele Kanten (oder abkürzend durch mehrere Zeichen an einer Kante, etwa a / b) und die Iteration durch Schleifenbildung darstellen.

Wir werden im Verlauf dieses Kapitels ein Verfahren angeben, welches uns erlaubt, zu jedem regulären Ausdruck einen entsprechenden endlichen Automaten zu konstruieren. Dazu ist es jedoch notwendig, das Konzept des nichtdeterministischen endlichen Automaten um sogenannte λ-Übergänge zu erweitern:

(3.11) Definition: (λ-Automat)

Ein *nichtdeterministischer endlicher Automat mit λ-Übergängen*, kurz λ-*Automat* genannt, ist durch ein Quintupel $\lambda EA = (E, S, \delta, s_0, F)$ definiert, wobei E, S, s_0 und F dieselbe Bedeutung haben wie für (deterministische oder nichtdeterministische) endliche Automaten. Dagegen ist δ jetzt eine (totale) Funktion $\delta : S \times (E \cup \{\lambda\}) \to \wp(S)$. ∎

Die Erweiterung gegenüber nichtdeterministischen endlichen Automaten besteht also darin, daß auch ein Paar (s, λ) auf Folgezustände abgebildet werden kann. Somit wird ein Wechsel des Zustandes ermöglicht, ohne daß ein Zeichen vom Eingabeband gelesen werden muß. Der Lesekopf verändert seine Position auf dem Eingabeband bei einem derartigen Zustandsübergang nicht.

Wir verzichten an dieser Stelle darauf, die Begriffe *natürliche Fortsetzung, Konfiguration, Übergangsrelation* und *Sprache eines λ-Automaten* einzuführen. Man erhält sie durch naheliegende Modifikationen der entsprechenden Definitionen in Kapitel 2. Stattdessen betrachten wir zwei Beispiele:

(3.12) Beispiel: Es sei E = {a, b, c}, S = {s_0, s_1, s_2}, F = {s_1, s_2} und δ entsprechend der Zustandstafel bzw. dem Zustandsdiagramm in Bild 3.3 (a) bzw. Bild 3.3 (b) gegeben. Wir weisen darauf hin, daß der Querstrich "-" in der Zustandstafel (Bild 3.3 (a)) der leeren Menge entspricht.

	a	b	c	λ
s_0	$\{s_0\}$	-	-	$\{s_1, s_2\}$
s_1	-	$\{s_1\}$	-	-
s_2	-	-	$\{s_2\}$	-

(a) Zustandstafel

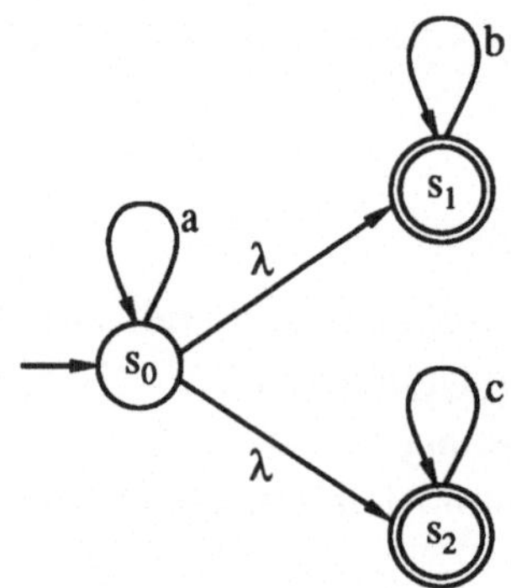

(b) Zustandsdiagramm

Bild 3.3: λ-Automat zu Beispiel 3.12

Im Zustand s_0 ist ein Übergang sowohl nach s_1 als auch nach s_2 möglich, ohne daß ein Zeichen vom Eingabewort gelesen wird. Aus dem Zustandsdiagramm kann man sofort die Sprache des Automaten ablesen. Es werden alle Wörter akzeptiert, die mit einer (eventuell leeren) Folge von a´s beginnen, woraufhin noch ein Teilwort bestehend aus b´s oder aus c´s folgen kann. Die Sprache ist identisch mit der Sprache des regulären Ausdrucks a*b* $\cup$ a*c*. Durch das Vorkommen von λ-Übergängen ist das Zustandsdiagramm sehr einfach und übersichtlich. ∎

(3.13) Beispiel: Es sei jetzt E = {a, b}, S = {s_0, s_1, s_2, s_3, s_4, s_5}, F = {s_5} und δ wie in Bild 3.4 gegeben.

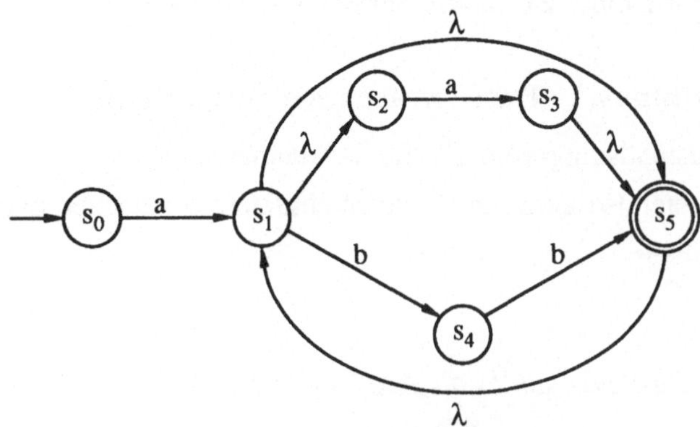

Bild 3.4: λ-Automat zu Beispiel 3.13

Dieser Automat akzeptiert alle Wörter, die mit a beginnen gefolgt von einem Teilwort, das nur aus Zeichenfolgen der Form bb oder a besteht. Man sieht auf den ersten Blick, daß man den Automaten in Bild 3.4 wesentlich vereinfachen kann (etwa durch Eliminierung der λ-Übergänge zwischen s_1 und s_2 oder s_3 und s_5). Diese Vereinfachung wird in Beispiel 3.17 systematisch durchgeführt.

Die Sprache des Automaten ist auch durch den regulären Ausdruck a (a $\cup$ bb)* beschreibbar.   ∎

Gegenüber den nichtdeterministischen endlichen Automaten gewinnt man bei den λ-Automaten lediglich ein zusätzliches Konzept (die λ-Übergänge), nicht jedoch zusätzliche "Sprachmächtigkeit" hinzu, denn es gilt der folgende Satz:

(3.14) Satz: Zu jedem λ-Automaten λEA gibt es einen nichtdeterministischen endlichen Automaten NEA mit L(NEA) = L(λEA).   ∎

Wir werden diesen Satz nicht beweisen (ein Beweis ist z.B. in [HoU79] zu finden), jedoch geben wir ein Verfahren an, mit dem zu jedem λ-Automaten der entsprechende nichtdeterministische endliche Automat NEA konstruiert werden kann. Im Gegensatz zu allen anderen bekannten Verfahren basiert unser Verfahren auf einer einfachen Manipulation des Zustandsdiagramms. Zusammen mit den Überlegungen in Abschnitt 2.1.5 kann man dann einen äquivalenten deterministischen endlichen Automaten konstruieren.

Wir gehen bei diesem Verfahren davon aus, daß die Überführungsfunktion des λ-Automaten in Form eines Zustandsdiagramms angegeben ist.

(3.15) Algorithmus: (Transformation von λ-Automaten)

INPUT: Zustandsdiagramm Z_λ des λ-Automaten;

OUTPUT: Zustandsdiagramm Z_N des nichtdeterministischen endlichen Automaten;

BEGIN

    Trage alle Zustände aus Z_λ als Zustände in Z_N ein; (1)

    FOR EACH *Endzustand* (s) *in* Z_λ **DO** (2)

        FOR EACH *Zustand* (s') *in* Z_λ **DO**

            IF *es existiert ein Übergang der Form* $(s') \xrightarrow{\lambda} \cdots \xrightarrow{\lambda} (s)$ *in* Z_λ

            THEN *s´ wird Endzustand in* Z_N

            END (* IF *)

        END (* FOR *)

    END (* FOR *);

    FOR EACH *Zustandspaar* (s, s´) **DO** (3)

        IF *es existiert ein Übergang der Form* $(s) \xrightarrow{\lambda} \cdots \xrightarrow{\lambda} \bigcirc \xrightarrow{a} (s')$

        oder der Form $(s) \xrightarrow{a} (s')$ *in* Z_λ *mit* $a \neq \lambda$

        THEN *trage in* Z_N *den Übergang* $(s) \xrightarrow{a} (s')$ *ein*

        END (* IF *)

    END (* FOR *);

    Eliminiere in Z_N sukzessive alle nicht erreichbaren Zustände (4)
    und die mit ihnen verbundenen Kanten

END. ∎

Im Schritt (3) des Algorithmus können sowohl s als auch s´ Endzustände sein, obwohl dies aus den angegebenen Übergängen nicht direkt hervorgeht. Die Korrektheit dieses Verfahrens läßt sich verifizieren, wir verzichten aber an dieser Stelle darauf (trotzdem sollte der Leser sie sich plausibel machen, insbesondere daß es ausreichend ist, in Schritt (3) nur Übergänge dieser Form zu betrachten). Statt dessen betrachten wir wiederum zwei Beispiele:

(3.16) Beispiel: Wir betrachten den λ-Automaten aus Beispiel 3.12 mit dem Zustandsdiagramm in Bild 3.3 (b).

Im ersten Schritt des Algorithmus übertragen wir die Zustände von Z_λ nach Z_N. Dies ist in Bild 3.5 (a) angedeutet. Anschließend (siehe Bild 3.5 (b)) wird s_0 durch Schritt (2) zu einem Endzustand, da man von s_0 aus durch λ-Übergänge in Endzustände des λ-Automaten gelangen kann.

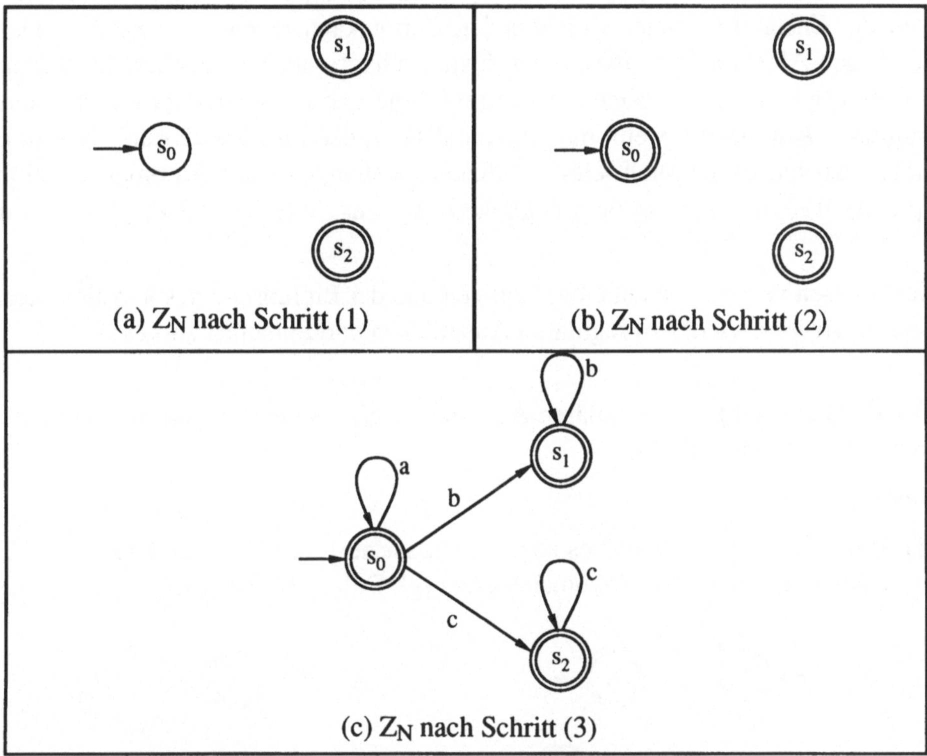

Bild 3.5: Transformation des λ-Automaten in Beispiel 3.16

In Schritt (3) werden schließlich alle Folgen von Zustandsübergängen in Z_λ, die mit einer (eventuell leeren) Folge von λ-Übergängen beginnen und an die sich genau ein "Nicht-λ-Übergang" anschließen muß, durch einen einzelnen "Nicht-λ-Übergang" in Z_N ersetzt.

Die mögliche Übergangsfolge $\boxed{s_0} \xrightarrow{\lambda} \boxed{s_1} \xrightarrow{b} \boxed{s_1}$ in Z_λ wird beispielsweise in Z_N durch den Übergang $\boxed{s_0} \xrightarrow{b} \boxed{s_1}$ ersetzt.

Die Anwendung von Schritt (4) liefert schließlich keine Veränderung mehr, da alle in Z_N eingetragenen Zustände erreichbar sind.

Es ist unmittelbar einzusehen, daß der so konstruierte und in Bild 3.5 (c) angedeutete Automat zu dem λ-Automaten im Beispiel 3.12 äquivalent ist.   ■

(3.17) Beispiel: Die Anwendung des Transformationsalgorithmus auf den λ-Automaten aus Beispiel 3.13 (siehe auch Bild 3.4) ist schrittweise in Bild 3.6 angedeutet.

Dabei ensteht durch Schritt (4) noch eine Veränderung des Zustandsdiagrammes, weil der Zustand s_2 nicht erreichbar ist. Somit kann er entfernt werden. Das durch den Algorithmus entstandene Zustandsdiagramm repräsentiert in diesem Beispiel (wie auch im vorigen) sogar (zufälligerweise) einen deterministischen endlichen Automaten, wenn man davon absieht, daß die Überführungsfunktion nicht total ist. Es ist auch leicht nachzuvollziehen, daß der Automat dieselbe Sprache akzeptiert wie der ursprüngliche λ-Automat in Beispiel 3.13.   ■

Nach diesen vorbereitenden Überlegungen und der Einführung des λ-Automaten kehren wir jetzt wieder zu regulären Ausdrücken und Sprachen zurück:

(3.18) Satz: Zu jedem regulären Ausdruck α gibt es einen λ-Automaten λEA, so daß $L(λEA) = L(α)$ gilt.

Beweis:

(1) Wir zeigen zunächst, daß es zu jedem "Basisausdruck" ∅, λ und a mit $a \in E$ einen entsprechenden Automaten gibt (vgl. Definition 3.6 (c)):

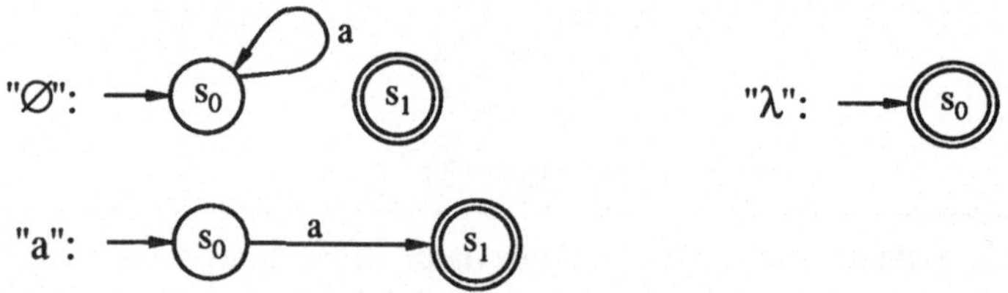

(2) Nun nehmen wir an, daß zu zwei regulären Ausdrücken α und α´ bereits je ein λ-Automat λEA und λEA´ existiere mit $L(α) = L(λEA)$ und $L(α´) = L(λEA´)$. Wir zeigen: Es existiert auch jeweils ein entsprechender λ-Automat für die regulären Ausdrücke $α \cup α´$, $αα´$ und $α^*$.

Aus (1) und (2) können wir dann induktiv schließen, daß zu jedem regulären Ausdruck ein solcher Automat existiert. Um (2) zu beweisen, können wir voraussetzen, daß die Automaten λEA und λEA´ nur jeweils einen Endzustand besitzen. Dies kann in jedem Fall erreicht werden, da bei mehreren Endzuständen $\{s_1´, ..., s_k´\}$ diese – Bild 3.7 entsprechend – durch

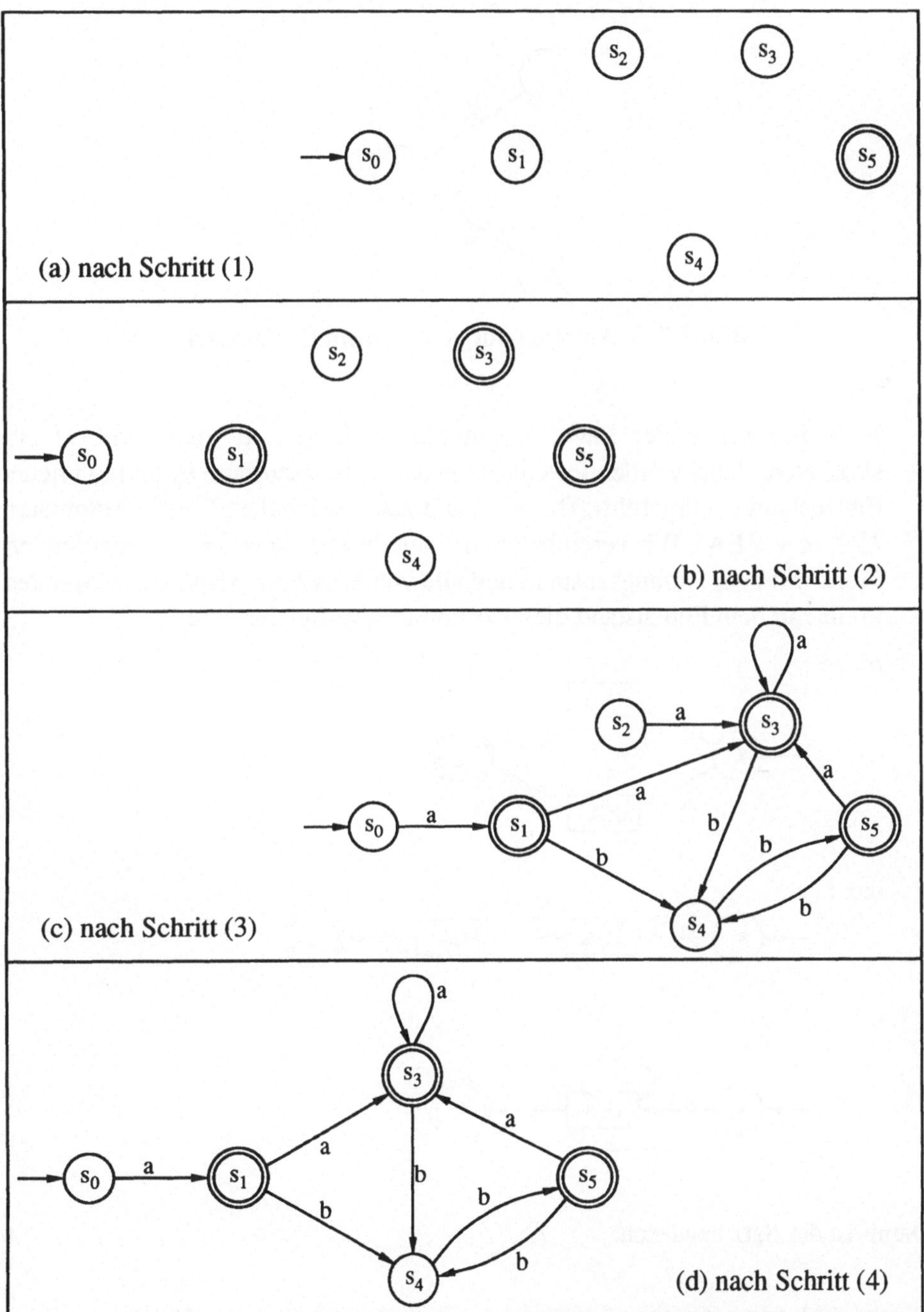

Bild 3.6: Transformation des λ-Automaten in Beispiel 3.17

einen neuen Endzustand s_{neu} ersetzt werden können.

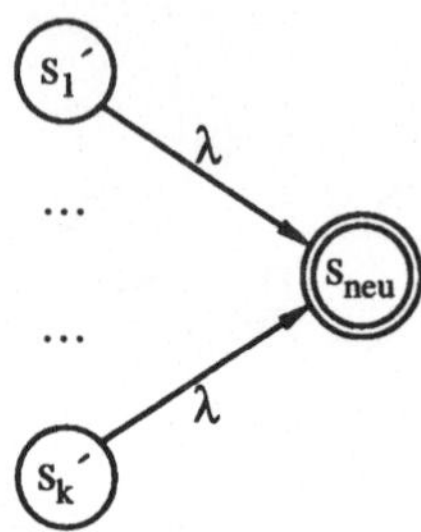

Bild 3.7: λ-Automat mit genau einem Endzustand

Jetzt sind wir in der Lage, λ-Automaten für $\alpha \cup \alpha'$, $\alpha\alpha'$ und $\alpha*$ zu skizzieren; dabei werden jeweils ein neuer Anfangszustand s_a und ein neuer Endzustand s_e eingeführt. Diese λ-Automaten beinhalten (Teil-) Automaten λEA bzw. $\lambda EA'$. Wir vereinbaren, daß alle in λEA bzw. $\lambda EA'$ einlaufenden Pfeile mit dem Anfangszustand und alle von λEA bzw. $\lambda EA'$ wegführenden Pfeile mit dem Endzustand dieser Automaten verbunden sind.

$\alpha \cup \alpha'$:

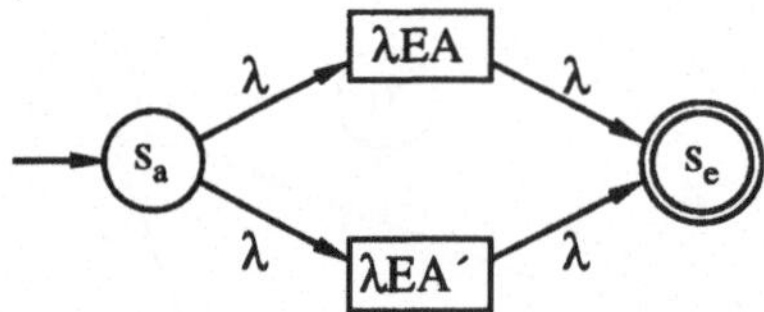

$\alpha\alpha'$:

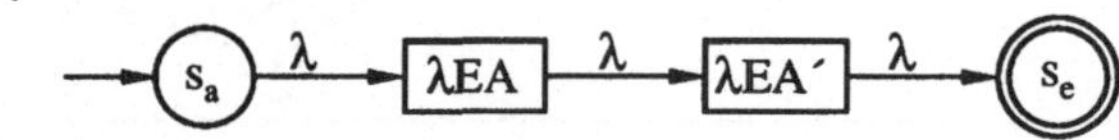

$\alpha*$:

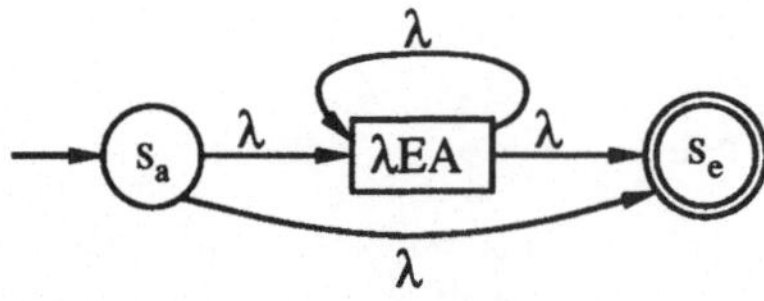

Damit ist der Satz bewiesen.   ■

Dieses induktive Beweisverfahren kann dazu genutzt werden, aus einem vorgelegten regulären Ausdruck einen entsprechenden λ-Automaten zu konstruieren. Wir demonstrieren dies an einem Beispiel und werden dabei feststellen, daß bei diesem Verfahren sehr viele λ-Übergänge erzeugt werden, die man anschließend eliminieren kann:

(3.19) Beispiel: Wir konstruieren einen λ-Automaten zu dem regulären Ausdruck (a b)*: Ausgehend von den "Basisautomaten" für die Ausdrücke a und b

erhält man durch Anwendung der Konstruktionsschritte für $\alpha\alpha'$ und $\alpha*$ im obigen Beweis schließlich den Automaten in Bild 3.8:

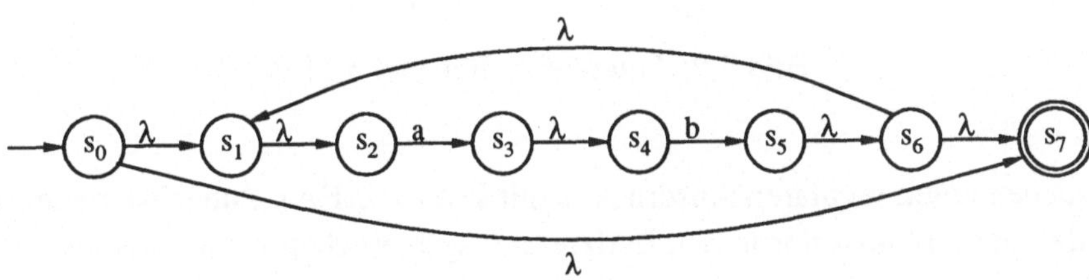

Bild 3.8: λ-Automat zu Beispiel 3.19

Es fällt natürlich sofort die große Anzahl von λ-Übergängen auf, und der Leser sollte einmal zur Übung mit Hilfe von Algorithmus 3.15 diesen Automaten in einen äquivalenten Automaten ohne λ-Übergänge umwandeln. ∎

Wie bereits angedeutet, gilt auch die Umkehrung von Satz 3.18, d.h. es gilt:

(3.20) Satz: Zu jedem endlichen Automaten EA gibt es einen regulären Ausdruck α mit $L(\alpha) = L(EA)$.

EA kann dabei als deterministisch, nichtdeterministisch oder als λ-Automat vorausgesetzt werden. ∎

Wir werden diesen Satz nicht beweisen (s. etwa [AlO83] oder [HoU79]), da der Beweis kein praktikables Verfahren beinhaltet, um zu einem endlichen Automaten einen entsprechenden regulären Ausdruck zu konstruieren.

Im allgemeinen ist diese Aufgabe für größere Automaten auch recht schwierig zu lösen, da die Ausdrücke sehr schnell groß und unübersichtlich werden.

(3.21) Beispiel: Gegeben ist ein endlicher Automat EA = (E, S, δ, s_0, F) mit E = {a, b}, S = {s_0, s_1, s_2, s_3}, F = {s_3} und δ entsprechend dem Zustandsdiagramm in Bild 3.9:

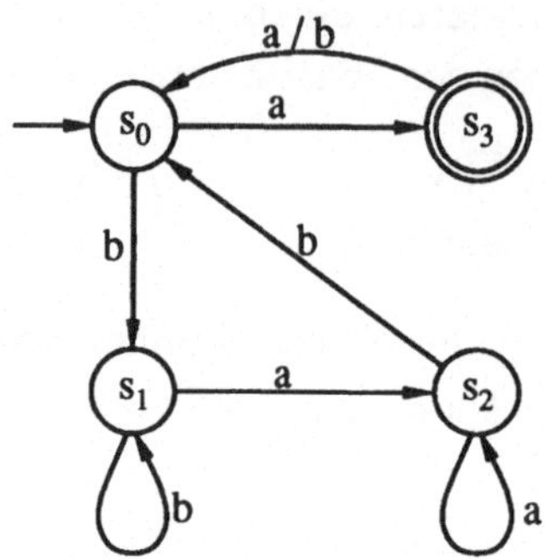

Bild 3.9: Automat zu Beispiel 3.21

Wir suchen einen regulären Ausdruck α mit L(α) = L(EA). Zunächst stellen wir fest, daß der Automat nur in den Endzustand s_3 übergehen kann, falls als letztes Zeichen ein a gelesen wird. α muß also auf a enden. Außerdem enthält der Automat zwei große Zyklen: zum einen den Zyklus von s_0 über s_1, s_2 und schließlich zurück nach s_0, zum anderen den Zyklus s_0, s_3 und zurück nach s_0.

Das Durchlaufen des ersten Zyklus entspricht einem Wort, das durch den regulären Ausdruck b b* aa* b erzeugt werden kann, beim zweiten Zyklus leistet dies der Ausdruck a (a $\cup$ b).

Es ist jetzt leicht einzusehen, daß ein Wort genau dann akzeptiert wird, wenn zunächst beliebig oft (und in beliebiger Reihenfolge) die beiden Zyklen durchlaufen werden und wenn anschließend ein Übergang von s_0 nach s_3 (durch das Lesen des Zeichens a) erfolgt.

Dies entspricht dem Ausdruck α = (b b* aa* b $\cup$ a (a $\cup$ b))* a.   ■

Wir fassen unsere bisherigen Betrachtungen über endliche Automaten und über reguläre Sprachen zusammen:

(3.22) Folgerung: Es bezeichnen (zu einem festen Alphabet E) $\mathcal{L}_{EA}$, $\mathcal{L}_{ndet\text{-}EA}$ und $\mathcal{L}_{\lambda\text{-}EA}$ die Mengen der Sprachen, die durch einen deterministischen endlichen Automaten, einen nichtdeterministischen endlichen Automaten bzw. einen λ-Automaten erkannt werden können; ferner sei $\mathcal{L}_{reg}$ die Menge der regulären Sprachen. Dann gilt:

$$\mathcal{L}_{EA} = \mathcal{L}_{ndet\text{-}EA} = \mathcal{L}_{\lambda\text{-}EA} = \mathcal{L}_{reg} \,.$$

Insbesondere gibt es Sprachen $L \subset E^*$, die nicht regulär sind.   ■

Beispielsweise ist für $E = \{a, b\}$ die Sprache $L = \{a^n b^n \mid n \in I\!N_0\}$ nicht regulär, da sie nicht die Sprache eines endlichen Automaten ist. Es schlägt auch jeder Versuch fehl, einen regulären Ausdruck für L anzugeben. So führt etwa der Ausdruck a*b* auf die Sprache $L' = \{\, a^n b^m \mid n, m \in I\!N_0\}$, in der L echt enthalten ist.

Aufgaben zu 3.2:

1. (a) Charakterisieren Sie mit eigenen Worten die Sprachen, die durch die folgenden regulären Ausdrücke festgelegt werden!

   (1) a* b*

   (2) (a b ∪ ba)*

   (3) ba ∪ (a ∪ bb) a*b

   (4) ((ba)* ∪ a b)*

   (b) Geben Sie jeweils einen λ-Automaten zu den regulären Ausdrücken in (a) an, der dieselbe Sprache beschreibt!

   (c) Überführen Sie die λ-Automaten aus (b) in gleichwertige endliche Automaten ohne λ-Übergänge!

2. Geben Sie reguläre Ausdrücke für die Sprachen der folgenden endlichen Automaten an!

   (a)   (b)

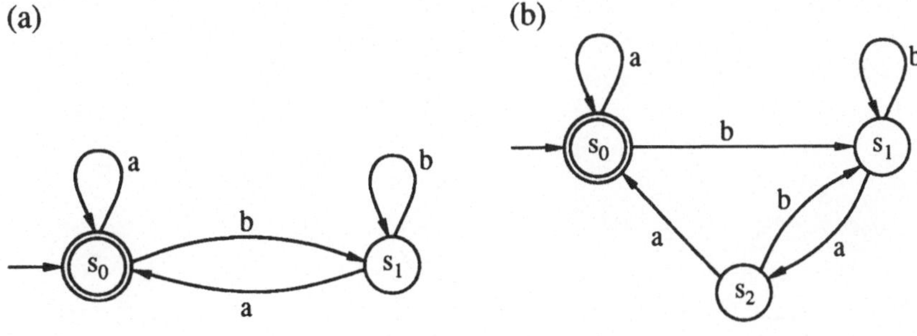

3. Geben Sie zu den beiden λ-Automaten, die durch die nachfolgenden Zustandsdiagramme beschrieben werden, jeweils einen äquivalenten endlichen Automaten ohne λ-Übergänge an!

(a)   (b)

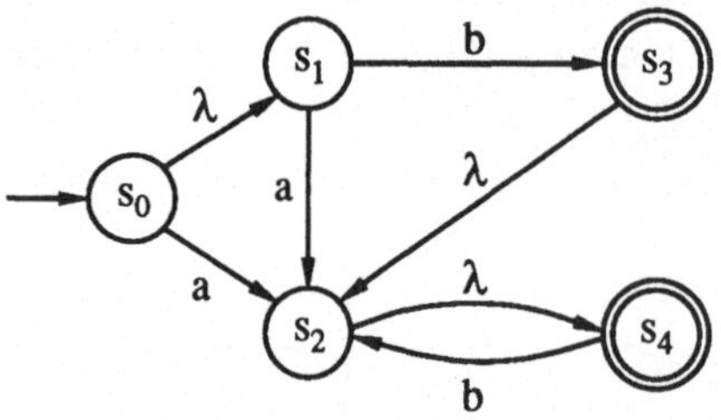

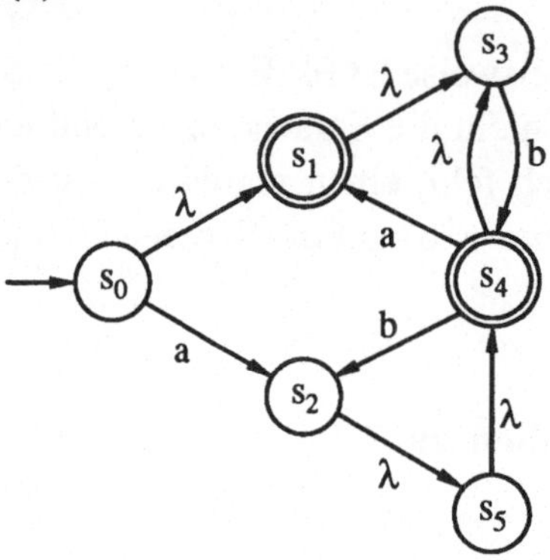

4. Zwei reguläre Ausdrücke α und α' heißen äquivalent zueinander (kurz: $\alpha \sim \alpha'$), wenn sie dieselbe Sprache beschreiben, d.h. wenn $L(\alpha) = L(\alpha')$ gilt. Begründen Sie, weshalb für beliebige reguläre Ausdrücke α, α' und α'' die folgenden Aussagen gelten!

(a) $\alpha \cup \alpha' \sim \alpha' \cup \alpha$

(b) $(\alpha^*)^* \sim \alpha^*$

(c) $\alpha \cup (\alpha' \cup \alpha'') \sim (\alpha \cup \alpha') \cup \alpha''$

(d) $\alpha(\alpha'\alpha'') \sim (\alpha\alpha')\alpha''$

(e) $\alpha(\alpha' \cup \alpha'') \sim \alpha\alpha' \cup \alpha\alpha''$.

3.3 Semi-Thue-Systeme und Chomsky-Grammatiken

Neben Automatenmodellen und regulären Ausdrücken gibt es andere
Formalismen zur Beschreibung von Sprachen. Während es sich bei den endlichen
Automaten und den Kellerautomaten um *analysierende* formale Systeme
handelte, wollen wir jetzt einen Formalismus zur *Erzeugung* von Sprachen
studieren. Die Menge aller erzeugbaren Worte werden wir dann als eine formale
Sprache ansehen.

3.3.1 Semi-Thue-Systeme

Die Grundidee dieses Abschnitts besteht darin, daß wir Sprachen nicht rein
statisch als eine Menge von Wörtern ansehen, sondern daß wir definieren, wie
man Wörter verändern und manipulieren kann. Diese Manipulation soll
kontrollierbar und nachvollziehbar sein und deshalb nach festen Regeln ablaufen.
Die Idee zu einem solchen Vorgehen ist erstmalig 1914 von dem norwegischen
Mathematiker A. Thue veröffentlicht worden (s. [Thu14]). Er hat Regeln
benutzt, die es erlauben, in Wörtern gewisse Teilworte durch andere Teilworte
zu ersetzen. Beispielsweise darf bei Anwendung der Regel *ace* $\rightarrow$ *ab* auf ein
vorgelegtes Wort die Zeichenkette *ace* – falls sie in dem Wort vorkommt – durch
die Zeichenkette *ab* ersetzt werden. Falls es mehrere Regeln gibt, die man auf ein
Wort anwenden könnte, so darf eine beliebige Regel ausgewählt werden. Das
Vorgehen ist also als nichtdeterministisch anzusehen.

In der nachfolgenden Definition sowie in den weiteren Abschnitten dieses
Kapitels werden wir wieder Wörter und Sprachen über einem festen Alphabet E
betrachten.

(3.23) Definition: (Semi-Thue-System)

Es sei E ein Alphabet. Dann nennen wir eine nichtleere, endliche Relation
$R \subseteq E^* \times E^*$ auf E auch ein *Semi-Thue-System auf E*.

Die Tupel $(x, y) \in R$ schreiben wir auch in der Form $x \rightarrow y$ und nennen sie
Regeln oder auch *Produktionen*.   ∎

Die Anwendbarkeit von Regeln auf Wörter wird so definiert:

(3.24) Definition:

Es seien $v, w \in E^*$, und es sei R ein Semi-Thue-System auf E.

(a) Das Wort v heißt *unmittelbar überführbar (durch R) in* w (kurz: $v \underset{R}{\Rightarrow} w$) genau dann, wenn es Darstellungen $v = uxz$, $w = uyz$ und eine Regel $x \to y \in R$ gibt (mit $u, x, y, z \in E^*$).

Die Regel $x \to y$ nennen wir dann *anwendbar auf* v.

(b) Es bezeichne $\underset{R}{\overset{*}{\Rightarrow}}$ die reflexiv-transitive Hülle der Relation $\underset{R}{\Rightarrow}$ (s. Definition 1.10), d.h. es gilt $v \underset{R}{\overset{*}{\Rightarrow}} w$, falls $v = w$ oder falls es Wörter $u_1, \ldots, u_n$ $(n \geq 0)$ gibt mit:

$$v \underset{R}{\Rightarrow} u_1 \underset{R}{\Rightarrow} u_2 \underset{R}{\Rightarrow} \cdots \underset{R}{\Rightarrow} u_n \underset{R}{\Rightarrow} w.$$

In diesem Fall heißt v *überführbar in* w.   ∎

Wir betrachten die eingeführten Begriffe an einem Beispiel; dabei wird – wenn R aus dem Zusammenhang hervorgeht – für $\underset{R}{\Rightarrow}$ auch einfach $\Rightarrow$ geschrieben.

(3.25) Beispiel: Gegeben sind das Alphabet $E = \{a, b, c, d, e\}$ und das folgende Semi-Thue-System R:

    (1) $ab \to ad$

    (2) $dc \to ee$

    (3) $e \to b$

    (4) $ad \to ae$

    (5) $eb \to b$

    (6) $abc \to e$

Nehmen wir als Beispiel die beiden Wörter $v = abc$ und $w = aeb$. Dann erhält man durch die Kette

$$v = \underline{ab}c \Rightarrow a\,\underline{dc} \Rightarrow a\,e\underline{e} \Rightarrow a\,eb = w,$$

daß v in w überführbar ist; es gilt also: $abc \overset{*}{\Rightarrow} aeb$.

Die unterstrichenen Buchstaben werden jeweils beim nächsten Schritt entsprechend dem Regelsystem ersetzt.   ∎

Im allgemeinen ist es ein großes Problem, für zwei beliebige Worte v und w herauszufinden, ob es eine Überführung $v \Rightarrow^* w$ gibt, und es war bis zur Mitte dieses Jahrhunderts eine unbeantwortete Frage, ob dieses Problem algorithmisch gelöst werden kann. Wir werden auf diese Frage im nächsten Kapitel noch ausführlicher zurückkommen. Es sei jedoch vorweg verraten, daß es kein allgemeines Verfahren geben kann, das für beliebige Semi-Thue-Systeme R und Wortpaare v und w entscheiden kann, ob $v \Rightarrow^* w$ gilt oder nicht.

Dies schließt jedoch nicht aus – und davon werden wir in den nächsten Abschnitten Gebrauch machen –, daß es für konkrete Semi-Thue-Systeme oder für eingeschränkte Klassen von Semi-Thue-Systemen sehr wohl solche Verfahren geben kann.

3.3.2 Die Chomsky-Hierarchie

Wir werden jetzt den Begriff des Semi-Thue-Systems etwas modifizieren, um ihn für die Definition formaler Sprachen gebrauchen zu können.

Die wesentliche Neuerung besteht darin, daß wir das Alphabet E aus zwei disjunkten Teilmengen T und N zusammensetzen werden. Dabei steht T für die Menge der sogenannten *Terminalsymbole*, während N die Menge der *Nonterminalsymbole* bezeichnet. Die Menge der Terminalsymbole kann man sich als Menge atomarer Zeichen vorstellen, aus denen letztendlich alle Wörter einer Sprache aufgebaut werden. Dagegen dienen die Nonterminalsymbole zur Abstraktion von konkreten Wörtern hin zu Klassen von Wörtern, die ähnliche Eigenschaften besitzen oder die sonst irgendwie als zusammengehörig angesehen werden können. In der Linguistik spricht man bei dieser Abstraktion auch von *syntaktischen Kategorien.*

In der deutschen Sprache kann man die grammatikalischen Begriffe "Verb", "Subjekt", "Prädikat", "Artikel" etc. als syntaktische Kategorien ansehen. Als Terminalsymbole der deutschen Sprache dienen dagegen alle Bestandteile konkreter Sätze (dies sind im Gegensatz zur Theorie formaler Sprachen Wörter und nicht atomare Zeichen), etwa die Wörter "der", "die", "Hund", "läuft" etc. Die Nonterminalsymbole sind also Begriffe, mit deren Hilfe die Syntax bzw. der korrekte grammatikalische Aufbau einer Sprache erklärt werden kann, während die Terminalsymbole Bestandteile der Sprache selbst sind.

Dieselbe Trennung in Terminal- und Nonterminalsymbole ist bei der Definition von Programmiersprachen üblich. Wir betrachten dazu das folgende Beispiel:

(3.26) Beispiel: Die Syntax von Programmiersprachen wird häufig durch die sogenannte *(erweiterte) Backus-Naur-Form (BNF)* beschrieben. Dieser Formalismus basiert auf der Idee, durch Regeln in rein deklarativer Weise anzugeben, welche Programme syntaktisch korrekt sind und welche nicht.

Beispielsweise werden Namen (oder Bezeichner) in höheren Programmiersprachen wie PASCAL oder MODULA-2 oft so eingeführt:

<Name>   ::= <Buchstabe> {<Buchstabe> | <Ziffer>}

<Buchstabe> ::= a | b | c | ... | z

<Ziffer>   ::= 0 | 1 | 2 | ... | 9.

In Worten besagen die Regeln, daß ein Name mit einem Buchstaben beginnen muß und daß dann noch ein beliebig langes Wort (eventuell leer) aus Buchstaben und Ziffern folgen darf.

Sehen wir uns die Bestandteile dieses Formalismus genauer an:

Die eingeklammerten Begriffe <Name>, <Buchstabe> und <Ziffer> sind Nonterminalsymbole; sie repräsentieren syntaktische Kategorien. Das Zeichen "::=" symbolisiert die Möglichkeit der Überführung oder Ersetzung. Es ist als völlig analog zu Pfeilen in den Regeln eines Semi-Thue-Systems anzusehen. Die Zeichen a, b, ..., z und 0, 1, ..., 9 sind Terminalsymbole, die die atomaren Bestandteile von Namen darstellen. Dabei dient "..." lediglich zur Abkürzung und hat keine spezielle Bedeutung. Hinzu kommt noch das Sonderzeichen "|", welches eine Auswahl unter mehreren Alternativen erlaubt, sowie die geschweiften Klammern "{" und "}", die angeben, daß der eingeklammerte Ausdruck beliebig oft wiederholt oder auch weggelassen werden darf. Die beiden letztgenannten Arten von Sonderzeichen sind im Prinzip überflüssig, man kommt auch ohne sie aus. Allerdings kann dies den Schreibaufwand erheblich vergrößern. Dasselbe Beispiel kann in der uns bekannten Notation für Semi-Thue-Systeme so ausgedrückt werden:

<Name>   →   <Buchstabe>

<Name>   →   <Name> <Buchstabe>

<Name>   →   <Name> <Ziffer>

<Buchstabe> →   a

<Buchstabe> →   b

      ...

<Buchstabe> →   z

$$\text{<Ziffer>} \quad \rightarrow \quad 0$$
$$\text{<Ziffer>} \quad \rightarrow \quad 1$$
$$\text{<Ziffer>} \quad \rightarrow \quad 2$$
$$\dots$$
$$\text{<Ziffer>} \quad \rightarrow \quad 9$$

Wir sehen also, daß wir in diesem Beispiel nur mit Terminal- und Nonterminalsymbolen sowie Regeln, die aus dem Folgepfeil und den beiden Arten von Symbolen aufgebaut sind, auskommen.   ∎

Die Betrachtungen des letzten Beispiels geben Anlaß zu der folgenden Definition von Chomsky-Grammatiken, benannt nach dem amerikanischen Sprachwissenschaftler Noam Chomsky, der sich in den fünfziger Jahren (s. [Cho59]) mit der formalen Definition von Sprachen beschäftigte.

(3.27) Definition: (Chomsky-Grammatik)

Unter einer *Chomsky-Grammatik* verstehen wir ein Quadrupel G = (N, T, P, S), wobei P ein Semi-Thue-System über dem Alphabet $N \cup T$ ist.

Ferner bezeichne

N	die Menge der *Nonterminalsymbole*,
T	die Menge der *Terminalsymbole*,
P	die Menge der *Produktionen*: $P \subset \{\varphi \rightarrow \psi \mid \varphi \in (N \cup T)^+, \psi \in (N \cup T)^* \}$ und
S	das *Startsymbol* mit $S \in N$. ∎

Man hat also eine endliche Menge von Produktionen, die Terminal- und Nonterminalsymbole beinhalten können. Es wird gefordert, daß die Erzeugung von Wörtern immer mit dem Startsymbol S beginnt. Außerdem darf die linke Seite einer Produktion nicht das leere Wort sein.

Die Sprache einer Chomsky-Grammatik kann man nun als die Menge aller Wörter über den Terminalsymbolen definieren, die aus dem Startsymbol erzeugbar sind:

(3.28) Definition: (Sprache einer Chomsky-Grammatik)

Für eine Chomsky-Grammatik $G = (N, T, P, S)$ ist

$$L(G) ::= \{w \in T^* \mid S \Rightarrow^* w\}$$

die *durch G erzeugte Sprache*.

Wir nennen $S \Rightarrow^* w$ auch eine *Ableitung* und $S \Rightarrow u_1 \Rightarrow u_2 \Rightarrow \ldots \Rightarrow u_n \Rightarrow w$ (mit $n \in I\!N_0$, $u_i \in (N \cup T)^+$) eine *Ableitungsfolge* für $w \in T^*$.

Dementsprechend heißt w *ableitbar* aus S.   ∎

(3.29) Beispiel: Wir betrachten das Regelsystem aus Beispiel 3.26. Dieses läßt sich als Menge von Produktionen P der Grammatik $G = (N, T, P, S)$ auffassen, wobei

$N = \{$<Name>, <Buchstabe>, <Ziffer>$\}$,

$T = \{a, b, \ldots, z, 0, 1, \ldots, 9\}$, und

$S = $<Name>

gilt. Das Wort "a12" gehört beispielsweise zur Sprache L(G), weil sich folgende Ableitungsfolge angeben läßt:

$$
\begin{aligned}
\text{<Name>} \quad &\Rightarrow \quad \text{<Name> <Ziffer>} \\
&\Rightarrow \quad \text{<Name> <Ziffer> <Ziffer>} \\
&\Rightarrow \quad \text{<Buchstabe> <Ziffer> <Ziffer>} \\
&\Rightarrow \quad \text{<Buchstabe> <Ziffer>}\, 2 \\
&\Rightarrow \quad \text{<Buchstabe>}\, 1\, 2 \\
&\Rightarrow \quad a1 2 \, .
\end{aligned}
$$
∎

Im folgenden werden wir für Nonterminalsymbole nur noch große lateinische Buchstaben benutzen, also $N = \{A, B, \ldots\}$. Als Terminalsymbole verwenden wir weiterhin beliebige Zeichen, meist jedoch kleine lateinische Buchstaben oder Ziffern. Außerdem vereinbaren wir – allein aus schreibtechnischen Gründen –, daß Regeln mit denselben linken Seiten zu einer Regel zusammengefaßt werden dürfen, wobei die rechten Seiten durch Querstriche ("I") getrennt werden. Es ist also erlaubt, anstelle von

$$
\begin{aligned}
\varphi &\to \psi_1 \\
\varphi &\to \psi_2 \\
\varphi &\to \psi_3 \\
&\ldots \\
\varphi &\to \psi_n
\end{aligned}
$$

auch

$$\varphi \to \psi_1 \mid \psi_2 \mid \psi_3 \mid \ldots \mid \psi_n$$

zu schreiben.

Die bisherige Definition einer Chomsky-Grammatik ist so allgemein, daß im Prinzip alle denkbaren formalen Sprachen auf diese Weise definiert werden können (wir werden darauf noch genauer eingehen). Auf der anderen Seite stellt sich das Problem, das bereits zu Ende des letzten Abschnitts angesprochen worden ist: Für Chomsky-Grammatiken in dieser Allgemeinheit ist nicht einmal (algorithmisch) entscheidbar, ob ein Wort zur Sprache einer vorgegebenen Grammatik gehört oder nicht.

Deshalb ist es sinnvoll, Einschränkungen zu treffen, so daß dieses Problem lösbar wird. Außerdem werden wir sehen, daß bei einer "vernünftigen" Hierarchie von Einschränkungen eine Hierarchie von Sprachklassen definiert wird, die teilweise mit der Sprachklassenhierarchie der bisher betrachteten Automatentypen übereinstimmt.

(3.30) Definition: (Chomsky-Hierarchie)

Sei G = (N, T, P, S) eine Chomsky-Grammatik. G heißt

- *Typ-3-Grammatik* oder auch *rechtslineare Grammatik*, falls alle Produktionen von einer der Formen

    $$A \to \lambda, \; A \to a \text{ oder } A \to aB \quad (a \in T; A, B \in N)$$

    sind;

- *Typ-2-Grammatik* oder auch *kontextfreie Grammatik*, falls alle Produktionen von der Form

    $$A \to \psi \quad (A \in N; \psi \in (N \cup T)^*)$$

    sind;

- *Typ-1-Grammatik* oder auch *kontextsensitive Grammatik*, falls alle Produktionen von der Form

    $$\varphi_1 A \varphi_2 \to \varphi_1 \psi \varphi_2 \quad (A \in N; \varphi_1, \varphi_2, \psi \in (N \cup T)^*, \psi \neq \lambda)$$

    sind. Ferner darf zusätzlich S $\to \lambda$ definiert sein; S darf dann aber sonst auf keiner rechten Seite auftreten;

- *Typ-0-Grammatik* oder *(allgemeine) Chomsky-Grammatik*, falls die Produktionen in keiner Weise eingeschränkt sind, außer daß sie Definition 3.27 entsprechen müssen. ∎

Die Wahl der Begriffe (Typ-3, -2, -1 und -0) deutet schon an, daß es sich hier um eine Hierarchie handelt. Es ist auch sofort einzusehen, daß jede Typ-3-Grammatik auch vom Typ 2 und jede Typ-1-Grammatik auch vom Typ 0 ist. Die Beziehung zwischen Typ-2- und Typ-1-Grammatiken ist aufgrund der Behandlung des leeren Wortes etwas schwieriger nachzuweisen. Wir werden innerhalb der nächsten Abschnitte darauf zurückkommen.

Ferner werden wir auf jeden dieser Grammatiktypen detailliert eingehen und insbesondere die Beziehung zu den bisher betrachteten Automatentypen untersuchen. Zunächst legen wir jedoch die zu jedem Grammatiktyp gehörigen Sprachen fest. Dies sind genau diejenigen Sprachen, die durch eine Grammatik des betrachteten Typs erzeugbar sind:

(3.31) Definition: (Typ-i-Sprachen)

Eine (formale) Sprache $L \subseteq E^*$ – über einem festen Alphabet E – heißt *(Chomsky-)Sprache vom Typ i* (i = 0, 1, 2, 3), falls eine Chomsky-Grammatik G vom Typ i existiert mit $L = L(G)$.
Es bezeichne $\mathcal{L}_i ::= \{L \mid L$ ist Sprache vom Typ i$\}$

die Menge aller Sprachen vom Typ i (dabei setzen wir das zugrundeliegende Alphabet E als fest gegeben voraus). ∎

Ähnlich wie bei den Automaten und regulären Ausdrücken ist es auch bei Grammatiken möglich, daß unterschiedliche Grammatiken dieselbe Sprache erzeugen. Diese Tatsache führt zu dem folgenden Äquivalenzbegriff:

(3.32) Definition: (Äquivalenz von Grammatiken)

Zwei Chomsky-Grammatiken G_1 und G_2 heißen *äquivalent* zueinander, falls $L(G_1) = L(G_2)$ gilt. ∎

Wir wenden uns jetzt den Grammatiktypen im einzelnen zu.

3.3.3 Typ-3-Sprachen (reguläre Sprachen)

In der Chomsky-Hierarchie (s. Definition 3.30) sind die Typ-3-Grammatiken am stärksten eingeschränkt. Demzufolge ist die durch sie festgelegte Sprachklasse $\mathcal{L}_3$ am kleinsten. Wir erinnern uns daran, daß bei Typ-3-Grammatiken nur Produktionen der Form

$$A \to \lambda, A \to a \text{ oder } A \to aB \quad (a \in T; A, B \in N)$$

erlaubt sind. Aufgrund der Produktion $A \to aB$ kann bei der Ableitung eines Wortes sukzessive nur ganz *rechts* ein Nonterminalsymbol ersetzt bzw. angefügt werden. Produktionen dieser Form sind *linear*, d.h. es kann höchstens ein Nonterminalsymbol auf der rechten Seite auftreten. Daher spricht man auch von einer *rechtslinearen* Grammatik.

(3.33) Beispiel: Gegeben sei die Grammatik $G = (N, T, P, S)$ mit $N = \{A, S\}$, $T = \{a, b\}$ und $P = \{S \to aS, \ S \to bA, \ A \to a\}$.

Aus welchen Wörtern besteht $L(G)$? Man sieht leicht, daß die (n-malige) Anwendung der ersten Regel zu einem Wort der Form $a^n S$ $(n \geq 0)$ führt. Anschließend kann nur genau einmal die zweite und dann einmal die dritte Regel angewendet werden (in dieser Reihenfolge), wodurch die Ableitung schließlich mit einem Wort der Form $a^n ba$ endet; somit ist $L(G) = \{a^n ba \mid n \in \mathbb{N}_0\}$. Das Wort $a\,aa\,ba$ entsteht beispielsweise durch die Ableitungsfolge

$$\underline{S} \ \Rightarrow \ a\underline{S} \ \Rightarrow \ aa\underline{S} \ \Rightarrow \ aaa\underline{S} \ \Rightarrow \ aaab\underline{A} \ \Rightarrow \ aaaba.$$

Oft überschaut man die möglichen Ableitungen besser, wenn man zu einer graphischen Darstellungsform, dem *Ableitungsbaum*, übergeht. Dieser Baum entsteht dadurch, daß man zunächst einen Knoten zeichnet und diesen mit dem Startsymbol S beschriftet. Falls eine Regel angewendet wird (z.B. $S \to aS$), zeichnet man für jedes Zeichen auf der rechten Seite (hier: a und S) einen weiteren Knoten (in dieser Reihenfolge von links nach rechts: zuerst für a und dann für S), verbindet ihn jeweils mit dem Ausgangsknoten und beschriftet ihn mit dem entsprechenden Zeichen. Man fährt so fort, wobei jeweils der Knoten des zu ersetzenden Nonterminalsymbols mit den neuen Knoten verbunden wird. Das Bild 3.10 zeigt den Ableitungsbaum für das Wort $a\,a\,a\,b\,a$:

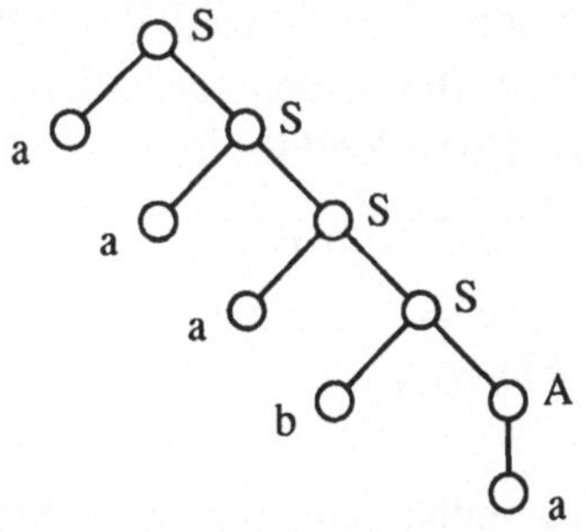

Bild 3.10: Ableitungsbaum für das Wort $a\,a\,ab\,a$ in Beispiel 3.33

Schließlich ergibt sich das abgeleitete Wort dadurch, daß man die Beschriftungen an den Blättern des Baumes von links nach rechts zu einem Wort zusammenfügt. Blätter, die mit λ beschriftet sind (die also durch eine Regel $A \rightarrow \lambda$ generiert wurden), werden dabei nicht berücksichtigt.

An dem Baum in Bild 3.10 fällt auf, daß er stark "rechtslastig" ist. Der Grund dafür ist, daß bei rechtslinearen Grammatiken jeweils nur das Nonterminalsymbol am Ende eines Wortes ersetzt werden kann. Somit müssen Ableitungsbäume rechtslinearer Grammatiken immer von dieser Gestalt sein.   ∎

Bei Typ-3-Grammatiken werden auch rekursive Regeln zugelassen, d.h. Regeln, bei denen das ersetzte Nonterminalsymbol direkt oder nach mehreren Ableitungsschritten wieder erzeugt werden kann. In Beispiel 3.33 wird etwa durch die Regel $S \rightarrow aS$ eine Rekursion ausgedrückt. Durch rekursive Regelmengen kann erst erreicht werden, daß die erzeugte Sprache unendlich viele Wörter enthält.

(3.34) Beispiel: Wir wollen eine Grammatik angeben, die alle Wörter über dem Alphabet $\{0, 1\}$ erzeugt, welche eine ungerade Anzahl von Einsen enthalten.

Bisher wissen wir nur, daß G die Form $G = (N, T, P, S)$ mit $T = \{0, 1\}$ haben muß.

Wir beginnen mit dem einfachsten Wort $w = 1$; dafür leisten beispielsweise die Regeln $S \rightarrow 1A$ und $A \rightarrow \lambda$ das Gewünschte, denn mit diesen Regeln kann tatsächlich genau das Wort 1 abgeleitet werden.

Es wäre jetzt fehlerhaft, die Regel $A \rightarrow 1A$ hinzuzufügen, weil dann jedes aus Einsen bestehende Wort erzeugbar wäre. Stattdessen wird durch die Regel $A \rightarrow 1S$ sichergestellt, daß nur Wörter mit einer ungeraden Anzahl von Einsen generiert werden können. Nun sind noch die Nullen zu berücksichtigen, die an jeder Position des Wortes in beliebiger Anzahl "eingestreut" werden dürfen. Es ist leicht einzusehen, daß bereits die beiden zusätzlichen Regeln $A \rightarrow 0A$ und $S \rightarrow 0S$ dieses Problem zufriedenstellend lösen.

Somit erhalten wir insgesamt die Grammatik

$G = (N, T, P, S)$ mit $T = \{0, 1\}$, $N = \{A, S\}$ und
$P = \{ \; S \rightarrow 1A \mid 0S, \quad A \rightarrow \lambda \mid 1S \mid 0A \}$,
und es gilt

$$L(G) = \{ w \in \{0, 1\}^* \mid w \text{ enthält eine ungerade Anzahl von Einsen} \}.$$

Der Leser sollte exemplarisch einige Wörter dieser Sprache durch Anwendung der Regeln in P generieren.   ∎

Dem aufmerksamen Leser wird nicht entgangen sein, daß es zwischen dem endlichen Automaten in Beispiel 2.7 und der Grammatik in Beispiel 3.34 Übereinstimmungen gibt: Der Automat benötigt zwei Zustände, während in der Grammatik zwei Nonterminalsymbole vorkommen; der Anfangszustand s_0 kann mit dem Startsymbol S und der Endzustand s_1 mit dem Symbol A identifiziert werden (weil $A \to \lambda$ einen Abbruch ermöglicht). Weitere Ähnlichkeiten gibt es zwischen der Gestalt der Überführungsfunktion δ und den Produktionen in P: Gilt auf der einen Seite $\delta(s_0, 1) = s_1$, so existiert auf der anderen Seite eine Regel $S \to 1A$, etc. Insgesamt liegt die Vermutung nahe, daß endliche Automaten und rechtslineare Grammatiken ähnlich ausdrucksstarke Konzepte sind, die sich möglicherweise gegenseitig simulieren können. Wie wir sehen werden, ist diese Vermutung tatsächlich richtig: Zu jedem deterministischen endlichen Automaten EA gibt es eine rechtslineare Grammatik G (und umgekehrt) mit $L(EA) = L(G)$, und wir werden jeweils ein Verfahren angeben, das es erlaubt, zu einem gegebenen Automaten eine entsprechende Grammatik und zu jeder rechtslinearen Grammatik einen entsprechenden Automaten zu konstruieren.

Wir beginnen mit der einfacheren Richtung:

(3.35) Algorithmus: (Konstruktion einer rechtslinearen Grammatik aus einem deterministischen endlichen Automaten)

INPUT: Endlicher Automat $EA = (E, S, \delta, s_0, F)$;

OUTPUT: Rechtslineare Grammatik $G = (N, T, P, S_G)$ mit $L(G) = L(EA)$;[1]

BEGIN
    $T := E; N := S$;
    $P := \emptyset$;
    $S_G := s_0$;
    FOR EACH *Überführung* $\delta(s, e) = s'$ **DO**
        $P := P \cup \{s \to es'\}$
    END (* FOR *);
    FOR EACH *Endzustand* $s \in F$ **DO**
        $P := P \cup \{s \to \lambda\}$
    END (* FOR *);
END. ∎

---

1) Wir haben das Startsymbol von G hier ausnahmsweise S_G genannt aufgrund der Kollision mit der Bezeichnung der Zustandsmenge S.

Die Menge der Nonterminalsymbole simuliert also die Zustandsmenge und die Menge der Terminalsymbole das Eingabealphabet des Automaten. Ferner wird für jede mögliche Anwendung der Überführungsfunktion eine Regel erzeugt, die dem damit verbundenen Zustandswechsel entspricht. Zuletzt ermöglichen wir für jeden Endzustand den Abbruch einer Ableitung, indem wir Regeln der Form $s \rightarrow \lambda$ zu P hinzufügen.

(3.36) Beispiel: Wenn wir den Algorithmus 3.35 auf den Automaten (s. Beispiel 2.7) $EA = (E, S, \delta, s_0, F)$ mit $E = \{0, 1\}$, $S = \{s_0, s_1\}$, $F = \{s_1\}$ und δ entsprechend dem Zustandsdiagramm in Bild 3.11 anwenden, so erhalten wir die Grammatik $G = (N, T, P, S)$ mit $N = \{s_0, s_1\}$, $T = \{0, 1\}$, $S_G = s_0$ und
$P = \{s_0 \rightarrow 1s_1, \ s_1 \rightarrow 1s_0, \ s_0 \rightarrow 0s_0, \ s_1 \rightarrow 0s_1, \ s_1 \rightarrow \lambda\}$.

Bis auf eine Umbenennung der Nonterminalsymbole ist diese Grammatik völlig identisch zu der in Beispiel 3.34, was auch nicht überraschend ist, da wir in beiden Fällen von der Sprache des endlichen Automaten in Beispiel 2.7 ausgegangen sind.

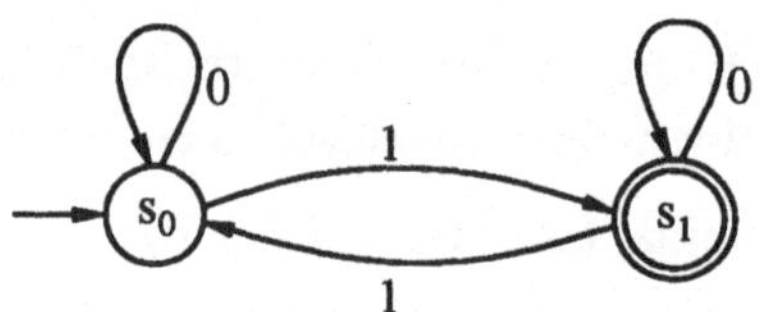

Bild 3.11: Zustandsdiagramm des Automaten zu Beispiel 3.36
bzw. Beispiel 2.7 ∎

Es ist jetzt leicht, die Richtigkeit des obigen Algorithmus zu verifizieren. Wir verzichten darauf, den Beweis formal durchzuführen, und fassen lediglich zusammen:

(3.37) Satz: Zu jedem deterministischen endlichen Automaten EA gibt es eine rechtslineare Grammatik G mit $L(G) = L(EA)$. ∎

Nur unwesentlich schwieriger gestaltet sich die umgekehrte Richtung. Allerdings sind einige kleine technische Dinge zusätzlich zu berücksichtigen. Wir wenden im Prinzip den obigen Algorithmus in umgekehrter Richtung an, d.h. die Nonterminalsymbole stellen die möglichen Zustände dar, und für jede Regel

$A \rightarrow aB$

erlaubt die Überführungsfunktion δ des Automaten einen Übergang $(A, a) \mapsto B$. Da es verschiedene Regeln dieser Form, z.B. $A \rightarrow aB_1$ und $A \rightarrow aB_2$, geben kann, wird der so konstruierte Automat meistens nichtdeterministisch sein. Aufgrund der Gleichwertigkeit deterministischer und nichtdeterministischer endlicher Automaten ist diese Tatsache aber keineswegs beunruhigend. Weiterhin werden wir für jede Regel

$$A \rightarrow \lambda$$

den Zustand A als Endzustand deklarieren; auch dies entspricht dem Vorgehen in Algorithmus 3.35. Es sind außerdem Regeln der Form

$$A \rightarrow a$$

zu berücksichtigen. Dazu führen wir einen zusätzlichen Endzustand σ_0 ein und legen für jede Regel dieser Art einen Übergang $(A, a) \mapsto \sigma_0$ fest.

Wenn wir einen nichtdeterministischen endlichen Automaten auf diese Weise konstruieren, brauchen wir uns nicht darum zu kümmern, ob für jedes Paar (A, a) ein Übergang erklärt ist (d.h. ob der Automat vollständig ist), denn bei nichtdeterministischen Automaten kann einem Paar durchaus die leere Menge als Menge möglicher Folgezustände zugewiesen werden. Wir fassen zusammen:

(3.38) Algorithmus: (Konstruktion eines nichtdeterministischen endlichen Automaten aus einer rechtslinearen Grammatik)

INPUT: Rechtslineare Grammatik $G = (N, T, P, S_G)$;

OUTPUT: Nichtdeterministischer endlicher Automat $NEA = (E, S, \delta, s_0, F)$ mit $L(NEA) = L(G)$;

BEGIN

    $E := T$; $s_0 := S_G$; $S := N \cup \{\sigma_0\}$;

    $F := \{A \in N \mid A \rightarrow \lambda \in P\} \cup \{\sigma_0\}$;

    FOR EACH $(A, a) \in N \times T$ **DO**

        $\delta(A, a) := \{B \in N \mid A \rightarrow aB \in P\}$;

        IF $A \rightarrow a \in P$

        THEN $\delta(A, a) := \delta(A, a) \cup \{\sigma_0\}$

        END (* IF *);

    END (* FOR *);

    FOR EACH $a \in T$ **DO**

        $\delta(\sigma_0, a) := \varnothing$

    END (* FOR *);

END.   ■

(3.39) Beispiel: Wir wollen für die rechtslineare Grammatik aus Beispiel 3.33 einen endlichen Automaten angeben. Es sei also $G = (N, T, P, S_G)$ mit $N = \{A, S_G\}$, $T = \{a, b\}$ und $P = \{S_G \to a\,S_G,\ S_G \to b\,A,\ A \to a\}$ gegeben.

Für den endlichen Automaten $NEA = (E, S, \delta, s_0, F)$ gilt dann zunächst
$E = \{a, b\}$, $S = \{A, S_G, \sigma_0\}$, $s_0 = S_G$, $F = \{\sigma_0\}$,
und aufgrund der ersten FOR-Schleife erhalten wir

$$\delta(S_G, a) = \{S_G\}, \qquad\qquad \delta(S_G, b) = \{A\},$$
$$\delta(A, a) = \{\sigma_0\}, \qquad\qquad \delta(A, b) = \varnothing.$$

Schließlich liefert die zweite FOR-Schleife noch

$$\delta(\sigma_0, a) = \delta(\sigma_0, b) = \varnothing,$$

so daß der Automat dem folgenden Zustandsdiagramm entspricht (s. Bild 3.12):

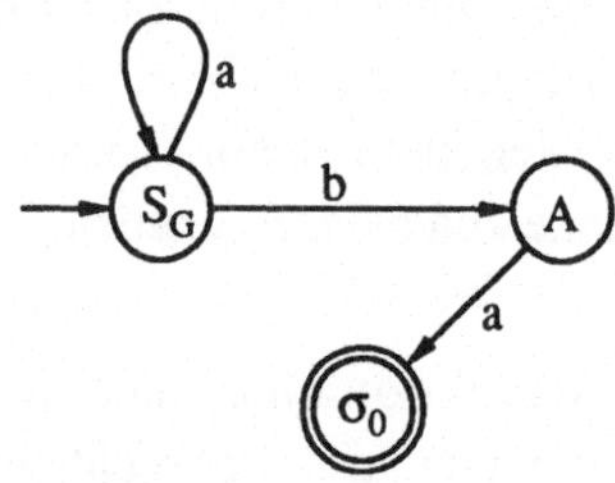

Bild 3.12: Zustandsdiagramm des Automaten zu Beispiel 3.39

Zufälligerweise ist dieser Automat sogar deterministisch. In der Regel ist dies nicht der Fall, so daß man – falls ein deterministischer Automat als Ergebnis gewünscht ist – eine weitere Transformation durchführen müßte.   ■

Die Korrektheit des Algorithmus 3.38 ist plausibel, und es folgt:

(3.40) Satz: Zu jeder rechtslinearen Grammatik G gibt es einen nichtdeterministischen endlichen Automaten NEA mit $L(NEA) = L(G)$.   ■

Nachdem wir bereits den Zusammenhang zwischen endlichen Automaten und regulären Ausdrücken betrachtet haben, können wir zusammenfassend folgern:

(3.41) Folgerung: Mit den Bezeichnungen aus Folgerung 3.22 und Definition 3.31 gilt: $\mathcal{L}_3 = \mathcal{L}_{EA} = \mathcal{L}_{ndet\text{-}EA} = \mathcal{L}_{\lambda\text{-}EA} = \mathcal{L}_{reg}$.   ■

Somit haben wir fünf verschiedene Charakterisierungen für dieselbe Sprachklasse gefunden. Insbesondere gelten für die durch rechtslineare Grammatiken
erzeugbaren Sprachen alle Aussagen, die wir schon für die übrigen Charakterisierungen dieser Sprachklasse gezeigt haben, z.B.:

- Jede endliche, d.h. aus endlich vielen Wörtern bestehende, Sprache ist vom
  Typ 3.

- Sind L_1 und L_2 vom Typ 3, so auch $L_1 \cup L_2$, $L_1 L_2$ und L_1^*.

- Es gibt Sprachen, die nicht vom Typ 3 sind.

etc.

(3.42) Beispiel: Für die Sprache

$$L = \{a^n b^n \mid n \in \mathbb{N}_0\},$$

die bereits als nichtreguläre Sprache nachgewiesen wurde, kann es keine
entsprechende rechtslineare Grammatik geben. Ein Versuch könnte das
Regelsystem

$$S \to \lambda, \quad S \to aS, \quad S \to bB, \quad B \to bB, \quad B \to \lambda$$

sein. Damit können auch tatsächlich alle Wörter der Sprache L erzeugt werden.
Zum Beispiel lautet die Ableitung für das Wort aabb:

$$\underline{S} \quad \Rightarrow \quad a\underline{S} \quad \Rightarrow \quad aa\underline{S} \quad \Rightarrow \quad aab\underline{B} \quad \Rightarrow \quad aabb\underline{B} \quad \Rightarrow \quad aabb.$$

Allerdings sind auch alle Wörter der Form $a^n b^m$ mit $n \neq m$ durch das Regelsystem erzeugbar, weil die Anzahl der erzeugten a´s und b´s nicht auf Gleichheit
überprüft werden kann. Auch andere Versuche in dieser Richtung müssen
natürlicherweise scheitern.   ∎

Neben den rechtslinearen Grammatiken wurden in der Literatur auch
linkslineare Grammatiken untersucht, d.h. Grammatiken, bei denen die Regeln
nur von der Form $A \to \lambda$, $A \to a$ oder $A \to Ba$ sein dürfen. Der Unterschied zu
rechtslinearen Grammatiken ist offensichtlich: Nonterminalsymbole dürfen nur
links neben einem Terminalsymbol angefügt werden, d.h. ein Wort wird von
rechts nach links zeichenweise erzeugt. Entsprechend sind Ableitungsbäume hier
nicht "rechts-", sondern "linkslastig".

(3.43) Beispiel: Die Grammatik $G = (N, T, P, S)$ mit $N = \{A, B, S\}$, $T = \{a, b\}$
und $P = \{S \to Ba, \ B \to Ab, \ B \to b, \ A \to Aa, \ A \to a\}$
ist linkslinear. Eine mögliche Ableitungsfolge kann zum Beispiel so aussehen:

$$\underline{S} \quad \Rightarrow \quad \underline{B}a \quad \Rightarrow \quad \underline{A}ba \Rightarrow \quad \underline{A}aba \quad \Rightarrow \quad \underline{A}aaba \quad \Rightarrow \quad aaaba.$$

Es ist deutlich zu sehen, wie das erzeugte Wort von rechts nach links "wächst".

Welche Sprache wird durch diese Grammatik erzeugt?

Die Anwendung der ersten Regel führt zunächst auf ein Wort der Form Ba, anschließend kann genau einmal entweder die zweite oder die dritte Regel angewendet werden. Im letzteren Fall wird das Wort ba erzeugt und die Ableitung bricht ab, im anderen Fall erhalten wir das Wort Aba. Dann sind nur noch die vierte und fünfte Regel anwendbar, wodurch für das Nonterminalsymbol A eine beliebig lange Folge von a's erzeugt werden kann.

Zusammenfassend gilt also: $L(G) = \{a^n ba \mid n \in \mathbb{N}_0\}$.

Dieselbe Sprache kann ebenso durch eine rechtslineare Grammatik erzeugt werden. Die Grammatik in Beispiel 3.33 leistet das Gewünschte.   ∎

Wir können die zuletzt gemachte Beobachtung verallgemeinern und den folgenden Satz formulieren:

(3.44) Satz: Zu jeder linkslinearen Grammatik G gibt es eine rechtslineare Grammatik G′ und umgekehrt mit $L(G') = L(G)$.   ∎

Es ist also gleichgültig, welchen dieser beiden Grammatiktypen man für die Beschreibung von Typ-3-Sprachen zugrunde legt. In diesem Buch haben wir uns für rechtslineare Grammatiken entschieden.

Aufgaben zu 3.3.3:

1. Es sei $G = (N, T, P, S)$ mit $N = \{A, S\}$, $T = \{a, b\}$ und
    $P = \{S \to Sb,\ S \to Ab,\ A \to a,\ A \to Aa\}$ eine linkslineare Grammatik.

    (a) Beschreiben Sie L(G)!

    (b) Geben Sie eine äquivalente rechtslineare Grammatik G′ an!

    (c) Geben Sie zu der Grammatik G′

        – einen (nichtdeterministischen) endlichen Automaten EA,
        – einen regulären Ausdruck α

        mit $L(G') = L(EA) = L(\alpha)$ an!

2. Es sei $G = (N, T, P, S)$ mit $N = \{S, A, B, C\}$, $T = \{a, b\}$ und
    $P = \{S \to \lambda \mid bA \mid aB,\ A \to aS \mid bC,\ B \to bS \mid a,\ C \to aC \mid bC\}$ (in abgekürzter Notation) eine rechtslineare Grammatik.

    Geben Sie einen (nichtdeterministischen) endlichen Automaten EA mit

L(EA) = L(G) an!

3. Konstruieren Sie zu den beiden durch die folgenden Zustandsdiagramme beschriebenen endlichen Automaten jeweils eine entsprechende rechtslineare Grammatik!

(a)   (b)

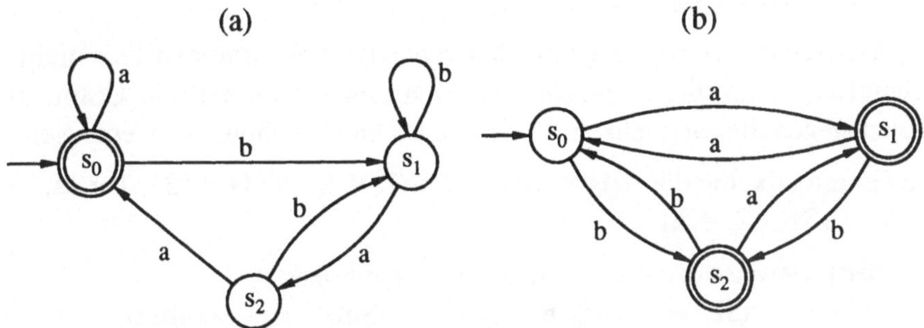

4. Die Regeln einer Grammatik G seien alle von der Form

$$A \to w\,B \quad \text{und} \quad A \to w,$$

wobei $w \in T^*$ gelte. Zeigen Sie, daß es zu G immer eine äquivalente rechtslineare Grammatik G' gibt!

5. Geben Sie jeweils eine Typ-3-Grammatik für die folgenden Sprachen an!

(a) $L = \{w \in \{a, b\}^* \mid w$ endet auf $bb\}$

(b) $L = \{w \in \{a, b, c\}^* \mid w$ enthält insgesamt höchstens drei a´s und b´s$\}$

(c) $L = \{w \in \{0, 1\}^* \mid w$ enthält nicht das Teilwort $00\}$.

3.3.4 Typ-2-Sprachen (kontextfreie Sprachen)

Wir erinnern uns daran (vgl. Definition 3.30), daß Chomsky-Grammatiken vom Typ 2 nur Produktionen von der Form $A \to \psi$ haben, wobei A ein Nonterminalsymbol ist und ψ eine beliebige Kette von Terminal- und Nonterminalsymbolen sein kann. Wir lassen für ψ auch das leere Wort λ zu.

Grammatiken dieses Typs heißen auch kontextfrei, weil jede Regel $A \to \psi$ auf ein Symbol A innerhalb eines Wortes angewendet werden kann, ohne daß der Kontext, d.h. der Rest des Wortes oder ein Teil davon, berücksichtigt werden muß. So ist beispielsweise für ein Wort der Form $\varphi_1 A \varphi_2$ (bei Anwendung der

Regel $A \to \psi$) die Ableitung

$$\varphi_1 A \varphi_2 \;\Rightarrow\; \varphi_1 \psi \varphi_2 \qquad (\varphi_1, \varphi_2 \in (N \cup T)^*)$$

möglich, wobei φ_1 und φ_2 in keiner Weise eingeschränkt sind.

(3.45) Beispiel: Wir greifen zunächst unser "Standardbeispiel"

$$L = \{a^n b^n \mid n \in \mathbb{N}_0\}$$

auf. Wir haben bereits gesehen, daß rechtslineare Grammatiken nicht ausreichend sind, um diese Sprache zu beschreiben. Kontextfreie Grammatiken bieten dagegen die Möglichkeit, Paare von a´s und b´s simultan zu erzeugen.

Eine Grammatik, die dies leistet, ist $G = (N, T, P, S)$ mit $N = \{S\}$, $T = \{a, b\}$ und $P = \{S \to a S b, \; S \to \lambda\}$.

So ist beispielsweise das Wort $aa\,ab\,bb$ durch die Folge

$$\underline{S} \;\Rightarrow\; a\underline{S}b \;\Rightarrow\; aa\underline{S}bb \;\Rightarrow\; aaa\underline{S}bbb \;\Rightarrow\; aa\,ab\,bb$$

ableitbar, und es ist leicht einzusehen, daß ausschließlich Wörter der Form $a^n b^n$ erzeugbar sind. ∎

Die erste Regel $S \to a S b$ im obigen Beispiel ist vom Typ 2, nicht aber vom Typ 3. Bei Typ-3-Sprachen konnte immer nur ein Nonterminalsymbol am Ende (bei rechtslinearen Regeln) oder am Anfang eines Wortes (bei linkslinearen Regeln) ersetzt werden, nicht jedoch in der Mitte. Ähnlich wie bei Typ-3-Grammatiken können Ableitungsfolgen gut durch Ableitungsbäume veranschaulicht werden.

(3.46) Definition: (Ableitungsbaum)

Sei $s \Rightarrow^* w$ eine Ableitungsfolge der kontextfreien Grammatik $G = (N, T, P, S)$. Dann wird der zu $s \Rightarrow^* w$ gehörige *Ableitungsbaum* (induktiv) folgendermaßen aufgebaut:

- Zu Anfang wird die Wurzel des Baumes erzeugt und mit dem Startsymbol S beschriftet.

- Wird auf ein Wort $\varphi_1 A \varphi_2$ eine Regel $A \to \psi$ angewendet, so entspricht jedem Zeichen aus $\varphi_1 A \varphi_2$ genau ein Blattknoten des bisher erzeugten Baumes, und

  - es wird für jedes Zeichen aus $\psi = X_1 X_2 \ldots X_n$ $(X_i \in (N \cup T),\ i \in \{1,\ldots,n\})$ ein Sohnknoten für den zu A gehörenden Knoten generiert,

  - die Knoten werden von links nach rechts mit $X_1, X_2, \ldots, X_n$ beschriftet (siehe Bild 3.13).

Im Fall $\psi = \lambda$ wird genau ein Sohnknoten erzeugt und mit λ beschriftet.

Bei Abbruch des Verfahrens ergeben die Blätter des Baumes – von links nach rechts gelesen – das Wort w. Dabei werden mit λ beschriftete Blätter nicht berücksichtigt. ∎

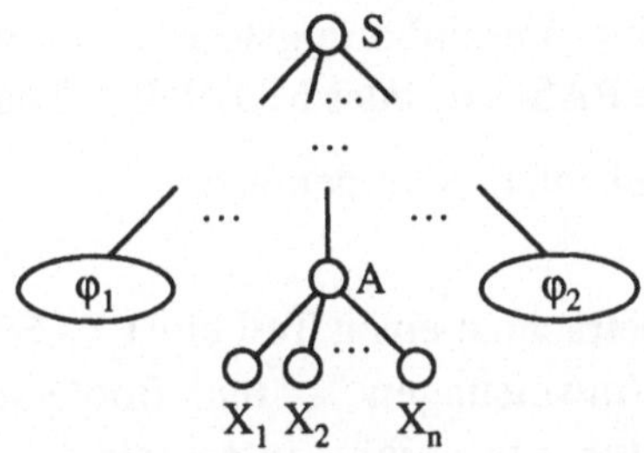

Bild 3.13: Darstellung der Anwendung einer Regel $A \rightarrow X_1 X_2 \dots X_n$
im Ableitungsbaum

Im folgenden werden wir die Knoten eines Ableitungsbaumes aus Gründen der Übersichtlichkeit nur noch durch ihre Bezeichnungen darstellen, d.h. wir werden anstelle von   nur noch

schreiben.

(3.47) Beispiel: Die Erzeugung des Wortes aa abbb durch die kontextfreie Grammatik in Beispiel 3.45 wird durch den folgenden Ableitungsbaum (s. Bild 3.14) dargestellt:

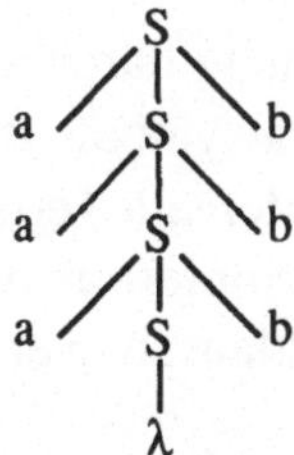

Bild 3.14: Ableitungsbaum für das Wort a a ab b b

Die Blätter des Baumes ergeben gerade das erzeugte Wort, wobei das mit λ bezeichnete Blatt unberücksichtigt bleibt.   ∎

Wir haben bereits die Backus-Naur-Form (s. Beispiel 3.26) als Beschreibungsmittel für die Syntax höherer Programmiersprachen exemplarisch kennengelernt. Tatsächlich reicht dieser Formalismus zur Beschreibung des reinen Programmteils (d.h. ohne Vereinbarungsteil) einer modernen prozeduralen Programmiersprache wie PASCAL oder MODULA-2 aus.

Das nachfolgende Beispiel soll dies verdeutlichen:

(3.48) Beispiel: Wir betrachten einen Teil einer PASCAL-ähnlichen Sprache, die neben elementaren Anweisungen "a" und Boole´schen Ausdrücken "e" – deren genauere Struktur uns nicht interessiert – noch kompliziertere Sprachkonstrukte wie Blöcke (durch BEGIN und END verschachtelte Anweisungsfolgen) und die REPEAT-Schleife enthält.

Eine Syntaxdefinition in (erweiterter) Backus-Naur-Form könnte so aussehen:

```
<block>              ::= BEGIN <statement sequence> END
<statement sequence> ::= <statement> {; <statement>}
<statement>          ::= a | <block> | <repeat-statement>
<repeat-statement>   ::= REPEAT <statement sequence> UNTIL <expr>
<expr>               ::= e
```

Auch hier können wir <block>, <statement sequence> etc. wieder als Nonterminalsymbole und BEGIN, END, REPEAT, UNTIL, a, e als Terminalsymbole auffassen.

Eine gleichwertige Darstellung kann man durch *Syntaxdiagramme* angeben, einem graphischen Darstellungsmittel (s. Bild 3.15), das die syntaktische Beschreibung ebenso gut veranschaulicht.

Die Diagramme werden in Pfeilrichtung durchlaufen. Terminalsymbole können durch runde Knoten und Nonterminalsymbole durch eckige Knoten dargestellt werden. Erreicht man beim Durchlaufen ein Terminalsymbol, so schreibt man es nieder, erreicht man dagegen ein Nonterminalsymbol, so muß zunächst das zugehörige Syntaxdiagramm durchlaufen werden, bevor man im aktuellen Syntaxdiagramm fortfahren darf.

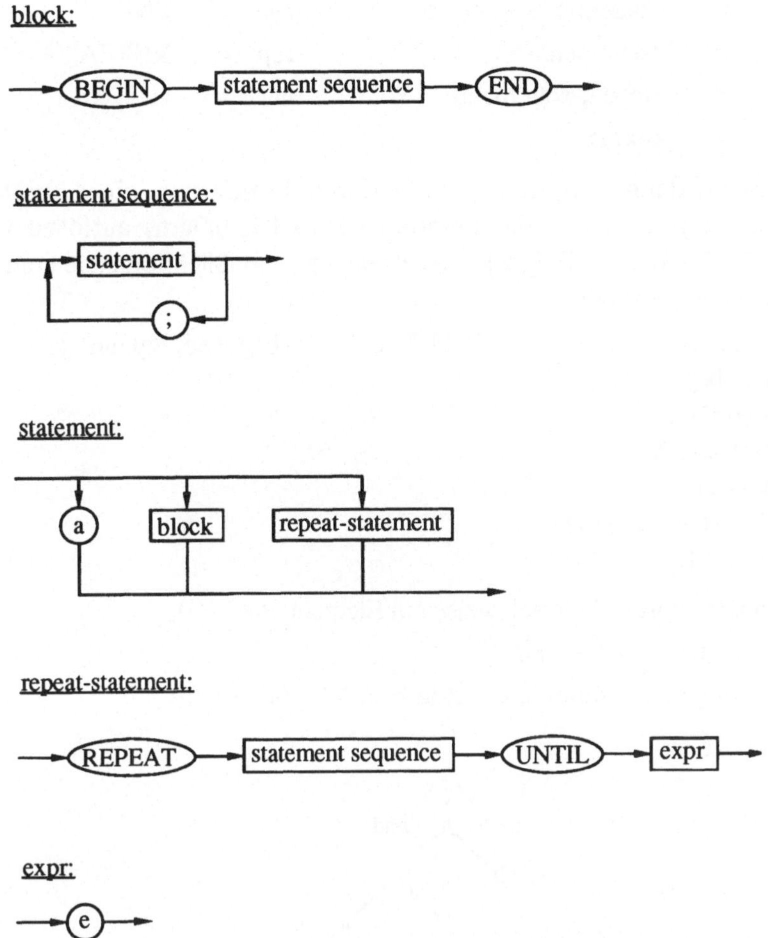

Bild 3.15: Syntaxdiagramme zu Beispiel 3.48

Syntaxdiagramme bieten dieselben Möglichkeiten wie die Backus-Naur-Form: Es sind bei beiden Formalismen Kontrollstrukturen wie "Iteration", "Verzweigung" und "Sequenz" vorhanden, und es stellt sich heraus, daß sowohl Syntaxdiagramme als auch die BNF dieselbe Ausdrucksstärke wie kontextfreie Grammatiken haben, d.h. dieselben Klassen von Sprachen definieren können.

Um die obige Sprache durch Chomsky-Grammatiken auszudrücken, kürzen wir die verwendeten Symbole so ab:

S	=	<block>		beg	=	BEGIN
A	=	<statement sequence>		end	=	END
B	=	<statement>		rep	=	REPEAT
C	=	<repeat-statement>		unt	=	UNTIL
D	=	<expr>				

Wir müssen dann lediglich noch – durch Einführung eines zusätzlichen Nonterminalsymbols E – die Iteration (in { }-Klammern) auflösen und das Symbol "::=" durch den Folgepfeil ersetzen, um schließlich folgende kontextfreie Grammatik zu erhalten:

$G = (N, T, P, S)$ mit $N = \{A, B, C, D, E, S\}$, $T = \{beg, end, rep, unt, a, e, ;\}$ und
$P = \{\ S \to beg\ A\ end,$

$\quad A \to B\,E,$

$\quad E \to \lambda\,|\,;A,$

$\quad B \to a\,|\,S\,|\,C,$

$\quad C \to rep\ A\ unt\ D,$

$\quad D \to e\ \}.$

Das folgende Wort ist beispielsweise ein Element von L(G):

$\qquad$ beg a; rep a unt e end

Der zugehörige Ableitungsbaum ist in Bild 3.16 dargestellt:

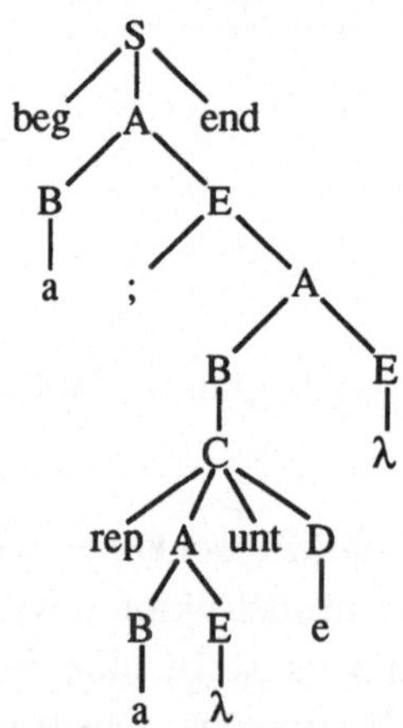

Bild 3.16: Ableitungsbaum zu Beispiel 3.48

Insgesamt besteht L(G) aus allen möglichen Verschachtelungen von elementaren Anweisungen, Blöcken und REPEAT-Schleifen, wobei sich auf der äußersten Schachtelungsebene ein Block befinden muß.　■

(3.49) Beispiel: Gegeben ist die folgende Grammatik G zur Erzeugung einfacher arithmetischer Ausdrücke:

$G = (N, T_G, P, S)$ mit $N = \{S, T, F, I\}$, $T_G = \{a, b, c, +, *, (,)\}$[1] und

$$P = \{\ \ S \rightarrow T \mid S + T,$$
$$T \rightarrow F \mid F * T,$$
$$F \rightarrow I \mid (S),$$
$$I \rightarrow a \mid b \mid c \ \}.$$

Dabei steht S für "simple expression" (gleichzeitig auch Startsymbol), T für "term", F für "factor" und I für "identifier". Die Menge der Identifier ist hier aufgrund der Übersichtlichkeit auf {a, b, c} beschränkt worden; man hätte ebenso die Menge aller in Beispiel 3.26 festgelegten Namen verwenden können.

Beispielsweise ist

$$a + b * (a + c)$$

ein durch G erzeugbarer Ausdruck (s. Bild 3.17).

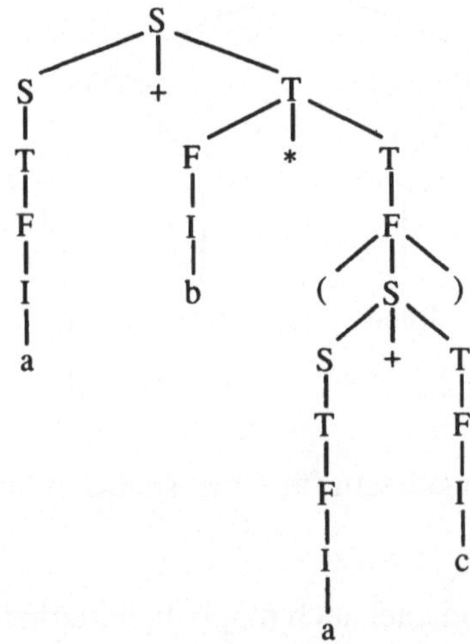

Bild 3.17: Syntaxbaum zu Beispiel 3.49

Neben diesen Anwendungen für höhere Programmiersprachen lassen sich auch große Teile der Grammatik natürlicher Sprachen durch kontextfreie

---

1) Das Zeichen T_G bezeichnet hier ausnahmsweise die Menge aller Terminalsymbole von G, da es sonst eine Bezeichnungskollision mit dem Nonterminalsymbol T (für "term") gäbe.

Grammatiken beschreiben:

(3.50) Beispiel: Es sei G = (N, T, P, S) mit N = {<art>, <subst>, <verb>, <NG>, <VG>, <satz>}, T = {hund, mann, frau, der, die, das, beißt, sieht}, S = <satz> und

P = { <satz>   → <NG> <VG>,
       <NG>   → <art> <subst>,
       <VG>   → <verb> | <verb> <NG>,
       <art>   → der | die | das,
       <subst>   → hund | mann | frau,
       <verb>   → beißt | sieht }.

Dabei steht NG für Nominalgruppe und VG für Verbgruppe. Mit dieser Grammatik können einfache, grammatikalisch richtige Sätze erzeugt werden. In Bild 3.18 ist die Erzeugung eines Satzes anhand des Ableitungsbaumes dargestellt:

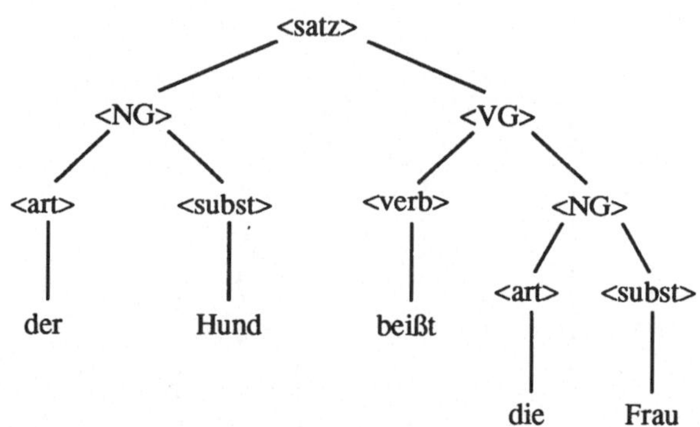

Bild 3.18: Ableitungsbaum für einen syntaktisch korrekten Satz

Natürlich ist es in diesem Beispiel auch möglich, fehlerhafte Sätze wie

"das Mann sieht der Hund"

oder semantisch sinnlose Sätze abzuleiten.   ∎

Wir werden uns jetzt der prinzipiellen "Leistungsfähigkeit" kontextfreier Grammatiken zuwenden. Im letzten Abschnitt haben wir gesehen, daß rechtslineare Grammatiken dieselben Sprachen beschreiben können wie endliche Automaten. Eine ähnliche Beziehung gilt für kontextfreie Grammatiken und Kellerautomaten:

(3.51) Satz: Zu jeder kontextfreien Grammatik G gibt es einen nichtdeterministischen Kellerautomaten KA und umgekehrt mit L(KA) = L(G).   ■

Wir verzichten hier auf einen Beweis dieses Satzes (der interessierte Leser kann ihn z.B. in [HoU79] finden), allerdings wollen wir für die eine der Beweisrichtungen ein konstruktives Verfahren angeben. Wir werden zeigen, wie man zu jeder kontextfreien Grammatik G einen nichtdeterministischen Kellerautomaten KA mit L(KA) = L(G) angeben kann. Die zugrundeliegende Idee ist sehr einfach:

Die Anwendung von Regeln wird mit Hilfe des Kellerspeichers simuliert, dabei wird gleichzeitig das Eingabewort w verarbeitet. Am Anfang wird das Startsymbol S in den Keller geschrieben. Befindet sich während der Abarbeitung ein Nonterminalsymbol A oben im Keller, so wird für jede Regel A → φ ein Übergang ermöglicht, der A durch das Wort φ ersetzt, d.h. φ wird zeichenweise – von rechts nach links – auf den Keller geschrieben. Die Position des Lesekopfes auf dem Eingabeband bleibt unverändert. Ist das oberste Symbol dagegen ein Terminalsymbol, so wird es mit dem aktuellen Zeichen unter dem Lesekopf verglichen. Falls beide Zeichen übereinstimmen, geht der Lesekopf auf dem Eingabeband um eine Position nach rechts, und das Zeichen wird vom Keller gelöscht.

Das Wort auf dem Eingabeband wird genau dann akzeptiert (d.h. nur dann wird ein Endzustand erreicht), wenn es vollständig gelesen worden ist und wenn sich im Keller nur noch das Kellerstartsymbol befindet. Andernfalls, d.h. falls entweder das Eingabewort nicht vollständig abgearbeitet werden kann oder aber zum Schluß noch Zeichen im Keller stehen, wird das Wort nicht akzeptiert.

Der so konstruierte Automat ist nichtdeterministisch, da es zu jedem Nonterminalsymbol A unterschiedliche Regeln A → φ geben kann, so daß der Automat auch unterschiedliche Überführungen ermöglichen muß. Die Klasse der *deterministischen kontextfreien Sprachen*, d.h. die Menge der Sprachen, zu denen jeweils ein entsprechender deterministischer Kellerautomat existiert, ist demnach eine echte Teilmenge aller kontextfreien Sprachen. Wir fassen zusammen:

(3.52) Algorithmus: (Konstruktion eines Kellerautomaten zu einer kontext-freien Grammatik)

INPUT: Kontextfreie Grammatik $G = (N, T, P, S_G)$;

OUTPUT: Nichtdeterministischer Kellerautomat $KA = (E, S, K, \delta, s_0, k_0, F)$ mit $L(KA) = L(G)$;

BEGIN

    $E := T$;

    $S := \{s_0, s_1, s_2\}$;

    $K := T \cup N \cup \{k_0\}$;

    $F := \{s_2\}$;

    $\delta(s_0, \lambda, k_0) := \{(s_1, S_G k_0)\}$; $\delta(s_1, \lambda, k_0) := \{(s_2, k_0)\}$;

    FOR EACH $A \in N$ **DO**

        $\delta(s_1, \lambda, A) := \{(s_1, \varphi) \mid A \to \varphi \in P\}$;

    END (∗ FOR ∗);

    FOR EACH $a \in T$ **DO**

        $\delta(s_1, a, a) := \{(s_1, \lambda)\}$;

    END (∗ FOR ∗);

END.　　　　　　　　　　　　　　　　　　　　　　　　　　　■

Für alle anderen Argumente von δ nehmen wir als mögliche Überführung die leere Menge an. Die beiden Übergänge für $\delta(s_0, \lambda, k_0)$ und $\delta(s_1, \lambda, k_0)$ erklären sich dadurch, daß zu Anfang das Startsymbol auf den Keller geschrieben werden muß und daß nach der Verarbeitung des Eingabewortes – falls der Keller nur noch das Kellerstartzeichen k_0 enthält – in den Endzustand s_2 übergewechselt wird.

(3.53) Beispiel: Wir wollen zu $G = (N, T, P, S_G)$ mit $N = \{S_G\}$, $T = \{a, b\}$ und $P = \{\, S_G \to a S_G b \mid \lambda \,\}$ einen entsprechenden Kellerautomaten $KA = (E, S, K, \delta, s_0, k_0, F)$ angeben (vgl. Beispiel 3.45).

Es ist dann nach Algorithmus 3.52 $E = \{a, b\}$, $S = \{s_0, s_1, s_2\}$, $K = \{S_G, a, b, k_0\}$, $F = \{s_2\}$ sowie δ gemäß

$$\delta(s_0, \lambda, k_0) \ ::= \{(s_1, S_G k_0)\},$$
$$\delta(s_1, \lambda, S_G) \ ::= \{(s_1, a\,S_G b), (s_1, \lambda)\},$$
$$\delta(s_1, a, a) \ ::= \{(s_1, \lambda)\};$$
$$\delta(s_1, b, b) \ ::= \{(s_1, \lambda)\},$$
$$\delta(s_1, \lambda, k_0) \ ::= \{(s_2, k_0)\}.$$

Betrachten wir beispielsweise die Konfigurationen, die der Automat beim Akzeptieren des Wortes aabb durchläuft:

$$(s_0, a\,ab\,b, k_0) \ \underset{KA}{\vdash} \ (s_1, a\,ab\,b, S_G k_0) \ \underset{KA}{\vdash} \ (s_1, a\,ab\,b, a\,S_G b k_0)$$

$$\underset{KA}{\vdash} \ (s_1, a\,bb, S_G b k_0) \ \underset{KA}{\vdash} \ (s_1, a\,bb, a\,S_G b\,b k_0)$$

$$\underset{KA}{\vdash} \ (s_1, b\,b, S_G b\,b k_0) \ \underset{KA}{\vdash} \ (s_1, b\,b, bb k_0)$$

$$\underset{KA}{\vdash} \ (s_1, b, b\,k_0) \ \underset{KA}{\vdash} \ (s_1, \lambda, k_0)$$

$$\underset{KA}{\vdash} \ (s_2, \lambda, k_0).$$

∎

Es ist für den angegebenen Algorithmus relativ leicht nachzuweisen, daß für eine kontextfreie Grammatik G genau dann $s \Rightarrow^* w$ gilt, falls für den Automaten KA der Übergang $(s_0, w, k_0) \underset{KA}{\overset{*}{\vdash}} (s_2, \lambda, k_0)$ möglich ist.

Bisher haben wir in Beispielen gesehen, welche Sprachen durch kontextfreie Grammatiken erzeugbar sind. Auf der anderen Seite interessieren uns auch Sprachen, die durch diesen Formalismus nicht generiert werden können. Was wir bereits wissen ist, daß es für die Sprache $\{a^n b^n c^n \mid n \in \mathbb{N}\}$ keine erzeugende kontextfreie Grammatik gibt, denn L kann durch keinen Kellerautomaten akzeptiert werden (s.Beispiel 2.73).

Um Fragestellungen dieser Art detaillierter zu untersuchen, betrachten wir zunächst Äquivalenzen und Normalformen kontextfreier Grammatiken. Wir erinnern uns daran, daß zwei Grammatiken G_1 und G_2 äquivalent heißen, falls beide dieselbe Sprache erzeugen, d.h. falls $L(G_1) = L(G_2)$ gilt.

Es gilt der folgende Satz:

(3.54) Satz: Zu jeder kontextfreien Grammatik gibt es unendlich viele äquivalente kontextfreie Grammatiken.

Beweis: Die Idee liegt auf der Hand. Es sei $G = (N, T, P, S)$ eine kontextfreie Grammatik und P enthalte die Regel

$$A \to \varphi_1 B \varphi_2 \quad (A, B \in N; \varphi_1, \varphi_2 \in (N \cup T)^*).$$

Dann kann man nach Einführung der "neuen" Nonterminalsymbole $B_1, \ldots, B_k$ (für beliebiges $k \in \mathbb{N}$) die obige Regel durch die k Regeln

$$\begin{aligned}
A &\to B_k \\
B_k &\to B_{k-1} \\
B_{k-1} &\to B_{k-2} \\
&\ldots \\
B_1 &\to \varphi_1 B \varphi_2
\end{aligned}$$

ersetzen. Es sei dann $N' = N \cup \{B_1, \ldots, B_k\}$ und P' das um die neuen Regeln erweiterte Regelsystem P, so gilt für $G' = (N', T, P', S)$: $L(G') = L(G)$. ∎

Die Äquivalenz der Grammatiken G und G´ im letzten Beweis ist auf eine triviale Weise herbeigeführt worden. Wir werden noch Grammatiken kennenlernen, bei denen die Äquivalenz keineswegs so offensichtlich ist. Insgesamt zielt man natürlich darauf ab, möglichst einfach strukturierte Grammatiken zu finden. Insbesondere im Hinblick auf die Definition von Programmiersprachen, eine – wie wir gesehen haben – wichtige Anwendung kontextfreier Grammatiken, ist es erstrebenswert, gut strukturierte Grammatiken anzugeben, da sich dies beispielsweise günstig auf das Laufzeitverhalten von Compilern auswirken kann.

Zunächst betrachten wir Grammatiken, die keine Regeln der Form $A \to \lambda$ enthalten.

(3.55) Definition: (λ-freie Grammatik)

Eine kontextfreie Grammatik $G = (N, T, P, S)$ heißt *λ-frei*, wenn es in P keine Regeln der Form $A \to \lambda$ $(A \in N)$ gibt. ∎

(3.56) Satz: Zu jeder kontextfreien Grammatik $G = (N, T, P, S)$ gibt es eine λ-freie, kontextfreie Grammatik G' mit $L(G') = L(G) - \{\lambda\}$. G' kann durch ein konstruktives Verfahren angegeben werden.

Beweis: Wir geben eine Skizze des Verfahrens an, ohne die Korrektheit formal zu beweisen.

Schritt 1: Zunächst werden alle Nonterminalsymbole ermittelt, aus denen das leere Wort λ ableitbar ist:

BEGIN

    $U := \{A \in N \mid A \to \lambda \in P\}$;

    REPEAT

        $U := U \cup \{A \in N \mid A \to \varphi \in P, \varphi \in U^*\}$

    UNTIL *keine Veränderung*

END.

Dann gilt: $A \in U \Leftrightarrow A \Rightarrow^* \lambda$.

Schritt 2: Wir konstruieren jetzt ein zu P gleichwertiges Regelsystem P´:

BEGIN

    $P´ := P$;

    REPEAT

        FOR EACH $A \to \varphi_1 B \varphi_2 \in P´$ *mit* $B \in U$ **DO**

            $P´ := P´ \cup \{A \to \varphi_1 \varphi_2\}$

        END (* FOR *)

    UNTIL *keine Veränderung in P´* ;

    $P´ := P´ - \{r \in P´ \mid r = A \to \lambda\}$

END.

Es werden also zu jeder Regel, die auf der rechten Seite Nonterminalsymbole aus U enthält, alle weiteren möglichen Regeln hinzugenommen, bei denen manche dieser Nonterminalsymbole weggelassen werden.

Schritt 3: Es sei jetzt $G´ = (N, T, P´, S)$. Dann gilt $L(G´) = L(G) - \{\lambda\}$.   ■

Wir wollen an dem folgenden Beispiel das Vorgehen plausibel machen:

(3.57) Beispiel: Man hätte sich auch vorstellen können, daß man bei einer kontextfreien Grammatik einfach alle Regeln der Form $A \to \lambda$ entfernt, um eine äquivalente λ-freie Grammatik zu erhalten.

Betrachten wir dazu $G = (N, T, P, S)$ mit $N = \{A, B, S\}$, $T = \{a\}$ und $P = \{S \to AB, \ A \to a, \ B \to \lambda\}$.

Es gilt offensichtlich $L(G) = \{a\}$.

Das Entfernen der letzten Regel, ohne sonst eine Regel zu verändern, würde eine Grammatik G´ ergeben mit $L(G´) = \emptyset$, da das Nonterminalsymbol B nach seiner Erzeugung nicht weiter ersetzt werden könnte. Demgegenüber liefert das Verfahren im letzten Beweis die Grammatik G´ mit dem Regelsystem

$P' = \{S \to A\,B,\ \ S \to A,\ \ A \to a\}$

und es gilt korrekterweise $L(G') = L(G) = \{a\}$.   ∎

Als unmittelbare Konsequenz aus Satz 3.56 ergibt sich:

(3.58) Satz: Die Menge aller Typ-2-Sprachen ist in der Menge aller Typ-1-Sprachen enthalten, d.h. es gilt $\mathcal{L}_2 \subseteq \mathcal{L}_1$.

Beweis: Aufgrund des letzten Satzes kann jede kontextfreie Grammatik G, mit der nicht das leere Wort erzeugbar ist, in eine äquivalente Grammatik umgeformt werden, die der Definition einer Typ-1-Grammatik gemäß Definition 3.30 genügt.

Falls $L(G)$ das leere Wort enthalten soll, so ist lediglich sicherzustellen, daß die Produktion $S \to \lambda$ erklärt ist und daß S auf keiner rechten Seite einer Produktion auftritt. Das ist jedoch immer erreichbar.   ∎

Wir fahren mit der Betrachtung von Grammatiken, deren Regeln einer bestimmten Form genügen, fort.

(3.59) Definition: (Chomsky-Normalform)

Eine kontextfreie Grammatik $G = (N, T, P, S)$ ist in der *Chomsky-Normalform* genau dann, wenn P nur Regeln der Form

$$A \to BC \qquad \text{oder} \qquad A \to a$$

mit $A, B, C \in N,\ a \in T$ enthält.   ∎

Auf der rechten Seite einer Regel ist also entweder nur ein Paar von Nonterminalsymbolen oder ein einzelnes Terminalsymbol erlaubt.

(3.60) Satz: Zu jeder kontextfreien Grammatik G gibt es eine kontextfreie Grammatik G' in Chomsky-Normalform mit $L(G') = L(G) - \{\lambda\}$.   ∎

Auch diesen Satz werden wir nicht formal beweisen. Der Beweis ist zwar nicht schwierig, jedoch recht langwierig und technisch. Wir verweisen den Leser deshalb auf die weiterführende Literatur (etwa [HoU79], [Sud88], [Mau77]).

In dem folgenden Beispiel wollen wir die grundlegenden Schritte zur Konstruktion einer Grammatik in Chomsky-Normalform darlegen.

(3.61) Beispiel: Zunächst geben wir – entsprechend Beispiel 2.68 – eine kontextfreie Grammatik an, die die Menge aller wohlgeformten Klammerausdrücke (WKA) erzeugen kann, also Ausdrücke der Form [[ ]], [ ] [ ] etc. Anschließend werden wir diese Grammatik in Chomsky-Normalform transformieren.

Die Menge der WKA kann durch die Eigenschaften charakterisiert werden, daß jeder WKA genauso viele öffnende wie schließende Klammern enthält und daß an jeder Position eines WKA links von dieser Position höchstens genauso viele schließende wie öffnende Klammern auftreten.

Eine mögliche kontextfreie Grammatik ist $G = (N, T, P, S)$ mit $N = \{S\}$, $T = \{ [,] \}$ und $P = \{S \rightarrow SS, \ S \rightarrow [S], \ S \rightarrow \lambda\}$.

Die erste Regel dient dazu, WKA's aneinanderzureihen, was offensichtlich wieder einen WKA ergibt. Der zweite Ausdruck erlaubt eine rekursive Verschachtelung von Klammern, und die letzte Regel gewährleistet einen Abbruch des Erzeugungsprozesses sowie die Ableitung des leeren Wortes.

Der Leser möge sich vergewissern, daß tatsächlich alle wohlgeformten Klammerausdrücke durch G erzeugbar sind.

Nun wollen wir G in mehreren Schritten in eine Grammatik G´ transformieren, die der Chomsky-Normalform genügt.

Schritt 1: Wir formen G zunächst in eine λ-freie Grammatik um. Dazu bedienen wir uns des Verfahrens im Beweis von Satz 3.56 und erhalten das Regelsystem:

$$P = \{S \rightarrow SS, \ S \rightarrow S, \ S \rightarrow [S], \ S \rightarrow [ ] \}.$$

Das Wort λ ist jetzt nicht mehr erzeugbar.

Schritt 2: Wir eliminieren alle Regeln der Form $A \rightarrow B$ $(A, B \in N)$, also diejenigen, die nur eine Umbenennung von Nonterminalsymbolen ermöglichen. In diesem Beispiel ist das lediglich die Regel $S \rightarrow S$, und wir erhalten:

$$P = \{S \rightarrow SS, \ S \rightarrow [S], \ S \rightarrow [ ] \}.$$

Dieser Schritt kann i.a. zu wesentlich größeren Verwicklungen führen (vgl. z.B. [HoU79])!

Schritt 3: Wir formen das Regelsystem so um, daß auf der rechten Seite einer jeden Regel entweder genau ein Terminalsymbol oder aber beliebig viele Nonterminalsymbole auftreten. Dazu ersetzen wir jedes Terminalsymbol a in allen Regeln aus P, deren rechte Seite mindestens zwei Zeichen enthält, durch ein neues Nonterminalsymbol C_a und fügen außerdem die Regel $C_a \rightarrow a$ zu P hinzu.

Wir erhalten:

$$P = \{S \to SS, \; S \to C_[\, S \, C_], \; S \to C_[\, C_], \; C_[\to [, \; C_] \to] \}.$$

Schritt 4: Schließlich stellen wir die Chomsky-Normalform her, indem wir die Regeln $A \to B_1 \ldots B_n$, die zu viele Nonterminalsymbole ($n \geq 3$) auf der rechten Seite enthalten, durch Einführung neuer Symbole D_i zu $n - 1$ Regeln der Form

$$\begin{aligned} A &\to B_1 D_1, \\ D_1 &\to B_2 D_2, \\ &\ldots \\ D_{n-3} &\to B_{n-2} D_{n-2}, \\ D_{n-2} &\to B_{n-1} B_n, \end{aligned}$$

umformen. Im aktuellen Beispiel liefert dieses Vorgehen das Regelsystem

$$P = \{S \to SS, \; S \to C_[D_1, \; D_1 \to S \, C_], \; S \to C_[\, C_], \; C_[\to [, \; C_] \to] \}. \qquad \blacksquare$$

Eine weitere übliche Normalform kontextfreier Grammatiken ist die Greibach-Normalform:

(3.62) Definition: (Greibach-Normalform)

Eine kontextfreie Grammatik $G = (N, T, P, S)$ ist in der *Greibach-Normalform* genau dann, wenn P nur Regeln der Form

$$A \to a\varphi$$

mit $a \in T$ und $\varphi \in N^*$ enthält. $\qquad \blacksquare$

Jede Regel ersetzt also ein Nonterminalsymbol durch genau ein Terminalsymbol und eine Folge von Nonterminalsymbolen: Die Ableitung eines Wortes der Länge n benötigt deshalb genau n Ableitungsschritte. Von der Form her ähneln diese Regeln denjenigen bei rechtslinearen Grammatiken, allerdings darf dort nur höchstens ein Nonterminalsymbol auf der rechten Seite jeder Regel auftreten.

(3.63) Satz: Zu jeder kontextfreien Grammatik G gibt es eine kontextfreie Grammatik G´ in *Greibach-Normalform* mit $L(G´) = L(G) - \{\lambda\}$. $\qquad \blacksquare$

Für den recht umfangreichen Beweis verweisen wir auf die weiterführende Literatur (etwa [HoU79]).

Nach diesen Betrachtungen über Äquivalenzen und Normalformen kontextfreier Grammatiken sind wir in der Lage, genauere Untersuchungen über die Struktur kontextfreier Sprachen anzustellen.

Wir wissen, daß es Sprachen gibt, die durch keine kontextfreie Grammatik erzeugt werden können. Wie unterscheiden sich diese Sprachen strukturell von kontextfreien Sprachen? Oder anders ausgedrückt: Kann man die Struktur kontextfreier Sprachen knapp und präzise charakterisieren?

Dies ist in der Tat möglich. Der folgende Satz – das sogenannte Pumping-Lemma für kontextfreie Sprachen – gibt Aufschluß über den allgemeinen Aufbau dieser Sprachen. Einen entsprechenden Satz haben wir schon für reguläre Sprachen kennengelernt (s. Satz 2.15), hier wird der Beweis jedoch mit anderen Mitteln geführt.

(3.64) Satz: (*Pumping-Lemma* für kontextfreie Sprachen)

Es sei L eine kontextfreie Sprache. Dann gibt es eine Zahl k abhängig von L, so daß jedes Wort $z \in L$ mit $|z| \geq k$ als $z = uvwxy$ geschrieben werden kann (mit u, v, w, x, $y \in T^*$) mit

(a) $|vwx| \leq k$

(b) $vx \neq \lambda$

(c) für alle $i \in \mathbb{N}_0$ gilt: $uv^iwx^iy \in L$.

Beweis: Der Beweis wird dadurch geführt, daß man für L eine Grammatik in Chomsky-Normalform als gegeben annimmt (die ja existiert) und dann über die Struktur möglicher Ableitungsbäume für das Wort z argumentiert.

Es sei also $G = (N, T, P, S)$ eine Grammatik in Chomsky-Normalform mit $L(G) = L$.

Schritt 1: Betrachten wir zunächst die Struktur der Ableitungsbäume, die durch G entstehen können:

Es handelt sich um Binärbäume, bei denen sämtliche Knoten genau zwei Sohnknoten haben, außer bei den Blättern, welche keine Sohnknoten haben, sowie bei deren Vaterknoten, die genau einen Sohnknoten haben; der folgende Baum hat eine solche Form:

Es ist jetzt leicht nachzuweisen, daß folgendes gilt:

(*) Hat ein Ableitungsbaum höchstens die Höhe $n \in \mathbb{N}$, d.h. befinden sich auf dem längsten Pfad von der Wurzel zu einem Blatt höchstens $n + 1$ Knoten, so erfüllt das abgeleitete Wort z die Aussage $|z| \leq 2^{n-1}$.

Schritt 2: Es sei jetzt $n ::= |N|$ die Anzahl der Nonterminalsymbole von G, und es sei $k ::= 2^n$. Wir wollen jetzt für ein Wort $z \in L$ mit $|z| \geq k$ zeigen, daß z die geforderten Eigenschaften besitzt.

Wegen $|z| \geq 2^n > 2^{n-1}$ gilt aufgrund von (*), daß jeder Ableitungsbaum für z mindestens die Höhe $n + 1$ hat, also einen Pfad mit wenigstens $n + 2$ Knoten besitzt (falls es mehrere Pfade mit wenigstens $n + 2$ Knoten gibt, wählen wir den längsten dieser Pfade aus). Er enthält genau ein Terminalsymbol a (als Blatt) und demnach mindestens $n + 1$ Nonterminalsymbole.

Da es für G nur n verschiedene Nonterminalsymbole gibt, tritt mindestens ein Symbol, nennen wir es A, mehrfach auf.

Falls es mehrere Arten gibt, ein Nonterminalsymbol A auf diese Weise auszuwählen, so nehmen wir dasjenige, bei dem das obere sich so nah wie möglich am Blatt des Pfades befindet. Den oberen der mit A markierten Knoten nennen wir zur besseren Unterscheidung K_1, den unteren K_2:

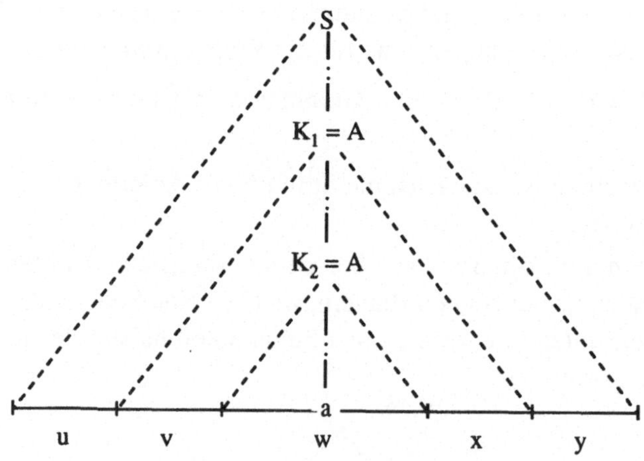

Entsprechend der Skizze sei jetzt w das aus K_2 erzeugte Teilwort, vwx das aus K_1 erzeugte Teilwort und $z = uvwxy$ das gesamte aus S erzeugte Wort. Diese Zerlegung ist aufgrund der Wahl von K_1 und K_2 immer möglich, und es gilt:

- $|vwx| \leq k$ (mit $k = 2^n$); dies gilt wegen (*), da vwx aus K_1 erzeugt wird und der zugehörige Teilbaum aufgrund der Wahl von K_1 und K_2 höchstens die Höhe $n + 1$ hat, also maximal $n + 2$ Knoten besitzt;

- $vx \neq \lambda$; das ist sofort einsichtig, da K_1 genau zwei Nachfolger hat. Aus dem einen geht später w hervor, aus dem anderen (Teile von) v oder x;

- für alle $i \in \mathbb{N}_0$ gilt: $uv^iwx^iy \in L$; bei der Ableitung von vwx aus K_1 hätte man auch sofort die Ableitung von w aus K_2 starten können ($K_1 = K_2 = A$), oder man hätte die Ableitungsschritte, die von K_1 auf K_2 führten, beliebig oft wiederholen können; dementsprechend sind die Wörter

$$uwy, \, uvwxy, \, uvvwxxy, \, uvvvwxxxy \text{ etc.}$$

ableitbar.

Damit ist alles gezeigt. Es ist lediglich noch zu beachten, daß bei der Betrachtung einer Grammatik in Chomsky-Normalform das leere Wort nicht erzeugbar ist. Aufgrund der Voraussetzung $|z| \geq k$ kann dieses jedoch vernachlässigt werden. ∎

Das Pumping-Lemma für kontextfreie Sprachen besagt also, daß es in jedem hinreichend langen Wort – wobei der Wert, der sich hinter "hinreichend" verbirgt, von der Sprache selbst abhängt –, zwei eng beieinanderliegende Teilworte gibt, die beliebig oft wiederholt werden können. Dabei muß die Anzahl der Wiederholungen für beide Teilworte gleich sein.

Dies ähnelt sehr dem Pumping-Lemma für reguläre Sprachen. Dort kann immer ein Teilwort gefunden werden, das beliebig oft wiederholbar ist, ohne daß man dabei die betrachtete Sprache verläßt.

Da der Satz ein notwendiges Kriterium für die Struktur kontextfreier Sprachen beschreibt ("Für jede kontextfreie Sprache L gilt ..."), ist der Satz besonders gut in der umgekehrten Richtung anwendbar. Das heißt, falls das Kriterium nicht erfüllbar ist, ist bereits nachgewiesen, daß die betrachtete Sprache nicht kontextfrei sein kann.

(3.65) Beispiel: Wir weisen erneut nach, daß die Sprache $L = \{a^nb^nc^n \mid n \in \mathbb{N}\}$ nicht kontextfrei ist.

Nehmen wir an, L wäre eine kontextfreie Sprache, d.h. es gäbe ein $k \in \mathbb{N}$, so daß für alle Worte $z \in L$ mit $|z| \geq k$ das Pumping-Lemma erfüllt wäre.

Dann ist dies im Besonderen für das Wort $z = a^kb^kc^k$ richtig. Also gibt es eine Zerlegung $z = uvwxy$ mit den oben beschriebenen Eigenschaften.

Weder v noch x können verschiedene Terminalsymbole enthalten, da sonst das

Wort $u\,v^2wx^2y$ (das nach dem Pumping-Lemma auch zu L gehört und daher die Form $a^nb^nc^n$ haben muß), verschiedene Terminalsymbole in wechselnder Reihenfolge enthielte, also etwa $abab$.

Somit bestehen v und x jeweils aus gleichartigen Zeichen, also beispielsweise $v = a^m$ und $x = b^n$. Dann ist aber wiederum das Wort uv^2wx^2y nicht von der gewünschten Form, da die unterschiedlichen Terminalsymbole darin nicht in gleicher Anzahl vorkommen können.

Insgesamt ist die Aussage des Pumping-Lemmas also nicht erfüllbar, und deshalb kann – entgegen unserer Annahme – L keine kontextfreie Sprache sein.   ∎

Die Schlußweise ist also ganz ähnlich wie im 2. Kapitel, als wir für einige Sprachen gezeigt haben, daß sie nicht regulär sind.

Jetzt, zum Ende dieses Abschnitts, wollen wir uns mit einem weiteren Phänomen kontextfreier Grammatiken auseinandersetzen: der Mehrdeutigkeit von Ableitungen. Dazu zunächst das folgende Beispiel.

(3.66) Beispiel: Wir haben in Beispiel 3.49 eine Grammatik zur Erzeugung einfacher arithmetischer Ausdrücke kennengelernt:

$G = (N, T, P, S)$ mit $N = \{S, T, F, I\}$, $T = \{a, b, c, +, *, (,)\}$ und
$P = \{\ S \rightarrow T \mid S + T,$
$\qquad T \rightarrow F \mid F * T,$
$\qquad F \rightarrow I \mid (S),$
$\qquad I \rightarrow a \mid b \mid c\ \}.$

Ferner haben wir einen Ableitungsbaum für den Ausdruck $a + b * (a + c)$ angegeben.

Eine andere, sehr ähnliche Grammatik sei jetzt gegeben durch

$G´ = (N´, T, P´, S)$ mit $N´ = \{S, I\}$ und
$P´ = \{\ S \rightarrow I \mid S + S \mid S * S \mid (S),$
$\qquad I \rightarrow a \mid b \mid c\ \}.$

Bei näherer Untersuchung von G und G´ stellt sich heraus, daß beide Grammatiken äquivalent sind. Wir geben auch einen Ableitungsbaum für die Erzeugung des Wortes $a + b * (a + c)$ durch G´ an und stellen beide gegenüber (s. Bild 3.19):

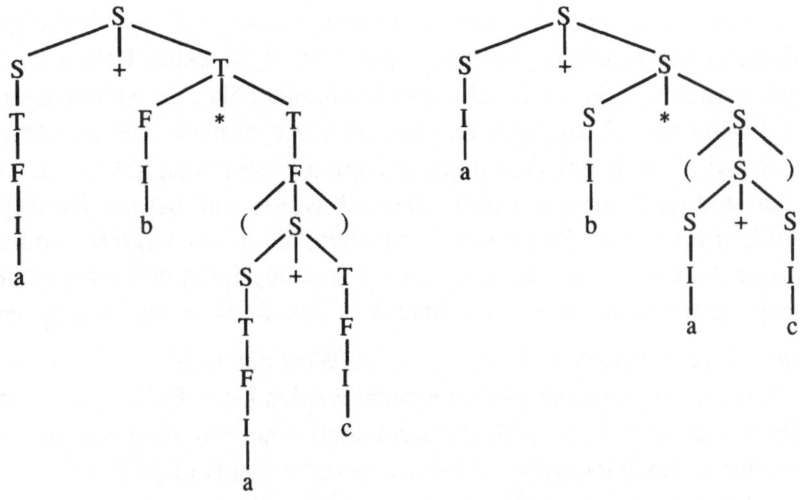

(a) Ableitungsbaum nach G   (b) Ableitungsbaum nach G´

Bild 3.19: Ableitung des Ausdrucks a + b * (a + c)

Offensichtlich ist die Grammatik G´ einfacher als G, und auch der Ableitungsbaum in Bild 3.19 ist kleiner und übersichtlicher. Deshalb könnte man geneigt
sein, G´ den Vorzug zu geben. Betrachtet man jedoch den Ausdruck

   a * b + c,

so kann man die Ableitungsbäume in Bild 3.20 erhalten, die eine völlig
unterschiedliche Struktur aufweisen:

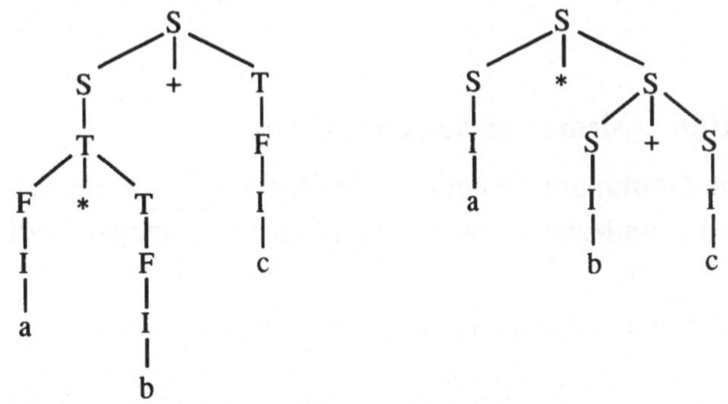

(a) Ableitungsbaum nach G   (b) Ableitungsbaum nach G´

Bild 3.20: Ableitung des Ausdrucks a * b + c

Der Unterschied rührt daher, daß die Grammatik G die wichtige Vorrangregel "Multiplikation vor Addition" berücksichtigt, d.h. falls keine Beklammerung diese Regel durchbricht, erscheint die Addition immer höher im Ableitungsbaum als die Multiplikation. G´ dagegen beachtet diese Regel nicht. Der Ausdruck in Bild 3.20 (b) wird durch eine Ableitung erzeugt, die "stur" von links nach rechts alle Zeichen und Operatoren generiert. Deshalb würde man bei der Konzeption von Compilern für höhere Programmiersprachen, die in der Lage sein müssen, arithmetische Ausdrücke auf ihre Korrektheit zu analysieren und entsprechende Maschinenprogramme zu erzeugen, immer der Grammatik G den Vorzug geben.

Eine weitere Eigenschaft von G ist, daß jedes Wort aus L(G) mit genau einem eindeutig bestimmten Ableitungsbaum erzeugt werden kann. Bei G´ ist dies nicht so. Es gibt Worte w ∈ L(G´), für die strukturell unterschiedliche Ableitungsbäume existieren. Beispielsweise hätten wir anstelle von Bild 3.20 (b) auch den folgenden Ableitungsbaum angeben können (s.Bild 3.21):

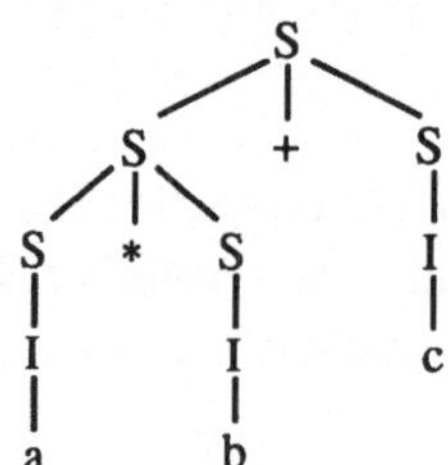

Bild 3.21: Alternativer Ableitungsbaum nach G´ für das Wort a * b + c   ∎

Die letztgenannte Eigenschaft der Grammatik G´ gibt Anlaß zu der folgenden Definition:

(3.67) Definition: (Mehrdeutigkeit einer Grammatik)

Eine kontextfreie Grammatik G heißt *mehrdeutig*, falls es ein Wort w ∈ L(G) gibt, zu welchem (mindestens) zwei Ableitungen mit unterschiedlichen Ableitungsbäumen existieren.

Andernfalls nennen wir G *eindeutig*.   ∎

Die Grammatik G´ des letzten Beispiels ist also mehrdeutig. Man beachte, daß für die Mehrdeutigkeit verschiedene Ableitungsbäume ausschlaggebend sind. Es reicht nicht aus, daß für ein Wort verschiedene Ableitungen existieren, denn diese können denselben Ableitungsbaum festlegen. Insofern ist die

Mehrdeutigkeit eine rein statische und keine dynamische Eigenschaft.

(3.68) Beispiel: Die Grammatik $G = (N, T, P, S)$ mit $N = \{A, B, S\}$, $T = \{a, b\}$ und $P = \{S \rightarrow AB,\ A \rightarrow a,\ B \rightarrow b\}$ ist eindeutig. Trotzdem kann das Wort ab dynamisch auf zweierlei Weise erzeugt werden:

$$S \Rightarrow \underline{A}B \Rightarrow a\underline{B} \Rightarrow a\,b \quad \text{oder} \quad S \Rightarrow A\underline{B} \Rightarrow \underline{A}b \Rightarrow a\,b.$$

Beide Ableitungen erzeugen jedoch denselben Ableitungsbaum.   ∎

In Beispiel 3.66 haben wir zu einer Sprache verschiedene Grammatiken angegeben; die eine Grammatik ist eindeutig, die andere mehrdeutig. Eine naheliegende Frage ist:

Gibt es eventuell Sprachen, zu denen es ausschließlich mehrdeutige Grammatiken gibt?

Dies ist in der Tat der Fall, und wir legen daher fest:

(3.69) Definition: (inhärente Mehrdeutigkeit einer Sprache)

Eine kontextfreie Sprache L heißt *inhärent mehrdeutig*, falls jede Grammatik G, die L erzeugt, mehrdeutig ist.

Andernfalls, d.h. falls es für L eine eindeutige Grammatik gibt, nennen wir L *eindeutig*.   ∎

Man beachte, daß wir zwischen der Mehrdeutigkeit einer Sprache und der Mehrdeutigkeit einer Grammatik deutlich unterscheiden. Offensichtlich ist die Mehrdeutigkeit einer Sprache der schärfere Begriff, da in diesem Fall immer auf die Mehrdeutigkeit einer zugehörigen Grammatik geschlossen werden kann.

Die beiden Sprachen in den Beispielen 3.66 und 3.68 sind eindeutige Sprachen. Wir geben jetzt ein bekanntes Beispiel (s. auch [Mau77]) für eine inhärent mehrdeutige Sprache an.

(3.70) Beispiel: Die Sprache

$$L = \{a^i b^j c^k \mid i, j, k \in \mathbb{N}_0 \text{ und } (i = j \text{ oder } j = k)\}$$
$$= \{a^i b^i c^k \mid i, k \in \mathbb{N}_0\} \cup \{a^i b^k c^k \mid i, k \in \mathbb{N}_0\}$$

ist inhärent mehrdeutig.

Der Grund dafür ist leicht einzusehen. L setzt sich aus zwei verschiedenen Sprachen zusammen (L_1 und L_2). In der ersten Sprache L_1 müssen die Anzahl der a´s und b´s übereinstimmen, in der zweiten Sprache L_2 die Anzahl der b´s und c´s. Man kann eine Grammatik für L im wesentlichen nur dadurch angeben, daß man die Regeln von Grammatiken für L_1 und L_2 vereinigt. Dann ergibt sich aber, daß Worte, die in L_1 und in L_2 liegen – etwa das Wort $a^n b^n c^n$ – auf zweierlei Arten abgeleitet werden können, d.h. sowohl für L_1 als auch für L_2. Eine Grammatik für L_1 ist etwa

$G_1 = (N, T, P, S)$ mit $N = \{A, S, C\}$, $T = \{a, b, c\}$ und
$P = \{\ S \rightarrow AC,$

$\qquad A \rightarrow aAb \mid \lambda,$

$\qquad C \rightarrow cC \mid \lambda\ \}$,

und eine Grammatik für L_2 ist gegeben durch

$G_2 = (N, T, P, S)$ mit $N = \{D, S, B\}$, $T = \{a, b, c\}$ und
$P = \{\ S \rightarrow DB,$

$\qquad D \rightarrow aD \mid \lambda,$

$\qquad B \rightarrow bBc \mid \lambda\ \}$,

und man erhält eine Grammatik für L, indem man beide Regelmengen vereinigt. Dann hat aber beispielsweise das Wort aabbcc die folgenden verschiedenen Ableitungsbäume:

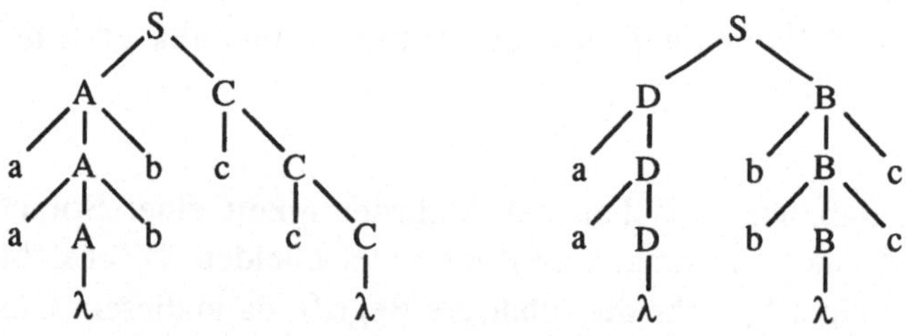

Bild 3.22: Ableitungsbäume für das Wort aabbcc in Beispiel 3.70   ∎

Aufgaben zu 3.3.4:

1. (a) Geben Sie eine kontextfreie Grammatik an, die genau die Menge der Palindrome über $\{a, b\}$ erzeugt! (Palindrome sind Wörter, die vorwärts und rückwärts gelesen gleich sind, z.B. aba, abbba, a, λ, bb etc.)

    (b) Geben Sie eine kontextfreie Grammatik an, die genau die Sprache $L = \{a^i b^k a^j \mid j \leq i + k,\ i, j, k \in \mathbb{N}_0\}$ erzeugt!

2. Konstruieren Sie zu den Grammatiken in Aufgabe 1 jeweils einen entsprechenden (nichtdeterministischen) Kellerautomaten!

3. Gegeben sei die kontextfreie Grammatik $G = (N, T, P, S)$ mit $N = \{A, S\}$, $T = \{a, b\}$ und $P = \{S \to AA, \ A \to AAA \mid bA \mid Ab \mid a\}$.

    (a) Welche Zeichenketten können in höchstens vier Schritten abgeleitet werden?

    (b) Zeigen Sie: $L((b^* ab^* ab^*)(b^* ab^* ab^*)^*) \subseteq L(G)$.

    (c) Geben Sie einen Kellerautomaten KA an mit $L(KA) = L(G)$!

    (d) Transformieren Sie G in eine äquivalente Grammatik in Chomsky-Normalform!

4. Gegeben ist die Grammatik $G = (N, T, P, S)$ mit $N = \{S\}$, $T = \{a, b\}$ und $P = \{S \to ab \mid SS\}$.

    (a) Aus welchen Wörtern besteht $L(G)$?

    (b) Gibt es dazu eine äquivalente Grammatik G' vom Typ 3?

    Wenn ja: Geben Sie eine an, und beschreiben Sie $L(G)$ zusätzlich durch einen regulären Ausdruck!

5. Für $T = \{a, b\}$ und $N = \{A, B, S\}$ suche man eine kontextfreie Grammatik G, so daß

    $$L(G) = \{w \in T^* \mid w \text{ enthält gleich viele a´s und b´s}\}$$

    gilt. Ist die von Ihnen angegebene Grammatik eindeutig oder mehrdeutig?

6. Zeigen Sie:

    (a) Sind L_1 und L_2 beliebige kontextfreie Sprachen, so sind auch

    $$L_1 \cup L_2, \qquad L_1 L_2 \quad \text{und} \quad L_1^*$$

    kontextfreie Sprachen.

    (b) Dies gilt i.a. jedoch nicht für $L_1 \cap L_2$ und für $\overline{L_1} ::= E^* - L_1$.

    (Hinweis: Gehen Sie in (a) von Grammatiken für L_1 und L_2 aus und konstruieren Sie dann Grammatiken für die angegebenen Sprachen. Betrachten Sie für (b) die Sprachen L_1 und L_2 aus Beispiel 3.70.)

7. (a) Nach Definition 3.30 ist eine Grammatik vom Typ 3, wenn im Regelsystem nur links- bzw. rechtslineare Regeln vorkommen. Man beweise den Satz

"Kommen in einem Regelsystem sowohl links- als auch rechtslineare Regeln vor, so braucht die so erzeugte Sprache nicht vom Typ 3 zu sein.",

indem Sie für die kontextfreie Sprache $L = \{a^n b^n \mid n \in \mathbb{N}\}$ eine solche gemischte Grammatik angeben.

(b) Man gebe für die reguläre Sprache $L = \{x \mid x = a^n \text{ oder } x = b^m, n, m \geq 2\}$ eine solche gemischte Grammatik sowie eine äquivalente Grammatik vom Typ 3 an.

8. Gegeben sei die Grammatik $G = (N, T, P, S)$ mit $N = \{A, B, S\}$, $T = \{a, b\}$ und $P = \{S \to bA \mid aB, \ A \to bAA \mid aS \mid a, \ B \to aBB \mid bS \mid b\}$.

Geben Sie eine äquivalente kontextfreie Grammatik in Chomsky-Normalform an!

9. Weisen Sie nach, daß die Grammatik $G = (N, T, P, S)$ mit $N = \{A, S\}$, $T = \{a, b\}$ und $P = \{S \to aSA \mid \lambda, \ A \to bA \mid \lambda\}$ mehrdeutig ist!

Aus welchen Worten besteht $L(G)$?

Geben Sie eine eindeutige Grammatik für $L(G)$ an!

10. Welche der folgenden Sprachen sind kontextfrei, welche nicht?

(a) $L = \{a^i b^j \mid i, j \in \mathbb{N}_0, i \neq j\}$

(b) $L = \{a^i b^j \mid i, j \in \mathbb{N}_0, i = j^2\}$

11. Eine Grammatik $G = (N, T, P, S)$ heiße *linear-kontextfrei*, falls sie nur Regeln der Form

$$A \to a_1 B a_2 \quad \text{und} \quad A \to a$$

mit $A, B \in N$, $a, a_1, a_2 \in T \cup \{\lambda\}$ enthält.

Weisen Sie nach, daß für die Menge der linear-kontextfreien Sprachen $\mathcal{L}_{lk}$ gilt:

$$\mathcal{L}_3 \subset \mathcal{L}_{lk} \subset \mathcal{L}_2.$$

3.3.5 Typ-1-Sprachen (kontextsensitive Sprachen)

Eine wesentliche Einschränkung kontextfreier Sprachen besteht darin, daß auf der linken Seite einer Regel jeweils nur ein Nonterminalsymbol stehen darf. Bei kontextsensitiven Grammatiken wird diese Forderung abgeschwächt, d.h. auf der linken Seite dürfen weitere Symbole stehen.

Wir erinnern uns an die Definition der Chomsky-Hierarchie (Definition 3.30). Dort wird gefordert, daß die Produktionen einer kontextsensitiven Grammatik (oder Typ-1-Grammatik) von der Form

$$\varphi_1 A \varphi_2 \to \varphi_1 \psi \varphi_2 \qquad (A \in N;\ \varphi_1, \varphi_2, \psi \in (N \cup T)^*,\ \psi \neq \lambda)$$

sein müssen. Zusätzlich erlaubt man noch die Ableitung des leeren Wortes durch $S \to \lambda$. Um Komplikationen zu vermeiden, darf S dann aber nicht auf der rechten Seite einer Regel auftreten (was durch Einführung neuer Nonterminalsymbole immer erreichbar ist).

Der Name "kontextsensitiv" rührt daher, daß bei Anwendung einer Regel $\varphi_1 A \varphi_2 \to \varphi_1 \psi \varphi_2$ das Symbol A genau dann durch die Zeichenkette ψ ersetzt werden kann, falls A in dem speziellen Kontext $\varphi_1 A \varphi_2$ innerhalb eines Wortes auftritt. Analog erklärt sich der Name "kontextfrei" bei Typ-2-Grammatiken: Dort darf ein Nonterminalsymbol unabhängig vom Kontext ersetzt werden.

(3.71) Beispiel: Kontextsensitive Regeln (d.h. Regeln einer kontextsensitiven Grammatik) sind beispielsweise:

$$
\begin{aligned}
ab\,AB &\to ab\,aB, \\
AB &\to aB, \\
ABC &\to ABc;
\end{aligned}
$$

insbesondere ist auch jede kontextfreie Regel $A \to \varphi$ mit $\varphi \in (N \cup T)^+$ kontextsensitiv.

Nicht kontextsensitiv sind dagegen:

$$
\begin{aligned}
AB &\to CD, \\
ABC &\to Bc, \\
AB &\to BA, \\
CD &\to c.
\end{aligned}
$$

∎

Wir können weiterhin beobachten, daß ein Wort bei Anwendung einer Regel $\varphi_1 A \varphi_2 \to \varphi_1 \psi \varphi_2$ nicht kürzer werden kann (wegen $\psi \neq \lambda$). Somit besteht jede Ableitungsfolge für Worte $w \neq \lambda$ aus monoton wachsenden Zeichenketten.

Wir führen dafür ein:

(3.72) Definition: (monotone Grammatik)

Eine Chomsky-Grammatik $G = (N, T, P, S)$ heißt *monoton*, wenn sie, abgesehen von der Regel $S \rightarrow \lambda$, nur Regeln der Form

$$\varphi \rightarrow \psi$$

mit $|\varphi| \leq |\psi|$ enthält.   ∎

Wir sehen sofort ein:

(3.73) Folgerung: Jede kontextsensitive Grammatik ist monoton.   ∎

Erstaunlicherweise gilt (in gewisser Hinsicht) auch die Umkehrung:
Jede Sprache, die durch eine monotone Grammatik beschrieben werden kann, kann man auch durch eine kontextsensitive Grammatik beschreiben. Somit ist die Klasse $\mathcal{L}_1$ durch beide Grammatiktypen vollständig charakterisiert.

(3.74) Satz: Zu jeder monotonen Grammatik G gibt es eine äquivalente kontextsensitive Grammatik G'.

Beweis: Wir geben ein einfaches Verfahren für die Erzeugung von G' an. Es wird in zwei Schritten durchgeführt (dabei lassen wir die "Ausnahmeregel" $S \rightarrow \lambda$ außer Betracht, da sie für beide Grammatiktypen zugelassen ist).

Schritt 1: Wir konstruieren eine zu G äquivalente Grammatik G'', die nur Produktionen der Form $\varphi \rightarrow \psi$ enthält,

– die entweder nur aus Nonterminalsymbolen bestehen, d.h. $\varphi, \psi \in N^* - \{\lambda\}$,

oder

– die aus jedem Nonterminalsymbol genau ein Terminalsymbol ableiten, d.h. $\varphi \in N, \psi \in T$:

Für jedes Terminalsymbol $a_i \in T$ führen wir ein zusätzliches Nonterminalsymbol A_i ein mit $A_i \notin N$.

Es sei jetzt $G'' = (N'', T, P'', S)$ mit

$$N'' = N \cup \{A_i \mid a_i \in T\} \text{ und}$$

$$P'' = P_{mod} \cup \{A_i \rightarrow a_i \mid a_i \in T\},$$

wobei P_{mod} aus P konstruiert wird, indem in jeder Regel die

Terminalsymbole a_i durch die entsprechenden Nonterminalsymbole A_i ersetzt werden.

Offensichtlich gilt $L(G) = L(G'')$, und G'' befindet sich in der gewünschten Form.

Schritt 2: Da es nur noch zwei verschiedene Arten von Regeln gibt, läßt sich jetzt leicht die angestrebte kontextsensitive Form herbeiführen.

Jede Regel der Form $A \rightarrow a$ ist bereits kontextsensitiv und deshalb nicht weiter zu betrachten. Es sei jetzt

$$A_1 A_2 \ldots A_m \rightarrow B_1 B_2 \ldots B_n \quad (m \leq n \text{ aufgrund der Monotonie})$$

eine Regel, die nicht kontextsensitiv ist. Wir führen $m-1$ neue Symbole $C_1, \ldots, C_{m-1} \notin N''$ ein und ersetzen die Regel durch

$$
\begin{aligned}
A_1 A_2 \ldots A_m &\rightarrow C_1 A_2 \ldots A_m, \\
C_1 A_2 \ldots A_m &\rightarrow C_1 C_2 \ldots A_m, \\
&\ldots \\
C_1 C_2 \ldots C_{m-1} A_m &\rightarrow C_1 C_2 \ldots C_{m-1} B_m \ldots B_n, \\
C_1 C_2 \ldots C_{m-1} B_m \ldots B_n &\rightarrow C_1 C_2 \ldots C_{m-2} B_{m-1} \ldots B_n, \\
&\ldots \\
C_1 B_2 \ldots B_n &\rightarrow B_1 \ldots B_n.
\end{aligned}
$$

Diese neu eingeführten Regeln sind alle kontextsensitiv, und alle zusammen sind sie gleichwertig zu der ersetzten Regel.

Wir führen dieses Verfahren für jede nicht kontextsensitive Regel aus P'' durch und erhalten damit ein neues Regelsystem P' (das die kontextsensitiven Regeln aus P'' umfaßt) und eine neue Menge N', die sich aus N'' und den neu eingeführten Nonterminalsymbolen zusammensetzt.

Schließlich gilt: $G' = (N', T, P', S)$ ist eine kontextsensitive Grammatik mit $L(G') = L(G)$. ∎

Wir diskutieren die bisherigen Betrachtungen jetzt anhand eines größeren Beispiels:

(3.75) Beispiel: Wir betrachten die Grammatik $G = (N, T, P, S)$ mit $N = \{A, C, S\}$, $T = \{a, b, c\}$ und

$$P = \{\ S \to aAbc \mid abc,$$
$$A \to aAbC \mid abC,$$
$$Cb \to bC,$$
$$Cc \to cc\ \}$$

und überlegen uns, welche Eigenschaften G hat.

Zunächst ist G monoton, da auf der linken Seite jeder Regel eine höchstens so lange Zeichenkette steht wie auf der rechten Seite. G ist aber nicht kontextsensitiv, denn die Regel $Cb \to bC$ ist nicht von der Form $\varphi_1 A \varphi_2 \to \varphi_1 \psi \varphi_2$. Alle übrigen Regeln genügen dieser Form; beispielsweise kann man bei $Cc \to cc$ einfach $\varphi_1 = \lambda$ und $\varphi_2 = c$ wählen, um dies zu überprüfen.

Welche Wörter werden von G erzeugt?

Aus dem Startsymbol S heraus sind zuallererst die Zeichenketten

$$aAbc \quad \text{und} \quad abc$$

ableitbar. Anschließend kann man in der ersten Zeichenkette beliebig oft nacheinander das Zeichen A ersetzen und erhält schließlich einen Ausdruck der Form

$$aa^i (bC)^i bc$$

mit $i \geq 1$. Auf den Teilausdruck $(bC)^i b$ kann man nun solange die Regel $Cb \to bC$ anwenden, bis man insgesamt

$$aa^i b^{i+1} C^i c$$

erreicht. Schließlich führt die wiederholte Anwendung der vierten Regel auf ein Wort der Form

$$a^{i+1} b^{i+1} c^{i+1}$$

mit $i \geq 1$. Wenn wir noch das Wort abc hinzunehmen, das direkt aus dem Startsymbol ableitbar ist, erhalten wir insgesamt die Sprache

$$L(G) = \{a^n b^n c^n \mid n \in \mathbb{N}\}.$$

Der Leser möge sich davon überzeugen, daß auch eine Änderung der Reihenfolge der angewendeten Regeln zu keinem anderen Ergebnis führt.

Dazu sehen wir uns noch exemplarisch eine mögliche Ableitungsfolge für das Wort $aaabbbccc$ an:

$$
\begin{array}{lll lll}
S & \Rightarrow & a\underline{A}bc & \Rightarrow & aa\underline{A}bCbc \\
& \Rightarrow & aaab\underline{Cb}Cbc & \Rightarrow & aaabbCC\underline{b}c \\
& \Rightarrow & aaab\,b\underline{Cb}Cc & \Rightarrow & aaabbbC\underline{C}c \\
& \Rightarrow & aaabbb\underline{Cc}c & \Rightarrow & aaabbbccc.
\end{array}
$$

Da G zwar eine monotone, nicht aber eine kontextsensitive Grammatik ist, wollen wir jetzt eine zu G äquivalente kontextsensitive Grammatik G' konstruieren. Dazu benutzen wir das in Satz 3.74 angegebene Verfahren.

In Schritt 1 ersetzen wir im Regelsystem P jedes Terminalsymbol a_i durch ein Nonterminalsymbol A_i und fügen alle möglichen Regeln der Form $A_i \to a_i$ zum Regelsystem hinzu. Dadurch erhalten wir:

$$P'' = \{\ S \to A_1 A A_2 A_3 \mid A_1 A_2 A_3,$$
$$A \to A_1 A A_2 C \mid A_1 A_2 C,$$
$$C A_2 \to A_2 C,$$
$$C A_3 \to A_3 A_3,$$
$$A_1 \to a,$$
$$A_2 \to b,$$
$$A_3 \to c\ \}.$$

In diesem System ist lediglich die Regel $C A_2 \to A_2 C$ noch nicht in der gewünschten kontextsensitiven Form. Die Anwendung von Schritt 2 auf diese Regel liefert die äquivalenten kontextsensitiven Regeln

$$C A_2 \to C_1 A_2,$$
$$C_1 A_2 \to C_1 C,$$
$$C_1 C \to A_2 C.$$

Für diese Umformung haben wir das zusätzliche Nonterminalsymbol C_1 benötigt. Wir ersetzen jetzt in P'' die Regel $C A_2 \to A_2 C$ durch die drei neuen Regeln und erhalten schließlich die Grammatik

$$G' = (N', T, P', S) \text{ mit } N = \{A, C, S, A_1, A_2, A_3, C_1\}, T = \{a, b, c\} \text{ und}$$
$$P' = (P'' - \{C A_2 \to A_2 C\}) \cup \{\ C A_2 \to C_1 A_2,$$
$$C_1 A_2 \to C_1 C,$$
$$C_1 C \to A_2 C\ \}.$$

Diese Grammatik ist kontextsensitiv und äquivalent zu G. ∎

Das Konstruktionsverfahren im letzten Beispiel hätten wir auch etwas abkürzen können, wenn wir Schritt 1 nur auf die Regel $C b \to b C$ angewendet hätten. Wir haben den etwas längeren Weg bevorzugt, um eine einheitliche Gestalt der Regeln zu erreichen.

(3.76) Folgerung: Die Menge der Typ-2-Sprachen ist in der Menge der Typ-1-Sprachen *echt* enthalten, d.h. es gilt $\mathcal{L}_2 \subset \mathcal{L}_1$.

Beweis: $\mathcal{L}_2 \subseteq \mathcal{L}_1$ ist bereits in Satz 3.58 gezeigt worden. Aufgrund von Beispiel 3.65 und dem letzten Beispiel 3.75 gilt zusätzlich für die Sprache
$$L = \{a^n b^n c^n \mid n \in \mathbb{N}\}: \quad L \in \mathcal{L}_1, \text{ aber } L \notin \mathcal{L}_2. \qquad \blacksquare$$

Bei kontextfreien Grammatiken haben wir uns die Ableitung eines Wortes durch Ableitungsbäume veranschaulichen können. Das ist bei kontextsensitiven Grammatiken nicht mehr so einfach möglich, da bei einer Ableitung nicht nur ein einzelnes Nonterminalsymbol betrachtet werden muß, sondern eventuell mehrere Zeichen. Dementsprechend ist im zugehörigen Baum nicht nur ein einzelner Knoten für den Ersetzungsprozeß relevant. Würde man alle relevanten Knoten mit den jeweils erzeugten Knoten verbinden, so ginge i.a. die Baumstruktur verloren und es würde ein allgemeiner Graph enstehen.

Abschließend betrachten wir ein weiteres Beispiel.

(3.77) Beispiel: Wir wollen jetzt für die Sprache
$$L = \{a^i b^j c^i d^j \mid i, j \in \mathbb{N}\}$$
eine monotone Grammatik angeben. Es sind hier unabhängig voneinander Paare von a´s und c´s sowie von b´s und d´s zu erzeugen, die wie angegeben ineinander zu verschachteln sind. Die beiden Regeln
$$S \rightarrow a H_1 cd,$$
$$H_1 \rightarrow a H_1 c$$
erlauben uns zunächst nur Zeichenketten $a^i H_1 c^i d$ zu generieren. Damit haben wir bereits die gewünschte Anzahl von a´s und c´s. Das restliche Vorgehen erweist sich als etwas komplizierter. Durch die Hinzunahme von
$$H_1 \rightarrow b H_2 \mid b,$$
$$H_2 \rightarrow H_2 H_2$$
wird das Nonterminalsymbol H_1 durch ein einzelnes b und eine Folge von H_2 ersetzt, d. h. wir erhalten einen Ausdruck $a^i b H_2^* c^i d$.

Jetzt wird die Folge der H_2 durch eine alternierende Folge von B D ersetzt:
$$H_2 \rightarrow B D.$$
Schließlich führt die wiederholte Anwendung der Regeln
$$DB \rightarrow BD,$$
$$Dc \rightarrow cD$$
auf einen Ausdruck $a^i b B^{j-1} c^i D^{j-1} d$, und es sind nur noch
$$Dd \rightarrow dd,$$
$$bB \rightarrow bb$$

anzuwenden, um das gewünschte Wort – eine Zeichenkette der Form $a^i b^j c^i d^j$ – zu erhalten.

Alle betrachteten Regeln sind monoton, und der Leser sollte an Beispielen nachprüfen, daß sich genau die angegebene Sprache L mit der aus diesen Regeln bestehenden Grammatik erzeugen läßt.

Wir betrachten als Beispiel das Wort $a^2 b^3 c^2 d^3$:

$$
\begin{aligned}
S \quad &\Rightarrow \quad a\underline{H}_1 cd & \Rightarrow \quad aa\underline{H}_1 ccd & \Rightarrow \quad aab\underline{H}_2 ccd \\
&\Rightarrow \quad aab\underline{H}_2 H_2 ccd & \Rightarrow \quad aabBD\underline{H}_2 ccd & \Rightarrow \quad aabB\underline{DB}Dccd \\
&\Rightarrow \quad aabBBD\underline{Dc}ccd & \Rightarrow \quad aabBB\underline{Dc}Dcd & \Rightarrow \quad aabBBcD\underline{Dc}d \\
&\Rightarrow \quad aabBBc\underline{Dc}Dd & \Rightarrow \quad aabBBccD\underline{Dd} & \Rightarrow \quad aabBBcc\underline{Dd}d \\
&\Rightarrow \quad aa\underline{bB}Bccddd & \Rightarrow \quad aab\underline{b}Bccddd & \Rightarrow \quad aabbbccddd \\
&= \quad a^2 b^3 c^2 d^3.
\end{aligned}
$$

Die Sprache L im letzten Beispiel ist also eine Typ-1-Sprache. Es kann relativ leicht überprüft werden, daß L von keiner Typ-2-Grammatik erzeugt werden kann. Somit haben wir einen weiteren Beweis dafür gefunden, daß die Inklusion $\mathcal{L}_2 \subset \mathcal{L}_1$ echt ist.

In Kapitel 4.4 werden wir noch andere Eigenschaften kontextsensitiver Sprachen kennenlernen; dazu benötigen wir jedoch die Grundlagen der Algorithmen und berechenbaren Funktionen, die in Kapitel 4 bereitgestellt werden.

3.3.6 Typ-0-Sprachen (allgemeine Sprachen)

Die allgemeinste Form von Chomsky-Grammatiken stellen die Typ-0-Grammatiken dar. Die Produktionen $\varphi \rightarrow \psi$ einer solchen Grammatik unterliegen nur der Einschränkung, daß φ nicht das leere Wort sein darf. Sonst können ψ und φ beliebig aus Terminal- und/oder Nonterminalsymbolen zusammengesetzt sein.

Insbesondere wird nicht gefordert – wie es bei monotonen Grammatiken der Fall ist –, daß φ höchstens so viele Zeichen enthalten darf wie ψ. Bei der Ableitung eines Wortes können also die zwischenzeitlich erzeugten Zeichenketten sowohl der Länge nach wachsen als auch kürzer werden.

Wir erhalten als einfache Feststellung:

(3.78) Satz: Jede Typ-1-Sprache ist auch eine Typ-0-Sprache, d.h. es gilt:

$$\mathcal{L}_1 \subseteq \mathcal{L}_0.$$

Beweis: Jede Typ-1-Grammatik kann als eine spezielle Typ-0-Grammatik angesehen werden. ∎

Wir verzichten an dieser Stelle darauf, ein Beispiel für eine Typ-0-Grammatik zu untersuchen. Der Grund dafür ist, daß man auf konstruktive Weise bisher keine Typ-0-Grammatik angeben konnte, zu der es nicht eine äquivalente kontextsensitive Grammatik geben würde. Vermutlich könnte also auch jedes Beispiel, das wir uns überlegen würden, zu einer Typ-1-Grammatik "verbessert" werden.

Eine berechtigte Frage ist deshalb: Gibt es überhaupt Sprachen, die in $\mathcal{L}_0$ liegen, aber nicht in $\mathcal{L}_1$, oder sind letztendlich beide Klassen identisch?

Wir werden in Kapitel 4 zeigen, daß $\mathcal{L}_1$ echt in $\mathcal{L}_0$ enthalten ist, daß es also Sprachen gibt, die von einer Typ-0-Grammatik, nicht aber von einer Typ-1-Grammatik erzeugt werden können. Leider ist der dazu angegebene Beweis nicht konstruktiv. Es kann also lediglich die Existenz einer solchen Sprache nachgewiesen, nicht aber eine Typ-0-Grammatik für sie angegeben werden.

Eine weitere Fragestellung, die wir bisher noch nicht untersucht haben, lautet: Gibt es Sprachen, die außerhalb von $\mathcal{L}_0$ liegen, die also nicht einmal von einer Typ-0-Grammatik erzeugbar sind?

Auch hier lautet die Antwort "ja", was wir in Kapitel 4.2 ebenfalls mit einem nicht konstruktiven Verfahren nachweisen werden.

Abschließend für das dritte Kapitel wollen wir uns die bisher hergeleiteten Ergebnisse über die Chomsky-Hierarchie noch einmal in der folgenden Übersicht (s. Bild 3.23) vergegenwärtigen und veranschaulichen.

Bei der Betrachtung der Sprachklassen sei noch einmal daran erinnert, daß ein Vergleich nur dann sinnvoll ist, wenn wir von einem festen Alphabet E ausgehen. Dieses Alphabet entspricht bei Grammatiken der Menge T der Terminalsymbole.

Sehen wir uns Bild 3.23 einmal genauer an. Jede der vier Sprachklassen $\mathcal{L}_3$ bis $\mathcal{L}_0$ wird genau durch einen entsprechenden Grammatiktyp charakterisiert. Für die Klassen $\mathcal{L}_3$ und $\mathcal{L}_2$ haben wir neben Grammatiken noch Automaten untersucht. Dabei stellten sich für $\mathcal{L}_3$ die unterschiedlichen Automatentypen als gleich leistungsfähig heraus. Demgegenüber gibt es bei Kellerautomaten einen Unterschied zwischen deterministischen und nichtdeterministischen Automaten.

	Grammatik	Automat	sonstige Charakterisierung	typische Sprachen
$\mathcal{L}_3$ (reguläre Sprachen)	rechtslineare bzw. linkslineare Grammatik	det. EA, nichtdet. EA, λ-Automat	reguläre Ausdrücke, Pumping-Lemma (notwendiges Kriterium)	/
$\mathcal{L}_2$ (kontextfreie Sprachen)	/ ---------------- kontextfreie Grammatik	det. KA ---------------- nichtdet. KA	/ ---------------- Pumping-Lemma (notwendiges Kriterium)	$\{a^n b^n \mid n \in \mathbb{IN}\}$ ---------------- $\{ww' \mid w \in E^*\}$
$\mathcal{L}_1$ (kontext-sensitive Sprachen)	kontext-sensitive bzw. monotone Grammatik	$(\uparrow)$	$(\uparrow)$	$\{a^n b^n c^n \mid n \in \mathbb{IN}\}$
$\mathcal{L}_0$ (allgemeine Sprachen)	allgemeine Grammatik	$(\uparrow)$	$(\uparrow)$	$(\uparrow)$
$\wp(E^*)$	/	/	/	$(\uparrow)$

$(\uparrow)$: folgt in Kapitel 4

Bild 3.23: Bisherige Ergebnisse über die Chomsky-Hierarchie

Der nichtdeterministische Kellerautomat kann eine größere Sprachklasse – die Klasse $\mathcal{L}_2$ – charakterisieren, während der deterministische Kellerautomat nur eine echte Teilmenge von $\mathcal{L}_2$ erkennen kann. Für die Klassen $\mathcal{L}_1$ und $\mathcal{L}_0$ haben wir bisher noch keine entsprechenden Automatenkonzepte vorgestellt; dies folgt im vierten Kapitel.

Bild 3.23 ist so aufgebaut, daß oben die speziellste und unten die allgemeinste Sprachklasse – die Menge aller Sprachen über E^* – steht. Für $\mathcal{L}_3$, $\mathcal{L}_2$ und $\mathcal{L}_1$, wobei für $\mathcal{L}_2$ noch die Unterklasse $\mathcal{L}_{\text{det-KA}}$ zu berücksichtigen ist, haben wir gezeigt, daß alle Inklusionen echt sind, d.h.:

$$\mathcal{L}_3 \subset \mathcal{L}_{\text{det-KA}} \subset \mathcal{L}_2 \subset \mathcal{L}_1.$$

In der letzten Spalte der Tabelle steht jeweils eine typische Sprache der gerade betrachteten Klasse, d.h. eine Sprache, die in der "nächstkleineren" Klasse nicht enthalten ist.

Wir werden im nächsten Kapitel u.a. $\mathcal{L}_1$ und $\mathcal{L}_0$ genauer untersuchen. Dabei wird die hier angegebene Sprachhierarchie noch etwas verfeinert werden. Auch werden die im Bild 3.23 mit ($\uparrow$) gekennzeichneten Kästchen noch ausgefüllt werden. Die Vervollständigung dieser Tabelle kann der Leser am Ende von Kapitel 4.4 finden.

Aufgaben zu 3.3.5 und 3.3.6:

1. Gegeben sei die monotone Grammatik $G = (N, T, P, S)$ mit $N = \{A, B, S\}$, $T = \{a, b, c\}$ und
   $P = \{S \rightarrow aB \mid aSA,\ \ B \rightarrow bc,\ \ cA \rightarrow Ac,\ \ BA \rightarrow bBc\}$.

   (a) Wie sieht $L(G)$ aus?

   (b) Leiten Sie die drei kürzesten Worte der Sprache mit G her!

   (c) Welche der Regeln aus P sind kontextsensitiv, welche nicht?

   (d) Konstruieren Sie eine zu G äquivalente kontextsensitive Grammatik!

2. Geben Sie zu der Grammatik G in Beispiel 3.77 eine äquivalente kontextsensitive Grammatik an!

3. Gegeben sei die Grammatik $G = (N, T, P, S)$ mit $N = \{B, C, S\}$, $T = \{a, b, c\}$ und $P = \{S \rightarrow aBC \mid aSBC,\ \ B \rightarrow b,\ \ C \rightarrow c,\ \ CB \rightarrow BC\}$.

   (a) Zeigen Sie, daß $\{a^n b^n c^n \mid n \in \mathbb{N}\} \subseteq L(G)$ gilt!

   (b) Wie sieht $L(G)$ genau aus?

4. Geben Sie Grammatiken für die folgenden Sprachen an!

   (a) $L = \{a^i \mid i = 2^k, k \in \mathbb{N}\}$

   (b) $L = \{ww \mid w \in \{a, b\}^*\}$

(c) $L = \{a^i b^i c^j d^j \mid i, j \in \mathbb{N}\}$.

5. Es sei $A ::= \{a, b, S\}$ ein Zeichenvorrat sowie $R_0 ::= \{(S, ab), (S, aSb)\}$ eine binäre Relation.

Ferner seien zwei Relationen R_1 und R_2 auf der Wortmenge A^* folgendermaßen erklärt:

$R_1 ::= \{(u, v) \in A^* \times A^* \mid \exists\, t_1, t_2, y, z \in A^*: u = t_1 y t_2 , v = t_1 z t_2 \text{ und } y R_0 z\}$

$R_2 ::= R_1^* \cap \{(S, v) \mid v \in \{a, b\}^*\}$

Charakterisieren Sie die Relationen R_0, R_1 und R_2 in der Terminologie formaler Sprachen!

6. Geben Sie für jede der folgenden Sprachen über dem Alphabet $E = \{a, b\}$ jeweils die kleinste Sprachklasse $\mathcal{L}_j$, $j = 1, 2, 3$, an, in der die Sprache liegt! Geben Sie jeweils eine exakte Begründung an!

(a) $L = \{w \in E^* \mid w \text{ enthält mindestens fünf } a\text{'s}\}$

(b) $L = \{w \in E^* \mid w \text{ enthält mehr } a\text{'s als } b\text{'s}\}$

(c) $L = \{w \in E^* \mid w = a^i b^{i-1}, i \in \mathbb{N}\}$

(d) $L = \{w \in E^* \mid w = a^{2i}, i \in \mathbb{N}\}$.

4 Turing-Maschinen, Algorithmen und berechenbare Funktionen

Es hat sich im 2. Kapitel herausgestellt, daß die Leistungsfähigkeit von endlichen Automaten und von Kellerautomaten beschränkt ist, denn wir können jeweils Sprachen angeben, die durch diese Automatentypen nicht charakterisierbar sind. Wir werden in diesem Kapitel mit der *Turing-Maschine* einen Automatentyp kennenlernen, dessen Leistungsfähigkeit viel weiter reicht, d. h. es ist damit eine größere Menge von Sprachen akzeptierbar als beispielsweise mit Kellerautomaten.

Des weiteren werden wir den Begriff des *Algorithmus* beleuchten. Es ist recht schwierig, präzise zu formulieren, was man unter einem Algorithmus versteht, und wir werden uns einige ganz konkrete Präzisierungen ansehen, die allesamt in der ersten Hälfte dieses Jahrhunderts formuliert wurden. Eine dieser Präzisierungen ist die bereits erwähnte Turing-Maschine; mit dieser Präzisierung kann man jedes Verfahren als einen Algorithmus auffassen, das durch eine Turing-Maschine "ausführbar" ist. Insofern unterscheiden sich Turing-Maschinen und Kellerautomaten:

Haben wir die letzteren nur zum Akzeptieren von Wörtern benutzt und damit zum Festlegen von Sprachen, so werden wir Turing-Maschinen auch dazu verwenden, Algorithmen zu realisieren, d. h. abhängig von einer Eingabe – durch die festgelegte Vorschrift – eine Ausgabe zu produzieren.

Es ist naheliegend, das Ein-/Ausgabeverhalten eines Algorithmus als eine Funktion zu interpretieren. Das führt uns zum Begriff der *berechenbaren Funktion*. Wir werden auch für diesen Begriff eine exakte Charakterisierung angeben. Dabei beschäftigen wir uns mit der Frage, wie berechenbare Funktionen aufgebaut sind, d. h. welche elementaren Funktionen in ihnen enthalten sind und durch welche Operationen diese elementaren Funktionen verknüpft sind.

Zum Schluß dieses Kapitels werden wir zu den formalen Sprachen zurückkehren, und mit den dann zur Verfügung stehenden Begriffen und Techniken können wir Aussagen über Typ-1- und Typ-0-Sprachen machen, die unseren Überblick über die Chomsky-Hierarchie vervollständigen.

4.1 Algorithmen, Berechenbarkeit und Entscheidbarkeit im intuitiven Sinne

Jeder wird in seinem Leben bereits frühzeitig – und mehr oder weniger bewußt – mit Algorithmen konfrontiert:

Multiplikation zweier natürlicher Zahlen, Lösen eines linearen Gleichungssystems, Binden einer Krawatte, Auswechseln einer Zündkerze etc.

All dies sind Probleme, deren Lösung nicht besonders viel Geschick und Intelligenz erfordert, sondern die – wenn man die Lösungsmethodik einmal erlernt hat – mit einigen wenigen elementaren Operationen fast mechanisch ausgeführt werden können. Dies geschieht i. a. durch Anwendung einer Lösungsvorschrift, die in irgendeiner Form gegeben ist (Mathematiklehrbuch, Anweisung eines Lehrers, Bedienungsanleitung, ...). Wir wollen uns zunächst darauf konzentrieren, welche Eigenschaften eine solche Lösungsvorschrift haben muß, damit man von einem Algorithmus sprechen kann.

Auf diese Frage sind wir bereits in Band II des Grundkurses eingegangen, und wir wollen die wichtigsten Eigenschaften zusammenfassend wiederholen:

- *Allgemeinheit*: Ein Algorithmus soll nicht nur eine konkrete Ausprägung eines Problems lösen können, sondern eine ganze Problemklasse mit unendlich vielen Ausprägungen.
  Es reicht beispielsweise nicht, daß ein Algorithmus nur 25 * 17 berechnen kann, sondern er sollte zwei beliebige natürliche Zahlen miteinander multiplizieren können.

- *Endlichkeit*: Ein Algorithmus soll in zweierlei Hinsicht endlich sein: Er soll durch einen endlichen Text beschreibbar sein, und die Anwendung eines Algorithmus auf erlaubte Eingabedaten soll nach endlich vielen Schritten zu einem Ende kommen. Es muß also ein Abbruchkriterium vorhanden sein, das bei einer erlaubten Eingabe irgendwann erfüllt ist. Beispielsweise kann es keinen Algorithmus geben, der in endlich vielen Schritten die Dezimaldarstellung der Eulerschen Zahl e berechnet, weil diese Zahl eine unendlich lange, nicht periodische reelle Zahl ist. Man kann aber oftmals nicht vorhersagen, nach wie vielen Schritten ein Algorithmus abbricht oder ob er überhaupt abbricht.

- *Determiniertheit*: Ein Algorithmus soll eine eindeutige Abhängigkeit der Ausgabedaten von den Eingabedaten garantieren. Auch eine mehrmalige Anwendung des Algorithmus auf dasselbe Eingabedatum soll jeweils dasselbe Ausgabedatum liefern.

Ferner sollen die Elementaroperationen des Algorithmus allgemein-verständlich und eindeutig interpretierbar sein. Damit ist gemeint, daß derjenige, der den Algorithmus ausführt – beispielsweise ein Mathematiker, ein Ingenieur oder ein Computer –, die Beschreibung des Algorithmus versteht und alle Operationen ausführen kann. Dies ist relativ zu betrachten. Sicherlich kann man einem Mathematiker andere elementare Operationen zumuten als etwa einem Computer.

Auch fordern wir mit dem Begriff "Determiniertheit", daß ein Algorithmus in sich abgeschlossen ist, d. h. daß lediglich Eingabedaten und berechnete Zwischenergebnisse zur Bestimmung der Ausgabedaten verwendet werden.

Zusammenfassend können wir als eine intuitive Definition für den Begriff *Algorithmus* festhalten:

(4.1) Definition: (Algorithmus im intuitiven Sinne)

Es sei P eine Problemklasse und $\mathcal{A}$ die Menge der konkreten Problem-ausprägungen, d. h. die Menge derjenigen Daten, die ein Problem beschreiben.

Dann verstehen wir unter einem *Algorithmus* A_P zu der Klasse P ein allgemeines, determiniertes Verfahren, welches – auf richtige Anfangsdaten $a \in \mathcal{A}$ angewendet – nach endlich vielen Schritten hält und die Lösung des Problems liefert (d. h. ein Element der Lösungsmenge $\mathcal{B}$).

Wir schreiben: $A_P : \mathcal{A} \to \mathcal{B}$,

d. h. $\forall\, a \in \mathcal{A} : \exists\, b \in \mathcal{B} : A_P(a) = b.$ ∎

Wir nennen diese Definition "intuitiv", weil ihr sehr viele Ungenauigkeiten anhaften: Wir haben keine der obigen Eigenschaften Allgemeinheit, Endlichkeit und Determiniertheit im mathematischen Sinne exakt festgelegt, sondern sie vielmehr durch andere ungenaue Umschreibungen angegeben. So können wir auch nicht erwarten, daß die übrigen in diesem Kapitel beschriebenen Grundbegriffe (Entscheidbarkeit, Berechenbarkeit) – die auf dem Begriff des Algorithmus aufbauen – exakter sind. Erst durch eine rein mathematische Definition in den nächsten Kapiteln können wir den gewünschten Grad an Genauigkeit erreichen. Wir legen zunächst fest:

(4.2) Definition: (Entscheidungs-, Aufzählverfahren)

Einen Algorithmus $A_P : \mathcal{A} \to \mathcal{B}$ nennen wir auch

—   ein *Entscheidungsverfahren*, falls $\mathcal{B} = \{\text{True, False}\}$ bzw. auch allgemeiner falls $|\mathcal{B}| = 2$,

– ein *Aufzählverfahren*, falls $\mathcal{A} = \mathbb{N}$.   ∎

Im ersten Fall wird durch den Algorithmus für jedes Argument eine binäre Entscheidung getroffen – etwa ein Algorithmus, der für jede natürliche Zahl entscheiden kann, ob eine Primzahl vorliegt oder nicht. Im zweiten Fall wird im mathematischen Sinn eine Folge realisiert: $A_P(1)$, $A_P(2)$, $A_P(3)$, ..., und wir sagen: "A_P zählt diese Menge auf."

Wir haben noch kein Wort über die Beschreibung der Problemausprägungen und -lösungen verloren. Man kann Dinge oft mit verschiedenen Mitteln beschreiben. Man kann natürliche Zahlen beispielsweise durch Wörter über einem beliebig vorgegebenen Alphabet (mit mindestens zwei Zeichen) codieren, indem man die entsprechende B-adische Zahldarstellung benutzt (z. B. Dual-, Oktal-, Dezimaldarstellung, ...). Man kann auch ein einelementiges Alphabet benutzen und jede natürliche Zahl n durch ein Wort der Länge n über dem Alphabet darstellen (vgl. Kapitel 1, Aufgabe 8). Ebenso könnte man rationale Zahlen (die Menge aller Brüche) als Paare von natürlichen Zahlen ansehen und somit ebenfalls durch Wörter darstellen.

Insgesamt ist es für unsere Betrachtungen ausreichend, ein festes Alphabet zugrundezulegen und Wörter über diesem Alphabet als Ein- und Ausgabedaten für Algorithmen anzusehen. So gesehen leistet ein Algorithmus nichts anderes – und damit schlagen wir eine Brücke zu den formalen Sprachen in Kapitel 3 – als die Manipulation von Zeichenreihen.

Wie in den letzten Kapiteln gehen wir wieder von einem Alphabet E aus und betrachten Wörter aus der Menge E^*.

Es ist nun sehr naheliegend – und wir haben dies bereits getan –, Algorithmen als Funktionen anzusehen, die Eingabedaten auf Ausgabedaten abbilden. Umgekehrt kann man sich fragen, ob es zu einer vorgegebenen Funktion einen Algorithmus gibt, der diese Funktion realisiert. Diese Idee führt zum Begriff der *berechenbaren Funktion*:

(4.3) Definition: (berechenbare Funktion)

Es sei E ein Alphabet und $M_1, M_2 \subseteq E^*$.

Eine Funktion $f : M_1 \to M_2$ heißt *berechenbar*, falls es einen Algorithmus $A_f : M_1 \to M_2$ gibt mit $A_f(w) = f(w)$ für alle $w \in M_1$.   ∎

Zu jedem Argument $w \in M_1$ kann man also den Funktionswert $f(w)$ in endlich vielen Schritten berechnen.

Diese Definition ist existenzquantifiziert. Es wird lediglich gefordert, daß es einen Algorithmus *gibt*; wie dieser konkret aussieht, ist für die Eigenschaft der Berechenbarkeit nicht von Interesse.

Da es Algorithmen gibt, die dasselbe leisten, d. h. die dieselbe Funktion repräsentieren, ist diese Zuordnung zwischen Algorithmen und berechenbaren Funktionen sicherlich keine bijektive Zuordnung.

(4.4) Beispiel: Es sei E die Menge der Dezimalziffern, d. h. $E = \{0, 1, ..., 9\}$. Wir interpretieren Worte aus $E^+ = E^* - \{\lambda\}$ als natürliche Zahlen, und es gilt dann $E^+ = \mathbb{N}_0$[1].

Für $M_1 = \mathbb{N}_0$ und $M_2 = \mathbb{N}$ ist dann beispielsweise

$$f : \mathbb{N}_0 \to \mathbb{N} \quad \text{mit} \quad f(n) = n + 1$$

eine berechenbare Funktion, da es trivialerweise für diese Funktion einen Algorithmus gibt. ∎

Eine ganz wichtige und keineswegs einfache Frage ist, ob *jede* vorgelegte Funktion berechenbar ist, also durch einen Algorithmus realisiert werden kann. Wir werden sehen, daß diese Frage zu verneinen ist. Im Gegenteil, es gibt weitaus mehr nicht berechenbare als berechenbare Funktionen (s. Satz 4.7). Dazu einleitend die folgende Definition:

(4.5) Definition: (abzählbare Menge, überabzählbare Menge)

Es sei M eine Menge. Wir nennen M *abzählbar*, wenn sich M bijektiv auf die Menge $\mathbb{N}$ oder eine Teilmenge von $\mathbb{N}$ abbilden läßt. Andernfalls nennen wir M *überabzählbar*. ∎

(4.6) Beispiel:

(a)   Jede endliche Menge ist abzählbar.

(b)   Ist A ein Alphabet (also endlich), so ist A^* abzählbar, weil z. B. durch die lexikographische Ordnung in natürlicher Weise eine Reihenfolge auf A^* festgelegt wird. ∎

---

1)   Streng genommen betrachten wir nur Zahlen ohne führende Nullen, d. h. wir müssen eigentlich eine Äquivalenzrelation auf E^+ einführen ($w_1 \sim w_2 \Leftrightarrow w_1$ und w_2 unterscheiden sich höchstens durch führende Nullen) und dann mit den damit entstehenden Äquivalenzklassen rechnen.

Jetzt können wir unsere obige Behauptung noch einmal genau formulieren und sie anschließend beweisen:

(4.7) Satz: Es sei E ein Alphabet. Dann gibt es überabzählbar viele Funktionen $f : E^* \to E^*$, von denen nur abzählbar viele berechenbar sind.

Beweis: Wir zeigen zunächst die zweite Aussage:
Jeder Algorithmus repräsentiert eine berechenbare Funktion. Deshalb gibt es höchstens so viele berechenbare Funktionen wie Algorithmen.
Da Algorithmen durch einen endlichen Text über einem festen Alphabet A formuliert werden können, ist jeder Algorithmus ein Wort aus der Menge A^*. Da A^* abzählbar ist (vgl. Beispiel 4.6 (b)), muß auch die Menge der Algorithmen und somit die der berechenbaren Funktionen abzählbar sein.

Nun zum Beweis der ersten Aussage:
Wir nehmen das Gegenteil an, d. h. daß es nur abzählbar viele Funktionen $f : E^* \to E^*$ gibt. Dann lassen sich diese Funktionen durchnumerieren: $f_1, f_2, f_3, \ldots$ Dasselbe gilt für E^*: $E^* = \{w_1, w_2, w_3, \ldots\}$. Wir betrachten jetzt die unendliche Matrix aller Funktionen mit allen ihren Funktionswerten:

	w_1	w_2	w_3	w_4	$\ldots$
f_1	$f_1(w_1)$	$f_1(w_2)$	$f_1(w_3)$	$f_1(w_4)$	$\ldots$
f_2	$f_2(w_1)$	$f_2(w_2)$	$f_2(w_3)$	$f_2(w_4)$	$\ldots$
f_3	$f_3(w_1)$	$f_3(w_2)$	$f_3(w_3)$	$f_3(w_4)$	$\ldots$
$\ldots$	$\ldots$	$\ldots$	$\ldots$	$\ldots$	$\ldots$

Diese Matrix enthält also in der ersten Zeile alle Funktionswerte der Funktion f_1, in der zweiten Zeile alle Funktionswerte der Funktion f_2 etc. Der Leser beachte, daß die Annahme der Abzählbarkeit der Menge aller Funktionen notwendig für die Angabe der Matrix ist.

Nun ändern wir alle Werte in der Diagonalen der Matrix ab und konstruieren daraus eine Funktion g. Dazu seien $u, v \in E^*$ mit $u \neq v$, und es wird definiert:

$$\forall\, i \in \mathbb{N}: \quad g(w_i) ::= \begin{cases} u & , \text{falls } f_i(w_i) \neq u \\ v & , \text{falls } f_i(w_i) = u \end{cases}$$

Jetzt ist $g : E^* \to E^*$ eine Funktion, die von allen Funktionen f_i verschieden ist und die somit in der Folge $f_1, f_2, f_3, \ldots$ nicht vorkommt.
Andererseits hatten wir angenommen, daß diese Folge *alle* Funktionen enthält.
Dieser Widerspruch ist nur lösbar, wenn wir unsere Annahme von der Abzählbarkeit aller Funktionen fallen lassen.   ∎

Die Vorgehensweise bei der Konstruktion von g nennt man ein *Diagonalisierungsverfahren*, weil alle Funktionswerte auf der Diagonalen der Matrix verändert werden. Wir werden diesem Verfahren noch in verschiedenen anderen Beweisen begegnen.

Wir wollen nun den ebenfalls grundlegenden Begriff der Entscheidbarkeit definieren:

(4.8) Definition: (entscheidbare Menge)

(a) Es seien $M_1 \subseteq M_2 \subseteq E^*$.

M $_1$ heißt *entscheidbar relativ zu* M_2, wenn es einen Algorithmus $A_{M_1,M_2}: M_2 \to \{\text{True, False}\}$ gibt, mit dessen Hilfe man zu jedem Element $w \in M_2$ feststellen kann, ob es zu M_1 gehört oder nicht, kurz:

$\forall\, w \in M_2 : A_{M_1,M_2}(w) = "w \in M_1"$.

(b) Es sei $M \subseteq E^*$.

M heißt *absolut entscheidbar* oder kurz *entscheidbar*, wenn M relativ zu E^* entscheidbar ist.   ∎

Entscheidbarkeit ist also die Eigenschaft einer *Menge* und nicht etwa eines einzelnen Objektes oder anderer Dinge. Oft spricht man in der Informatik auch von entscheidbaren (d.h. algorithmisch lösbaren) *Problemen*, etwa: "Es ist entscheidbar, ob die Sprache einer beliebigen kontextfreien Grammatik endlich ist", oder: "Es ist entscheidbar, ob eine vorgegebene natürliche Zahl eine Primzahl ist oder nicht". Auch mit solchen Aussagen ist jeweils die (relative) Entscheidbarkeit einer Menge gemeint, so im ersten Fall beispielsweise der Menge

$M_1 ::= \{G \mid G$ ist kontextfreie Grammatik, $L(G)$ ist endlich$\}$

relativ zu

$M_2 ::= \{G \mid G$ ist kontextfreie Grammatik$\}$;

im zweiten Fall dagegen ist die Entscheidbarkeit der Menge

$M_1 ::= \{n \in I\!N \mid n$ ist Primzahl$\}$

relativ zu $I\!N$ gemeint.

Ein Algorithmus $A_{M_1,M_2}: M_2 \to \{\text{True, False}\}$, der die Entscheidbarkeit von M_1 realisiert, heißt Definition 4.2 entsprechend auch *Entscheidungsverfahren*.

(4.9) Beispiel:

(a) Die Menge

$$M ::= \{n \in I\!N \mid n \text{ ist Primzahl}\}$$

ist entscheidbar relativ zu IN, denn es muß zu einer vorgelegten Zahl $n \in I\!N$ nur getestet werden, ob ein $m < n$ mit $m \neq 1$ existiert, das n teilt.

(b) Jede endliche Menge ist entscheidbar; ein entsprechender Algorithmus muß lediglich eine endliche Menge oder Liste durchsuchen, um die Entscheidung zu treffen.

(c) Das allgemeine Wortproblem für Semi-Thue-Systeme ist nicht entscheidbar (vgl. Abschnitt 3.3.1), oder präziser:

Sei E ein Alphabet und $w_0 \in E^*$; dann ist die Menge

$$M ::= \{ (R, w) \mid R \text{ Semi-Thue-System über } E, w \in E^*, w_0 \overset{*}{\underset{R}{\Rightarrow}} w \}$$

nicht entscheidbar.

Wir werden die letzte Aussage nicht beweisen (für einen Beweis siehe etwa [Her71]). Der Leser sei aber darauf hingewiesen, daß der Beweis dieser Behauptung – und der sich daraus ergebenden Konsequenzen – zu den herausragenden Ergebnissen der Mathematik in diesem Jahrhundert gehört. Dieses Ergebnis gilt genauso für Typ-0-Grammatiken, d. h. es gibt keinen Algorithmus, der zu einer beliebig vorgegebenen Grammatik G und einem ebenfalls vorgegebenen Wort w entscheidet, ob $w \in L(G)$ gilt oder nicht. Wir werden in Kapitel 4.4 auf diese Problematik zurückkommen. ∎

Auch ein Entscheidungsverfahren repräsentiert in natürlicher Weise eine berechenbare Funktion. Für die spezielle Gestalt dieser Funktion vergeben wir den folgenden Namen:

(4.10) Definition: (charakteristische Funktion)

Es seien $M_1 \subseteq M_2 \subseteq E^*$. Dann heißt die Funktion

$$\chi_{M_1, M_2} : M_2 \to \{\text{True, False}\}$$

mit

$$\chi_{M_1, M_2}(w) ::= \begin{cases} \text{True} & \text{, falls } w \in M_1 \\ \text{False} & \text{, falls } w \in M_2 - M_1 \end{cases}$$

die *charakteristische Funktion* von M_1 bzgl. M_2.[1] ∎

---

1) χ ist der griechische Buchstabe "chi".

Eine derartige Funktion legt also für jedes Element $w \in M_2$ fest, ob es auch zu M_1 gehört oder nicht. Es folgt sofort aufgrund der Definitionen 4.3 und 4.8:

(4.11) Folgerung: Mit der Bezeichnung von Definition 4.10 gilt:

Die Menge M_1 ist entscheidbar relativ zu M_2 $\Leftrightarrow$ χ_{M_1,M_2} ist berechenbar.   ∎

(4.12) Beispiel: Die charakteristische Funktion der Menge der Primzahlen M lautet:

$$\chi_{M,\mathbb{N}} : \mathbb{N} \to \{\text{True, False}\}$$

mit

$$\chi_{M,\mathbb{N}}(n) ::= \begin{cases} \text{True} & \text{, falls n Primzahl ist} \\ \text{False} & \text{, sonst} \end{cases}$$
∎

Eine weitere wichtige Eigenschaft von Mengen ist die Aufzählbarkeit:

(4.13) Definition: (aufzählbare Menge)

Eine Menge $M \subseteq E^*$ heißt *aufzählbar*, wenn es eine Funktion $f : \mathbb{N}_0 \to M$ gibt, die surjektiv und berechenbar ist.

Wir sagen dann: M wird durch f aufgezählt, d. h. $M = \{f(0), f(1), f(2), \dots\}$.   ∎

Wir nennen einen Algorithmus, der die Funktion f realisiert – Definition 4.2 entsprechend – auch ein *Aufzählverfahren*. Durch die Funktion f bzw. durch das entsprechende Aufzählverfahren werden die Elemente von M in eine feste Reihenfolge gebracht, wobei nicht ausgeschlossen ist, daß Elemente mehrfach aufgezählt werden.

Wir haben bisher drei verschiedene Eigenschaften für Mengen kennengelernt – entscheidbar, aufzählbar und abzählbar –, und es wird nun dargelegt, wie diese zusammenhängen:

(4.14) Satz: Für eine Menge $M \subseteq E^*$ gilt:

(a) M ist aufzählbar $\Rightarrow$ M ist abzählbar; die Umkehrung gilt i. a. nicht.

(b) M ist entscheidbar $\Leftrightarrow$ M *und* E^* - M sind aufzählbar;

insbesondere gilt: M ist entscheidbar $\Rightarrow$ M ist aufzählbar.

Beweis:

(a) Es sei M aufzählbar; dann gibt es ein $f : IN_0 \to M$, das surjektiv und berechenbar ist. Umgekehrt läßt sich M dann auch auf (eine Teilmenge von) IN abbilden. Damit ist M abzählbar.

Es kann aber nicht jede abzählbare Menge auch aufzählbar sein, denn die Eigenschaft "aufzählbar" ist an die Berechenbarkeit einer Funktion gebunden; insofern gibt es nur abzählbar viele aufzählbare Mengen. Dagegen ist die Anzahl der abzählbaren Mengen über einem Alphabet überabzählbar, was man leicht mit einem Diagonalisierungsverfahren nachweisen kann (vgl. Beweis zu Satz 4.7 sowie Aufgabe 1).

(b) Es sei $M \subseteq E^*$ entscheidbar, und es sei $M \neq \emptyset$ und $M \neq E^*$ (diese Fälle sind trivial). Dann gibt es zwei Worte w, $w' \in E^*$ mit $w \in M$ und $w' \notin M$. Außerdem sei $w_0, w_1, w_2, \ldots$ eine Aufzählung von E^* (etwa die lexikographische Reihenfolge). Da M entscheidbar ist, ist die charakteristische Funktion χ_{M,E^*} berechenbar, und wir setzen für alle $i \in IN_0$:

$$f(i) ::= \begin{cases} w_i & \text{, falls } \chi_{M,E^*}(w_i) = \text{True} \\ w & \text{, sonst} \end{cases}$$

$$f'(i) ::= \begin{cases} w_i & \text{, falls } \chi_{M,E^*}(w_i) = \text{False} \\ w' & \text{, sonst} \end{cases}$$

Es ist leicht einzusehen, daß die Funktionen $f : IN_0 \to M$ und $f': IN_0 \to E^*- M$ surjektiv und berechenbar sind, und somit sind nach Definition sowohl M als auch $E^* - M$ aufzählbar.

Umgekehrt seien jetzt M und $E^* - M$ aufzählbar, d. h. es gebe berechenbare Funktionen f und f', die M bzw. $E^* - M$ aufzählen. In diesem Fall können wir einen Algorithmus angeben, der M entscheidet:

Der Algorithmus berechnet nacheinander die Werte $f(0)$, $f'(0)$, $f(1)$, $f'(1)$, $f(2)$, $f'(2)$, etc. Er bricht ab, falls dabei irgendwann das Wort w berechnet wird. Dieser Fall tritt auch sicher ein, da beide Funktionen zusammen die gesamte Menge E^* aufzählen. Die Berechnung von f und f' ist hier nicht explizit dargestellt. Da es sich aber nach Voraussetzung um berechenbare Funktionen handelt, kann man beide Funktionen algorithmisch – etwa als Unterprogramme – realisieren.

```
INPUT:        w ∈ E*;
OUTPUT:       True, falls w ∈ M;
              False, falls w ∈ E* - M;


BEGIN
    i := 0;
    fertig := FALSE;
    REPEAT
        IF f(i) = w bzw. f´(i) = w
        THEN    Ausgabe: True bzw. Ausgabe: False;
                fertig := TRUE
        ELSE    i := i + 1
        END (* IF *)
    UNTIL fertig;
END.
```

Damit ist alles gezeigt.   ∎

Die im letzten Satz formulierte Beziehung zwischen entscheidbaren, aufzählbaren und abzählbaren Mengen kann folgendermaßen veranschaulicht werden (s. Bild 4.1):

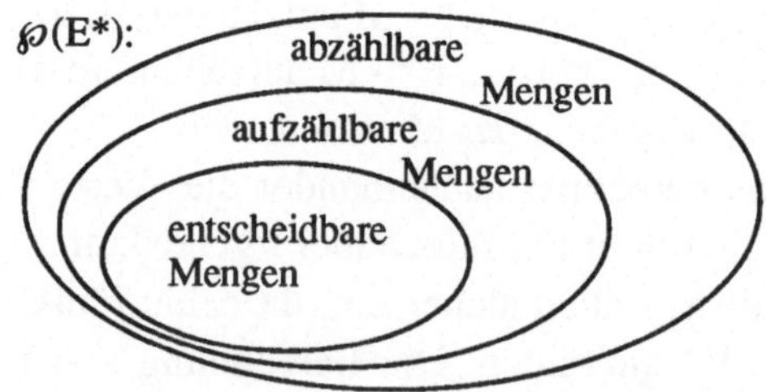

Bild 4.1: Wortmengen und ihre Eigenschaften

Diese Eigenschaften sind in der Literatur nicht einheitlich benannt, und das Nachschlagen in verschiedenen Lehrbüchern stiftet beim Anfänger zu Beginn oft Verwirrung. Deshalb sei angemerkt, daß für "entscheidbar" auch oft der Begriff "rekursiv" und für "aufzählbar" einer der Begriffe "rekursiv aufzählbar" oder "semi-entscheidbar" gebräuchlich ist (vgl. Aufgabe 5). Die Terminologie ist deshalb so uneinheitlich, weil man diese Eigenschaften mit unterschiedlichen Mitteln definieren kann. So stammt das Wort "rekursiv" beispielsweise vom Begriff der *rekursiven Funktion* ab, auf den wir noch in Kapitel 4.3 eingehen werden. Auch sei noch einmal darauf hingewiesen, daß sich die gesamte Terminologie in diesem Kapitel auf der noch sehr vagen Definition von Algorithmen abstützt. Erst mit der exakten mathematischen Definition dieses Begriffs wird auch die übrige Theorie hinreichend präzise.

Aufgaben zu 4.1:

1. Es sei E ein Alphabet. Weisen Sie nach, daß es überabzählbar viele abzählbare Mengen $M \subseteq E^*$ gibt!

   (Hinweis: s. Beweis zu Satz 4.7)

2. Zeigen Sie:

   Sind $M_1, M_2 \subseteq E^*$ entscheidbare Mengen, so auch $M_1 \cap M_2$, $M_1 \cup M_2$ und $E^* - M_1$ (bzw. $E^* - M_2$).

   (Hinweis: Argumentieren Sie über die jeweiligen charakteristischen Funktionen!)

3. Zeigen Sie:

   Sind $M_1, M_2 \subseteq E^*$ aufzählbare Mengen, so auch $M_1 \cup M_2$ und $M_1 \cap M_2$.

4. Eine *partielle* Funktion $f : M_1 \to M_2$ heiße berechenbar, falls ein Algorithmus A existiert, der, angesetzt auf ein Wort w,

   − $f(w)$ liefert, falls $f(w)$ definiert ist,

   − nie anhält, falls $f(w)$ nicht definiert ist.

   Es sei jetzt für $M \subseteq E^*$ die partielle Funktion $\varphi_{M,E^*}: E^* \to \{\text{True}\}$ definiert durch

   $$\varphi_{M,E^*}(w) ::= \begin{cases} \text{True} & \text{, falls } w \in M \\ \text{undefiniert} & \text{, falls } w \in E^* - M \end{cases}$$

   Zeigen Sie: M ist aufzählbar $\Leftrightarrow$ φ_{M,E^*} ist berechenbar.

   (Wegen dieses Zusammenhangs − siehe auch Definition 4.10 und Folgerung 4.11 − werden aufzählbare Mengen auch semi-entscheidbar genannt.)

4.2 Turing-Maschinen

Das in Kapitel 2.2 vorgestellte Konzept des Kellerautomaten ist der Einschränkung unterworfen, daß jeweils nur auf das oberste Zeichen des Kellers zugegriffen werden kann. Es besteht keine Möglichkeit, sich darunter liegende Zeichen anzusehen oder diese zu verändern.

Turing-Maschinen haben diese Einschränkung nicht, und dieses Modell wird sich als wesentlich leistungsfähiger herausstellen als das Modell des Kellerautomaten.

Es gibt für uns verschiedene Gründe, Turing-Maschinen zu studieren:

– Sie sind eine der ersten exakten Präzisierungen des Begriffs "Algorithmus" gewesen, d.h. jede berechenbare Funktion kann durch eine Turing-Maschine "implementiert" werden (s. Abschnitt 4.2.3); ebenso repräsentiert auch umgekehrt jede Turing-Maschine eine berechenbare Funktion. Trotz seiner Einfachheit stellt sich dieses Maschinenmodell im Hinblick auf die prinzipiellen Möglichkeiten eines Rechners als genauso leistungsfähig heraus wie ein moderner Hochleistungsrechner.

– Turing-Maschinen können auch als Akzeptoren, d. h. zum Erkennen von Sprachen verwendet werden. Im Gegensatz zu endlichen Automaten und Kellerautomaten eignen sie sich zur Charakterisierung von Typ-0- und Typ-1-Sprachen.

Es seien ein paar Bemerkungen zu der Person des Mannes eingefügt, der diesen wichtigen Baustein für die Theorie der Algorithmen und der formalen Sprachen erarbeitet hat. Alan Turing war Engländer und 24 Jahre alt, als er seine berühmte Arbeit über Turing-Maschinen schrieb. In [Tur36] findet sich die grundlegende Beschreibung seiner Idee. Anschließend promovierte er bei Alonso Church in Princeton, USA. Das Computerzeitalter war noch nicht angebrochen. Bei der Lektüre von Büchern über Turing-Maschinen kann man den Eindruck haben, daß Turing nur an abstrakten mathematischen Einsichten interessiert gewesen sei. Das trifft durchaus nicht zu. Er beschäftigte sich ernsthaft damit, die Riemannsche Zetafunktion mit einer Maschine zu berechnen. Er war nach dem 2. Weltkrieg am National Physical Laboratory maßgeblich an der Entwicklung eines Computers beteiligt. Im Jahre 1950 schrieb er an der Manchester University ein Programmierhandbuch und war Berater der Firma Ferranti. Im übrigen hätte er fast am Marathonlauf bei den Olympischen Spielen 1948 teilgenommen. Er starb 1954, als fast 42-jähriger, unter mysteriösen Umständen, vermutlich durch Selbstmord.

4.2.1 Das Maschinenmodell

Unter einer Turing-Maschine können wir uns ein Gerät vorstellen, das aus einer *Kontrolleinheit* mit einem *Schreib-/Lesekopf* (SLK) sowie einem einseitig unbegrenzten *Band* besteht. Die Kontrolleinheit kann – ähnlich wie bei einem endlichen Automaten – endlich viele interne Zustände $s_0, s_1, s_2, ..., s_n$ annehmen. Das Band dient als Eingabe- und Speicherband. Es ist in einzelne Felder unterteilt, die jeweils genau ein Zeichen aufnehmen können. Mit dem Schreib-/ Lesekopf kann die Maschine jeweils genau ein Feld lesen bzw. überschreiben. Ferner kann der Schreib-/Lesekopf auf dem Band bzw. das Band selbst um eine Position nach links oder rechts gerückt werden (s. Bild 4.2).

Die wesentliche Eigenschaft einer Turing-Maschine ist, daß *jedes* Feld des Bandes gelesen und verändert werden kann. Damit ist das Band mit dem Hauptspeicher eines modernen Rechners vergleichbar (abgesehen davon, daß solche Hauptspeicher nur von endlicher Größe sind).

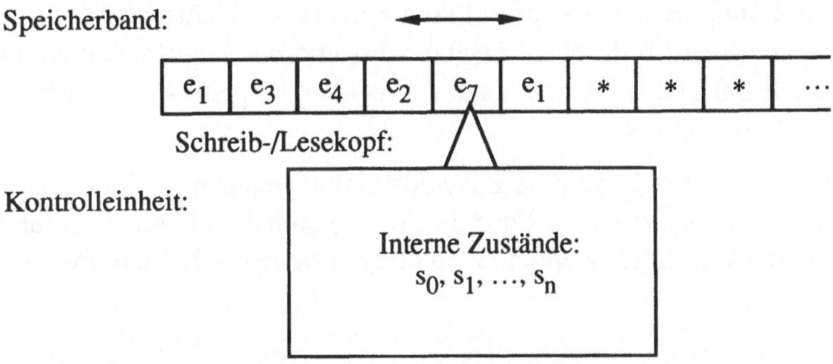

Bild 4.2: Modell einer Turing-Maschine

Bei Turing-Maschinen unterscheiden wir zwischen einem *Eingabealphabet* und einem *Bandalphabet*. Das Eingabealphabet umfaßt die Zeichen, die von"außen" durch irgendeinen nicht näher spezifizierten Mechanismus auf das Band geschrieben werden können. Das Bandalphabet dagegen beinhaltet alle Zeichen, die die Maschine lesen und verarbeiten kann. Diese Menge umfaßt neben dem Eingabealphabet in jedem Fall noch das *Leersymbol* *, das anzeigt, daß ein Feldinhalt leer, d. h undefiniert ist.

(4.15) Definition: (Turing-Maschine)

Eine *Turing-Maschine* T ist durch ein Sechstupel $T = (E, B, S, \delta, s_0, F)$ definiert, wobei

$E = \{e_1, ..., e_r\}$ das *Eingabealphabet* $(* \notin E)$,

$B = \{b_1, ..., b_m\}$ das *Bandalphabet* $(E \cup \{*\} \subseteq B)$,

$S = \{s_0, ..., s_n\}$ die *Zustandsmenge*,

$\delta : S \times B \to S \times B \times \{L, R, N\}$ eine partielle Funktion, die *Überführungsfunktion*,

$s_0 \in S$ der *Anfangszustand* und

$F \subseteq S$ die *Menge der Endzustände* ist.   ∎

Die Funktionsweise der Turing-Maschine wird im wesentlichen durch die Funktion $\delta : S \times B \to S \times B \times \{L, R, N\}$ beschrieben. Dabei bedeutet eine Zuordnung

$$(s, b) \mapsto (s', b', X)$$

mit $X = L$, R oder N, daß – falls die Maschine sich im aktuellen Zustand s befindet und das Feld unter dem SL-Kopf mit dem Zeichen b beschriftet ist – sie in den Zustand s' übergeht, b durch b' ersetzt wird und der Kopf entweder um eine Position nach links $(X = L)$ bzw. nach rechts $(X = R)$ geht oder an der aktuellen Position verharrt $(X = N)$.

Üblicherweise wird δ durch eine Zustandstafel angegeben (s. Bild 4.3), die für jedes Paar (s, b) ein Tripel der Form (s', b', X) enthalten kann. Eventuell ist an einigen Stellen kein Eintrag enthalten, da δ als eine partielle Funktion vereinbart ist.

	b_1	b_2	...	b	...	b_m
s_0						
s_1						
...						
s				(s', b', X)		
...						
s_n						

Bild 4.3: Zustandstafel einer Turing-Maschine

Wir vereinbaren ferner, daß sich der SL-Kopf zu Anfang ganz links auf dem ersten Feld des Bandes befindet. Dieses Feld nimmt auch insofern eine Ausnahmestellung ein, als daß es nicht möglich ist, von hier aus den SL-Kopf nach links zu verschieben.

Eine Turing-Maschine *hält an*, falls δ für das aktuelle Paar (s, b) nicht definiert ist.[1]

(4.16) Beispiel: Für E = {0, 1}, B = {0, 1, *}, S = {s_0, s_1} und F = {s_1} ist eine Turing-Maschine gesucht, deren SL-Kopf nach rechts zum nächsten Leerzeichen läuft und dabei alle Felder löscht (d. h. 0 oder 1 jeweils durch ein Leerzeichen * ersetzt). Die Zustandstafel ist in Bild 4.4 angegeben:

	0	1	*
s_0	(s_0, *, R)	(s_0, *, R)	(s_1, *, N)
s_1	-	-	-

Bild 4.4: Zustandstafel zu Beispiel 4.16

Beispielsweise erzeugt die Maschine – angesetzt auf das Wort 0 1 – die folgenden Bandbeschriftungen (s. Bild 4.5):

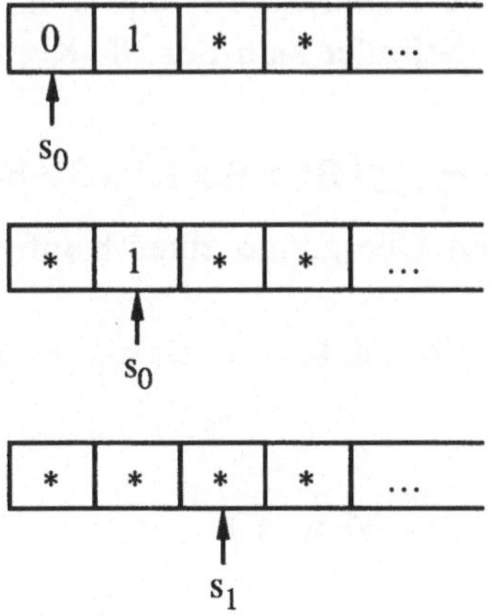

Bild 4.5: Bandbeschriftungen zu Beispiel 4.16   ■

---

1) Die Menge der Endzustände hat an dieser Stelle noch keine Bedeutung. Sie werden erst benötigt (siehe Abschnitte 4.2.2 und 4.2.3), wenn Turing-Maschinen als Akzeptoren bzw. zum Berechnen von Funktionen eingesetzt werden.

Es wird natürlich vorausgesetzt, daß sich zu Anfang – und damit auch nach jedem Verarbeitungsschritt – nur endlich viele Eingabezeichen $e_i \in E$ auf dem Band befinden. Zur Beschreibung der aktuellen Konfiguration reicht es deshalb aus, nur den relevanten Teil des Bandes zu betrachten:

(4.17) Definition: (Bandinschrift)

Unter der (aktuellen) *Bandinschrift* einer Turing-Maschine verstehen wir ein Wort aus Bandzeichen, beginnend mit dem Zeichen im ersten Feld des Bandes und endend mit dem Zeichen

- im aktuellen Feld des SL-Kopfes, falls es rechts davon nur Leerfelder (d. h. mit Inhalt *) gibt;

- im am weitesten rechts liegenden Feld, das kein Leerfeld ist, sonst.   ∎

Damit können wir leicht festlegen, was wir unter einer Konfiguration und unter der Übergangsrelation bei Turing-Maschinen verstehen:

(4.18) Definition: (Konfiguration, Übergangsrelation einer Turing-Maschine)

Es sei $T = (E, B, S, \delta, s_0, F)$ eine Turing-Maschine.

(a) Eine *Konfiguration* von T ist ein Tupel $(v, b, w, s) \in B^* \times B \times B^* \times S$. Dabei ist $v\,b\,w$ als die aktuelle Bandinschrift und s als der aktuelle Zustand zu interpretieren. Ferner befindet sich der SL-Kopf auf dem Feld mit dem Zeichen b.

(b) Die *Übergangsrelation* $\vdash_T \subseteq (B^* \times B \times B^* \times S)^2$ beschreibt alle möglichen, durch δ hervorrufbaren Übergänge einer Konfiguration zu einer Folgekonfiguration,
d. h. für $v, v', w, w' \in B^*,\ a, b, b' \in B,\ s, s' \in S$ und $\delta(s, b) = (s', b', X)$ wird definiert:

(1) Falls $X = N$:

$$(v, b, w, s) \;\vdash_T\; (v, b', w, s')$$

(2) Falls $X = R$:

$$(v, b, w, s) \;\vdash_T\; \begin{cases} (v\,b', a, w', s') & \text{für } w = a\,w' \\ (v\,b', *, \lambda, s') & \text{für } w = \lambda \end{cases}$$

(3) Falls $X = L$ und $v = v'a \neq \lambda$:

$$(v, b, w, s) \;\underset{T}{\vdash}\; \begin{cases} (v', a, b'w, s') & \text{für } w \neq \lambda \text{ oder } w = \lambda \text{ und } b' \neq * \\ (v', a, \lambda, s') & \text{für } w = \lambda \text{ und } b' = * \end{cases}$$

(c) Es bezeichne auch hier wieder $\underset{T}{\overset{*}{\vdash}}$ die reflexiv-transitive Hülle der Relation $\underset{T}{\vdash}$. ∎

Die vielen Fallunterscheidungen bei der Übergangsrelation kommen durch die Randfälle zustande, bei denen sich der SL-Kopf am linken oder rechten Ende der Bandinschrift (gemäß Definition 4.17: der "relevante" Teil des Bandes) befindet.

(4.19) Beispiel: Wir beziehen uns auf Beispiel 4.16 und sehen uns die Konfigurationen an, die von der Turing-Maschine beim Verarbeiten der Bandinschrift 01 durchlaufen werden:

$$(\lambda, 0, 1, s_0) \;\underset{T}{\vdash}\; (*, 1, \lambda, s_0) \;\underset{T}{\vdash}\; (**, *, \lambda, s_1)$$

Nach dem ersten Schritt befindet sich der SL-Kopf am rechten Ende der Bandinschrift, und mit dem nächsten Schritt nach rechts wird diese um eine Position erweitert (von zwei auf drei Stellen). ∎

(4.20) Beispiel: Wir stellen uns eine Bandinschrift vor, die eine nichtleere Folge von 0 und 1 darstellt, und interpretieren diese Folge als die Binärdarstellung[1] einer natürlichen Zahl $n \in \mathbb{N}$.

Es wird eine Turing-Maschine gesucht, die den "Wert" dieser Folge um 1 erhöht, d. h. es soll binär 1 hinzuaddiert werden. Wie ist dies zu erreichen?

Zunächst muß der SL-Kopf an das rechte Ende der Folge bewegt werden:

$$(s_0, 0) \mapsto (s_0, 0, R) \tag{1}$$
$$(s_0, 1) \mapsto (s_0, 1, R) \tag{2}$$

Falls dieses Ende überschritten ist (d. h. der SL-Kopf liest ein $*$), wird der SL-Kopf um eine Position nach links bewegt, und der Zustand wird verändert:

$$(s_0, *) \mapsto (s_1, *, L) \tag{3}$$

Jetzt gibt es zwei Möglichkeiten: Liest der SL-Kopf eine 0, so kann diese durch eine 1 ersetzt werden, und man ist fertig (Wechsel in Zustand s_2); wird dagegen

---

1) Das heißt für die Darstellung $b_k b_{k-1} \ldots b_0$: $n = \sum_{i=0}^{k} b_i \cdot 2^i$

eine 1 gelesen, so ersetzt man diese durch eine 0, und man hat bei der nächsten Stelle ebenfalls eine 1 zu addieren (den Übertrag):

$$(s_1, 0) \mapsto (s_2, 1, N) \tag{4}$$

$$(s_1, 1) \mapsto (s_1, 0, L) \tag{5}$$

Die Addition ist beendet, wenn der Automat in den Zustand s_2 übergegangen ist. Man kann sich leicht überlegen, daß wir alle Wörter ausschließen müssen, die nur aus Einsen bestehen, da bei diesen Wörtern eine zusätzliche Stelle gebraucht wird; die Maschine gelangt nicht in den Endzustand s_2.

Wir fordern, daß jedes Wort mindestens eine 0 enthält, im Zweifelsfall an der ersten – d. h. am weitesten links stehenden – Stelle.

Wir schreiben unsere Turing-Maschine noch einmal zusammenfassend auf:

$T = (E, B, S, \delta, s_0, F)$ mit $E = \{0, 1\}$, $B = \{0, 1, *\}$, $S = \{s_0, s_1, s_2\}$, $F = \{s_2\}$ und δ wie in der folgenden Zustandstafel (Bild 4.6):

	0	1	*
s_0	$(s_0, 0, R)$	$(s_0, 1, R)$	$(s_1, *, L)$
s_1	$(s_2, 1, N)$	$(s_1, 0, L)$	–
s_2	–	–	–

Bild 4.6: Zustandstafel zu Beispiel 4.20

Die Maschine durchläuft beispielsweise angesetzt auf die Bandinschrift $1\,0\,1\,1$ die folgenden Konfigurationen:

$$
\begin{array}{llll}
(\lambda, 1, 0\,1\,1, s_0) & \vdash_T & (1, 0, 11, s_0) & ((2) \text{ angewendet}) \\
& \vdash_T & (1\,0, 1, 1, s_0) & ((1) \text{ angewendet}) \\
& \vdash_T & (1\,01, 1, \lambda, s_0) & ((2) \text{ angewendet}) \\
& \vdash_T & (1\,01\,1, *, \lambda, s_0) & ((2) \text{ angewendet}) \\
& \vdash_T & (1\,01, 1, \lambda, s_1) & ((3) \text{ angewendet}) \\
& \vdash_T & (1\,0, 1, 0, s_1) & ((5) \text{ angewendet}) \\
& \vdash_T & (1, 0, 0\,0, s_1) & ((5) \text{ angewendet}) \\
& \vdash_T & (1, 1, 0\,0, s_2) & ((4) \text{ angewendet})
\end{array}
$$

Damit hat sich aus dem Wort $1\,0\,1\,1$ das korrekte Ergebnis $1\,1\,0\,0$ ergeben.   ∎

4.2.2 Turing-Maschinen als Akzeptoren

Bisher haben wir uns die prinzipielle Arbeitsweise von Turing-Maschinen angesehen und festgestellt, wie man mit ihnen Zeichenketten verändern kann. Jetzt wollen wir erneut das Problem der Spracherkennung aufgreifen und Turing-Maschinen als Akzeptoren, d. h. als analysierende formale Systeme benutzen. Dazu ist es notwendig, die Anfangs- und Endkonfiguration in gewisser Hinsicht zu normieren:

(4.21) Definition: (Initial- und Finalkonfiguration)

Es sei $T = (E, B, S, \delta, s_0, F)$ eine Turing-Maschine und $w \in E^*$ ein Eingabewort.

(a) Dann nennen wir die Konfiguration

$$(\lambda, *, w, s_0)$$

die *Initialkonfiguration bzgl. w*.

(b) Ferner nennen wir die Konfiguration

$$(\lambda, *, v, s)$$

mit $v \in B^*$ eine *Finalkonfiguration*, falls es für $(\lambda, *, v, s)$ keine Folge-konfiguration gibt und falls $s \in F$ gilt.

Wir sagen auch: "T *befindet sich* in einer Initial- bzw. Finalkonfiguration."   ∎

Die Initialkonfiguration besagt lediglich, daß sich das Wort w links auf dem Band neben dem Leerzeichen * befindet und daß der SL-Kopf auf dem Leerzeichen positioniert ist.

In einer Finalkonfiguration wird verlangt, daß kein weiterer Übergang möglich ist, daß sich ferner die Maschine in einem Endzustand befindet, daß sich der SL-Kopf auf dem ersten Feld des Bandes befindet und daß dort ein Leerzeichen (*) steht. Im Gegensatz zu Kellerautomaten und endlichen Automaten darf das Eingabewort w im Laufe der Verarbeitung verändert (d. h. überschrieben) werden.

Beide Situationen sind in Bild 4.7 angedeutet.

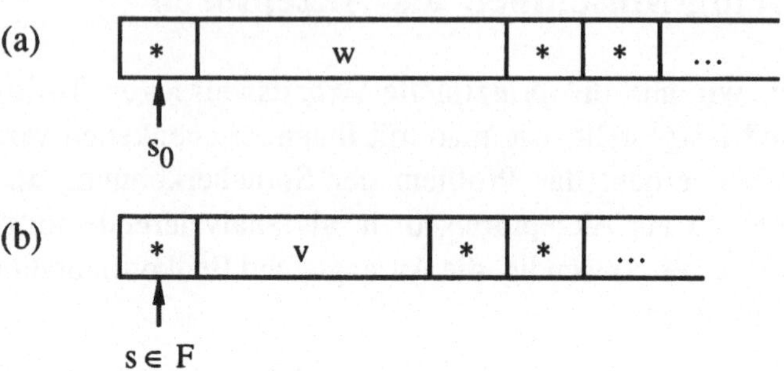

Bild 4.7: (a) Initialkonfiguration und (b) Finalkonfiguration
einer Turing-Maschine

Damit können wir definieren, was wir unter einer Sprache einer Turing-Maschine verstehen:

(4.22) Definition: (Sprache einer Turing-Maschine)

Es sei $T = (E, B, S, \delta, s_0, F)$ eine Turing-Maschine.

(a) T *akzeptiert* ein Wort $w \in E^*$, falls T – beginnend mit der Initial-konfiguration bzgl. w – nach endlich vielen Schritten in einer Finalkonfiguration anhält, kurz:

$$(\lambda, *, w, s_0) \underset{T}{\vdash^*} (\lambda, *, v, s),$$

wobei $s \in F$ und wobei es für $(\lambda, *, v, s)$ keine Folgekonfiguration gibt.

(b) Die *Sprache* L(T) einer Turing-Maschine ist die Menge aller Wörter, die T akzeptiert, kurz:

$$L(T) ::= \{w \in E^* \mid (\lambda, *, w, s_0) \underset{T}{\vdash^*} (\lambda, *, v, s) \text{ Finalkonfiguration}\} \qquad \blacksquare$$

Es ist natürlich möglich, daß die Maschine T nie anhält und auch nie in einen Endzustand gelangt. Beispielsweise kann man leicht eine Maschine angeben, die in jeder Konfiguration um einen Schritt auf dem Band nach rechts geht und dabei ihren Zustand nicht verändert.

Wie bereits erwähnt wird nicht verlangt, daß das ganze Wort w gelesen werden muß, sondern die Maschine kann das Wort w zum Beispiel nur teilweise lesen und dabei beliebig "verarbeiten".

(4.23) Beispiel: Natürlich kann eine Turing-Maschine einen endlichen Automaten simulieren. Wir beweisen dies nicht allgemein (vgl. auch Satz 2.66), sondern betrachten das Beispiel

$$L = \{w \in \{a, b\}^* \mid w \text{ enthält mindestens zwei a's}\}.$$

Diese Sprache wird durch die Maschine $T = (E, B, S, \delta, s_0, F)$ akzeptiert, wobei $E = \{a, b\}$, $B = \{a, b, *\}$, $S = \{s_0, s_1, s_2, s_3\}$, $F = \{s_3\}$ und δ gemäß der Zustandstafel in Bild 4.8 spezifiziert ist:

	a	b	*
s_0	-	-	$(s_1, *, R)$
s_1	(s_2, a, R)	(s_1, b, R)	-
s_2	(s_3, a, L)	(s_2, b, R)	-
s_3	(s_3, a, L)	(s_3, b, L)	-

Bild 4.8: Zustandstafel zu Beispiel 4.23

Es wird kein Zeichen des Bandes verändert, d. h. der SL-Kopf hat eine rein lesende Funktion. Der Anfangszustand s_0 dient dazu, das erste Zeichen des Wortes zu "betreten". Anschließend werden von links nach rechts die a's gezählt: Im Zustand s_1 ist noch kein a gelesen worden, im Zustand s_2 genau ein a und im Zustand s_3 genau zwei a's. Dementsprechend ist s_3 der Endzustand, der außerdem dazu dient, den SL-Kopf wieder nach links auf seine Ausgangsposition zu bewegen.

Betrachten wir beispielsweise die Verarbeitung des Wortes $abab$:

$$(\lambda, *, abab, s_0) \vdash_T (*, a, bab, s_1) \vdash_T (*a, b, ab, s_2)$$
$$\vdash_T (*ab, a, b, s_2) \vdash_T (*a, b, ab, s_3)$$
$$\vdash_T (*, a, bab, s_3) \vdash_T (\lambda, *, abab, s_3).$$

Das Wort wird zeichenweise von links nach rechts gelesen, und die Maschine erreicht direkt nach dem Lesen des zweiten a den Endzustand. ∎

(4.24) Beispiel: Wir haben festgestellt, daß es für die Sprache

$$L = \{a^n b^n c^n \mid n \in \mathbb{N}\}$$

keinen Kellerautomaten KA gibt mit $L(KA) = L$ (s. Beispiel 2.73).

Wir sind aber jetzt in der Lage, eine Turing-Maschine anzugeben, die L akzeptiert. Die Grundidee ist folgende:

Zuerst sucht die Maschine das am weitesten links stehende a und markiert dieses, indem das a durch eine 0 ersetzt wird.

Anschließend wird das erste b gesucht und durch eine 1 ersetzt.

Ist das erfolgreich verlaufen, kann das erste c gesucht und durch eine 2 ersetzt werden.

Danach läuft der SL-Kopf zurück, und der Vorgang beginnt von neuem. Wird kein a mehr gefunden, so darf auch kein b und kein c mehr auf dem Band stehen, und die Maschine geht in einen Endzustand über. Ist dagegen noch ein a vorhanden, so muß anschließend auch noch jeweils ein b und ein c gefunden werden.

Für die Turing-Maschine benötigen wir sieben Zustände $s_0, s_1, \ldots, s_6$.

Der Zustand s_0 ist der Anfangszustand – er positioniert den SL-Kopf auf den Anfang des Wortes. Der Zustand s_6 ist der einzige Endzustand; er bringt den SL-Kopf zum Schluß zurück auf die Ausgangsposition.

Die eigentliche Arbeit wird in $s_1, \ldots, s_5$ geleistet:

— Im Zustand s_1 erwartet der SL-Kopf entweder ein a, dann wird dieses durch 0 ersetzt, oder er liest eine 1, dann ist kein a mehr vorhanden.

— Im Zustand s_2 geht der SL-Kopf nach rechts, um das erste b zu finden und dieses durch eine 1 zu ersetzen.

— Analog geht er im Zustand s_3 zum ersten c, um dieses durch eine 2 zu ersetzen.

— Der Zustand s_4 veranlaßt den SL-Kopf, nach links laufend die erste 0 (von rechts) zu suchen; der SL-Kopf wird dann auf dem nächsten rechten Feld positioniert.

— Der Zustand s_5 prüft abschließend, ob kein b und kein c mehr auf dem Band vorhanden sind.

Insgesamt erhalten wir eine Turing-Maschine $T = (E, B, S, \delta, s_0, F)$ mit $E = \{a, b, c\}$, $B = \{a, b, c, 0, 1, 2, *\}$, $S = \{s_0, \ldots, s_6\}$, $F = \{s_6\}$ und der folgenden Überführungsfunktion δ (s. Bild 4.9):

	a	b	c	0	1	2	*
s_0	-	-	-	-	-	-	$(s_1, *, R)$
s_1	$(s_2, 0, R)$	-	-	-	$(s_5, 1, R)$	-	-
s_2	(s_2, a, R)	$(s_3, 1, R)$	-	-	$(s_2, 1, R)$	-	-
s_3	-	(s_3, b, R)	$(s_4, 2, L)$	-	-	$(s_3, 2, R)$	-
s_4	(s_4, a, L)	(s_4, b, L)	-	$(s_1, 0, R)$	$(s_4, 1, L)$	$(s_4, 2, L)$	-
s_5	-	-	-	-	$(s_5, 1, R)$	$(s_5, 2, R)$	$(s_6, *, L)$
s_6	-	-	-	$(s_6, 0, L)$	$(s_6, 1, L)$	$(s_6, 2, L)$	-

Bild 4.9: Zustandstafel zu Beispiel 4.24

Betrachten wir beispielsweise die Konfigurationsfolge, die T beim Akzeptieren des Wortes $a\,bc$ durchläuft:

$$(\lambda, *, a\,bc, s_0) \vdash_T (*, a, b\,c, s_1) \vdash_T (*\,0, b, c, s_2)$$
$$\vdash_T (*\,0\,1, c, \lambda, s_3) \vdash_T (*\,0, 1, 2, s_4)$$
$$\vdash_T (*, 0, 1\,2, s_4) \vdash_T (*\,0, 1, 2, s_1)$$
$$\vdash_T (*\,0\,1, 2, \lambda, s_5) \vdash_T (*\,0\,1\,2, *, \lambda, s_5)$$
$$\vdash_T (*\,0\,1, 2, \lambda, s_6) \vdash_T (*\,0, 1, 2, s_6)$$
$$\vdash_T (*, 0, 1\,2, s_6) \vdash_T (\lambda, *, 0\,1\,2, s_6).$$

Der Leser möge andere Wörter testen, insbesondere auch Wörter $w \notin L$. ∎

Mit diesem Beispiel können wir jetzt die Beziehung zwischen Kellerautomaten und Turing-Maschinen klären:

(4.25) Satz: Es bezeichne $\mathcal{L}_{TM}$ die Menge aller Sprachen, die durch Turing-Maschinen erkannt werden können, d. h.

$$\mathcal{L}_{TM} ::= \{L(T) \mid T \text{ Turing-Maschine}\},$$

und $\mathcal{L}_{ndet\text{-}KA}$ bezeichne die Menge aller Sprachen, die durch nichtdeterministische Kellerautomaten erkennbar sind. Dann gilt: $\mathcal{L}_{ndet\text{-}KA} \subset \mathcal{L}_{TM}.$

Beweisidee:

(1) $\mathcal{L}_{ndet\text{-}KA} \subseteq \mathcal{L}_{TM}$ gilt, weil jeder Kellerautomat durch eine Turing-Maschine

simuliert werden kann (siehe auch Aufgabe 2)[1].

(2) $\mathcal{L}_{\text{ndet-KA}} \neq \mathcal{L}_{\text{TM}}$ gilt aufgrund der Beispiele 2.73 und 4.24.   ∎

Wir können die Aussage über die Leistungsfähigkeit von Turing-Maschinen im Hinblick auf die Spracherkennung sogar noch erheblich präzisieren. Durch den letzten Satz wissen wir lediglich, daß wir mit diesem Maschinenmodell alle Typ-2-Sprachen und darüber hinaus noch weitere Sprachen erkennen können. Es gilt jetzt aber:

(4.26) Satz: Zu jeder Typ-0-Grammatik G gibt es eine Turing-Maschine T mit $L(T) = L(G)$ und umgekehrt. Das heißt, es gilt: $\mathcal{L}_0 = \mathcal{L}_{\text{TM}}$.   ∎

Damit haben wir eine exakte Charakterisierung der Sprachklasse $\mathcal{L}_0$ durch ein analysierendes formales System gefunden. Es erfordert erheblichen technischen Aufwand, diesen Satz zu beweisen, und wir verweisen den interessierten Leser auf die weiterführende Literatur (z. B. [HoU79]).

Wir wollen an dieser Stelle darauf hinweisen, daß es in der Literatur verschiedene Varianten von Turing-Maschnen gibt, so daß es auch hier für den Leser nicht leicht ist, den Überblick zu behalten. Oft bestehen diese Unterschiede nur aus technischen Details, etwa daß auf Endzustände verzichtet wird und ein Wort schon akzeptiert wird, wenn die Maschine anhält, oder daß es im Bandalphabet kein Leerzeichen * gibt, sondern statt dessen Begrenzungszeichen für die aktuelle Bandinschrift. Auch die Beschreibung von Konfigurationen einer Turing-Maschine ist sehr uneinheitlich.

Bei den Modellen gibt es aber auch Unterschiede, die zunächst prägnanter erscheinen. Sie werden sich aber schließlich als exakt genauso leistungsfähig herausstellen wie das hier vorgestellte Modell. Die wichtigsten Varianten werden kurz beschrieben:

(1) *Nichtdeterministische Turing-Maschinen*: Die Überführungsfunktion δ ist hierbei eine totale Funktion $\delta : S \times B \to \wp(S \times B \times \{L, R, N\})$, d. h. jedem Paar $(s, b) \in S \times B$ wird eine *Menge* möglicher Übergänge zugeordnet. Die Menge kann leer sein, sie kann einelementig sein, und sie kann auch mehrere mögliche Übergänge enthalten.

Eine nichtdeterministische Turing-Maschine akzeptiert genau dann ein Wort,

---

1)   Für nichtdeterministische Kellerautomaten ist der Beweis leichter zu führen, wenn man nichtdeterministische Turing-Maschinen betrachtet (s. dazu auch Satz 4.27).

wenn es eine Konfigurationsfolge *gibt*, die in einen Endzustand führt.

(2) *Turing-Maschinen mit beidseitig unendlichem Band*: Bisher haben wir nur rechtsseitig unendliche Bänder betrachtet; bei einem beidseitig unendlichen Band kann der SL-Kopf auch beliebig weit nach links bewegt werden.

(3) *Mehrband-Turing-Maschinen*: Bei einer Maschine dieses Typs wird auf k Bändern ($k \geq 2$) gleichzeitig "gearbeitet". Sie verfügt dementsprechend über k SL-Köpfe, und bei jedem Schritt werden – abhängig vom aktuellen Zustand s und von den Bandzeichen unter den k SL-Köpfen – die Zeichen unter den SL-Köpfen ersetzt. Ferner wird der Zustand verändert, und die SL-Köpfe werden unabhängig voneinander neu positioniert.

Die Überführungsfunktion kann man also darstellen als

$$\delta : S \times B^k \to S \times B^k \times \{L, R, N\}^k.$$

Diese Varianten vergrößern die Fähigkeiten des in diesem Abschnitt vorgestellten Maschinenmodells nicht, d. h. jede dieser Erweiterungen kann durch eine deterministische Maschine mit *einem* einseitig unendlichen Band simuliert werden.

Trotzdem kann es für das praktische Rechnen und auch für einige technische Beweisführungen vorteilhaft sein, eine dieser Varianten oder auch Mischformen – etwa nichtdeterministische Mehrband-Turing-Maschinen – zu benutzen.

Wir fassen zusammen:

(4.27) Satz: Wird eine Sprache von einer nichtdeterministischen Turing-Maschine oder einer Mehrband-Turing-Maschine oder einer Turing-Maschine mit beidseitig unendlichem Band akzeptiert, so wird sie ebenfalls von einer Maschine im Sinne von Defintion 4.15 akzeptiert. ∎

Aufgaben zu 4.2.2:

1. Geben Sie zu der Turing-Maschine in Beispiel 4.24 jeweils die Konfigurationsübergänge beim Verarbeiten der Wörter $a^2b^2c^2$, abbc und abca an!

2. (a) Es sei $KA = (E, S, K, \delta, s_0, k_0, F)$ ein deterministischer Kellerautomat. Konstruieren Sie eine Turing-Maschine T mit $L(T) = L(KA)$!

   (b) Geben Sie dementsprechend für einen nichtdeterministischen Kellerautomaten eine nichtdeterministische Turing-Maschine an!

(Hinweis: Konstruieren Sie eine Zwei-Band-Turing-Maschine, bei der ein Band zur Simulation des Kellers dient.)

3. Geben Sie eine nichtdeterministische Turing-Maschine an, die die Sprache $L = \{ww \mid w \in \{a, b\}^*\}$ akzeptiert!

4. Entwerfen Sie jeweils eine Turing-Maschine für die folgenden Sprachen!

(a) $L = \{a^n b^n \mid n \in \mathbb{N}\}$

(b) $L = \{a^i b^j c^k \mid i = j + k\}$

4.2.3 Turing-Berechenbarkeit und -Entscheidbarkeit

Außer zur Bearbeitung von Sprachen eignet sich das Modell der Turing-Maschine auch zur Beschreibung von Funktionen, den sogenannten *Turing-berechenbaren Funktionen*.

In Kapitel 4.1 haben wir Funktionen der Form $f : M_1 \rightarrow M_2$ mit $M_1, M_2 \subseteq E^*$ berechenbar genannt, wenn es einen Algorithmus gibt, der f realisiert, d. h. der zu jedem Wert $w \in M_1$ nach endlich vielen Schritten den Funktionswert $f(w) \in M_2$ liefert.

Turing-Maschinen erlauben uns jetzt, die Berechnung von Funktionen präziser zu formulieren. Wir nehmen an, daß sich die Maschine zu Anfang in der Initialkonfiguration bzgl. w befindet. Falls die Maschine nach endlich vielen Schritten anhält, soll sie sich in einer Finalkonfiguration befinden, und es soll der Funktionswert f(w) rechts neben dem SL-Kopf stehen (s. Bild 4.10):

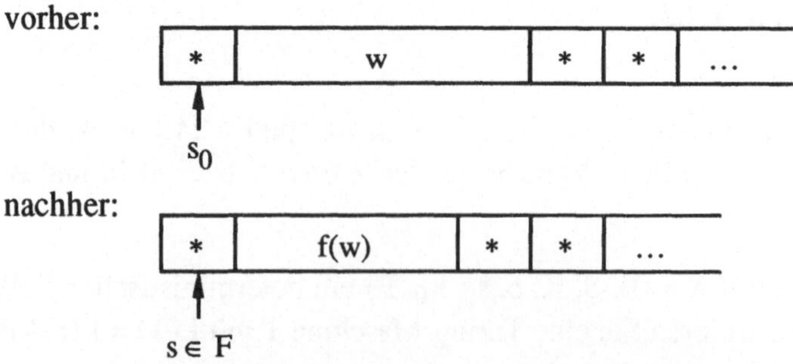

Bild 4.10: Berechnung eines Funktionswertes f(w)
durch eine Turing-Maschine

Wir formulieren diesen Sachverhalt genauer:

(4.28) Definition: (Turing-Berechenbarkeit)

Es sei $T = (E, B, S, \delta, s_0, F)$ eine Turing-Maschine und $M_1, M_2 \subseteq E^*$.

(a) Wir sagen: T *berechnet die Funktion* $f : M_1 \to M_2$, wenn folgendes gilt:

    (1) Für alle $w \in M_1$ gilt: $(\lambda, *, w, s_0) \underset{T}{\overset{*}{\vdash}} (\lambda, *, f(w), s)$,

        wobei $(\lambda, *, f(w), s)$ eine Finalkonfiguration ist (d. h. die Maschine hält an, und s ist ein Endzustand).

    (2) Andernfalls, d. h. für $w \notin M_1$, geht die Maschine nie in eine Final-konfiguration über, und das Verhalten der Maschine ist unbestimmt.

(b) Eine Funktion $f : M_1 \to M_2$ heißt *Turing-berechenbar*, wenn es eine Turing-Maschine gibt, die f berechnet. ∎

Nur für Wörter $w \in M_1$ ist das Verhalten der Maschine korrekt, im anderen Fall gibt es mehrere Möglichkeiten: Entweder die Maschine hält nie an, oder sie hält in keiner Finalkonfiguration an, beispielsweise falls der SL-Kopf nicht auf dem ersten Feld steht oder falls kein Endzustand erreicht ist.

(4.29) Beispiel: Es sei $E = \{0, 1\}$. Gesucht ist eine Turing-Maschine, die das 1-Komplement eines Binärwortes berechnet, d. h. intuitiv gesprochen, die jede 1 in eine 0 und jede 0 in eine 1 umwandelt. Anders ausgedrückt, es soll die Funktion $f : E^* \to E^*$ berechnet werden, die induktiv so definiert ist:

$$f(w) ::= \begin{cases} \lambda & \text{für } w = \lambda \\ 1\,f(w') & \text{für } w = 0\,w' \\ 0\,f(w') & \text{für } w = 1\,w' \end{cases}$$

Die folgende Maschine leistet das Gewünschte:

$T = (E, B, S, \delta, s_0, F)$ mit $E = \{0, 1\}$, $B = \{0, 1, *\}$, $S = \{s_0, s_1, s_2\}$, $F = \{s_2\}$ und δ gemäß der folgenden Zustandstafel (s. Bild 4.11):

	0	1	*
s_0	–	–	$(s_1, *, R)$
s_1	$(s_1, 1, R)$	$(s_1, 0, R)$	$(s_2, *, L)$
s_2	$(s_2, 0, L)$	$(s_2, 1, L)$	–

Bild 4.11: Zustandstafel zu Beispiel 4.29

Der Zustand s_0 dient nur dazu, den SL-Kopf über dem ersten Zeichen des Wortes w zu positionieren. Im Zustand s_1 wird nacheinander – von links nach rechts – jede 0 in eine 1 und jede 1 in eine 0 umgewandelt. Anschließend – im Endzustand s_2 – wird der SL-Kopf auf seine Ausgangsposition zurückgebracht. ∎

Wir können die Definition der Turing-berechenbaren Funktion leicht auf mehrstellige Funktionen $f : M_1 \times \ldots \times M_k \to M_{k+1}$ erweitern $(M_1, \ldots, M_{k+1} \subseteq E^*)$. Es muß dabei vereinbart werden, in welcher Form sich die Argumente $(w_1, \ldots, w_k) \in M_1 \times \ldots \times M_k$ zu Anfang auf dem Band befinden.
Wir legen hiermit fest, daß die Wörter $w_1, \ldots, w_k$ sequentiell hintereinander, jeweils durch ein Leerzeichen * getrennt, auf dem Band stehen (s. Bild 4.12) und daß sich die Maschine anfangs in der Initialkonfiguration

$$(\lambda, *, w_1 * w_2 * \ldots * w_k, s_0)$$

befindet.

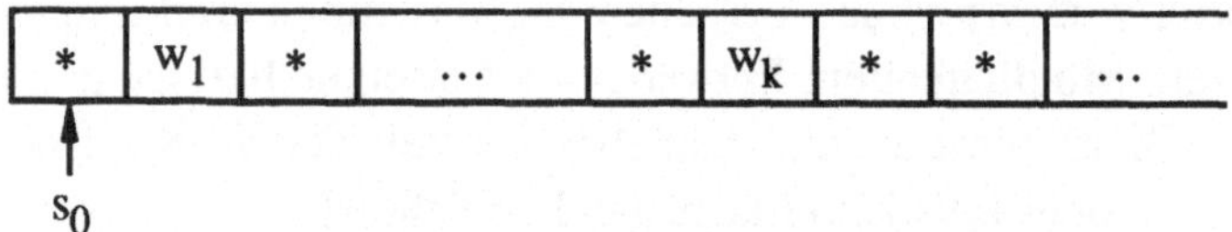

Bild 4.12: Situation vor der Berechnung eines
Funktionswertes $f(w_1, \ldots, w_k)$

Oft will man keine Funktionen zwischen Wortmengen, sondern Funktionen zwischen natürlichen Zahlen – $f : \mathbb{N} \to \mathbb{N}$ oder allgemeiner $f : \mathbb{N}^k \to \mathbb{N}$ – betrachten. Im folgenden werden diese als *zahlentheoretische Funktionen* bezeichnet. Funktionen dieser Art können als ein Spezialfall angesehen werden, da – wie schon in Kapitel 4.1 erwähnt – natürliche Zahlen als Wörter über einem Alphabet darstellbar sind.

Wir vereinbaren, daß wir eine Zahl $n \in \mathbb{N}_0$ durch das Wort 1^n (also n-mal die Eins), die sogenannte *Zählcodierung*, darstellen:

(4.30) Definition: (Zählcodierung, Turing-Berechenbarkeit zahlentheoretischer Funktionen)

Es sei $T = (E, B, S, \delta, s_0, F)$ eine Turing-Maschine, $M_1 \subseteq \mathbb{N}^k$ und $M_2 \subseteq \mathbb{N}$.
Ferner bezeichne $z : \mathbb{N}_0 \to \{1\}^*$ mit $z(n) ::= 1^n$ die *Zählcodierung* der natürlichen Zahlen.

(a) Wir sagen: T *berechnet die Funktion* $f : M_1 \to M_2$, wenn folgendes gilt:

   (1) Für alle $(n_1, \ldots, n_k) \in M_1$ gilt:

$$(\lambda, *, z(n_1) * \ldots * z(n_k), s_0) \;\vdash_T^*\; (\lambda, *, z(f(n_1, \ldots, n_k)), s),$$

     wobei $(\lambda, *, z(f(n_1, \ldots, n_k)), s)$ eine Finalkonfiguration ist.

   (2) Andernfalls, d. h. für $(n_1, \ldots, n_k) \notin M_1$, ist das Verhalten der Maschine unbestimmt.

(b) Eine Funktion $f : M_1 \to M_2$ heißt *Turing-berechenbar*, wenn es eine Turing-Maschine gibt, die f berechnet. ∎

Bild 4.13 veranschaulicht die Berechnung zahlentheoretischer Funktionen durch eine Turing-Maschine.

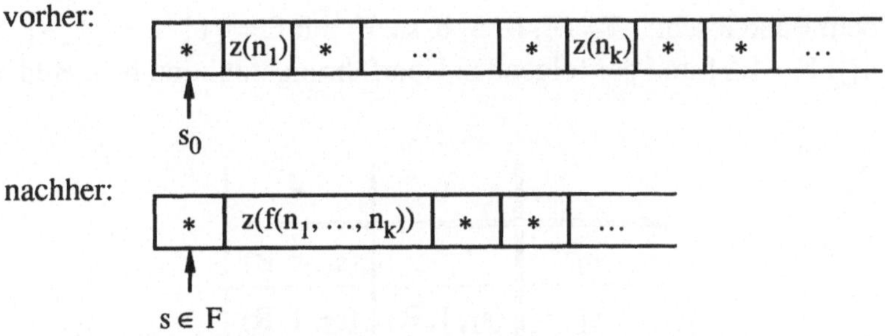

Bild 4.13: Berechnung eines Funktionswertes $f(n_1, \ldots, n_k)$
durch eine Turing-Maschine

Zu Beginn befinden sich also alle Argumente hintereinander in codierter Form auf dem Band. Dabei sind sie durch je ein Leerzeichen voneinander getrennt. Nach der Berechnung hält die Maschine in einer Finalkonfiguration, und das Ergebnis steht dann in codierter Form auf dem Band.

(4.31) Beispiel:

(a) Die Funktion $f : \mathbb{N}_0 \to \mathbb{N}$ mit $f(n) ::= n + 1$ ist Turing-berechenbar.

Die entsprechende Turing-Maschine muß nur an das Ende der codierten Zahl eine 1 anhängen. Dies leistet $T = (E, B, S, \delta, s_0, F)$ mit $E = \{1\}$, $B = \{1, *\}$, $S = \{s_0, s_1, s_2\}$, $F = \{s_2\}$ und δ wie in Bild 4.14:

	1	*
s_0	-	$(s_1, *, R)$
s_1	$(s_1, 1, R)$	$(s_2, 1, L)$
s_2	$(s_2, 1, L)$	-

Bild 4.14: Zustandstafel zu Beispiel 4.31 (a)

(b) Die Funktion $f : \mathbb{N}_0 \times \mathbb{N}_0 \to \mathbb{N}_0$ mit $f(n_1, n_2) ::= n_1 + n_2$ ist Turing-
berechenbar.

Wir geben eine Turing-Maschine an, die zuerst das Leerzeichen zwischen
den Zahlen n_1 und n_2 in eine 1 umwandelt und die anschließend die letzte 1
auf dem Band löscht: $T = (E, B, S, \delta, s_0, F)$ mit $E = \{1\}$, $B = \{1, *\}$, $S = \{s_0,$
..., $s_4\}$, $F = \{s_4\}$ und der folgenden Überführungsfunktion δ (s. Bild 4.15):

	1	*
s_0	-	$(s_1, *, R)$
s_1	$(s_1, 1, R)$	$(s_2, 1, R)$
s_2	$(s_2, 1, R)$	$(s_3, *, L)$
s_3	$(s_4, *, L)$	-
s_4	$(s_4, 1, L)$	-

Bild 4.15: Zustandstafel zu Beispiel 4.31 (b)

Hier ist s_0 wiederum der Anfangszustand. Im Zustand s_1 wird das erste
Leerzeichen gesucht und durch eine 1 ersetzt. Anschließend wird im Zustand
s_2 das Ende des Wortes gesucht und der SL-Kopf auf die letzte vorhandene 1
positioniert. Diese wird im Zustand s_3 durch ein Leerzeichen ersetzt, und
schließlich wird der SL-Kopf im Zustand s_4 auf seine Ausgangsposition
gebracht. ∎

Wir haben jetzt gesehen, wie sich Turing-Maschinen prinzipiell dazu eignen,
Funktionen zwischen Mengen von Wörtern bzw. zwischen natürlichen Zahlen zu
berechnen. Die betrachteten Beispiele sind alle sehr einfach gewesen, und es

würde uns vermutlich recht schwer fallen, für kompliziertere Funktionen (etwa für die Funktion $f(n_1, n_2) ::= n_1^{n_2}$) eine entsprechende Maschine direkt hinzuschreiben.

Aus diesem Grund hat man Techniken entwickelt, mit denen man aus einfachen Maschinen kompliziertere Maschinen zusammensetzen kann. Beispielsweise kann man sich leicht überlegen, wie man Turing-Maschinen "hintereinanderschalten" kann: Berechnet eine Maschine T_1 die Funktion f_1 und eine Maschine T_2 die Funktion f_2, so muß man lediglich vom Endzustand der Maschine T_1 einen Übergang in den Anfangszustand der Maschine T_2 ermöglichen, um eine Maschine $T_1 T_2$ zu erhalten, die die zusammengesetzte Funktion $f_2 \circ f_1$ berechnet.

Ebenso kann man neben dem "Hintereinanderschalten" von Maschinen auch andere Kontrollmechanismen realisieren, beispielsweise die "wiederholte Anwendung" ein und derselben Maschine bis zur Erfüllung eines Abbruchkriteriums oder auch eine "Verzweigung" zu einer Maschine T_1 oder einer Maschine T_2, je nachdem ob eine Bedingung erfüllt ist oder nicht.

Wir verzichten auf eine Darstellung dieser Techniken und verweisen den Leser auf die weiterführende Literatur (z. B. [Her71], [Sud88] und auch [Pau78]).

Diese prinzipiellen Möglichkeiten sollten den Leser aber an die Kontrollstrukturen höherer Programmiersprachen erinnern (z. B. PASCAL, MODULA-2). Auch dort findet man entsprechende Konstrukte:

"Hintereinanderausführung":	**BEGIN** *Anweisung₁;* … *Anweisungₙ* **END**;
"Wiederholung":	**REPEAT** *Anweisung* **UNTIL** *Bedingung erfüllt*;
"Verzweigung":	**IF** *Bedingung erfüllt* **THEN** *Anweisung₁* **ELSE** *Anweisung₂*;

Diese Analogie führt zu der Vermutung, daß man mit Turing-Maschinen dieselben Berechnungen durchführen kann wie mit einer höheren Programmiersprache, und in Kapitel 4.3 werden wir einem ähnlichen Zusammenhang bei der

Betrachtung μ-rekursiver Funktionen begegnen.

Bereits im Jahre 1936 hat A. Church die Vermutung geäußert, daß eine bestimmte Klasse von Funktionen – die Menge der *partiell rekursiven Funktionen* – mit der Klasse der (im Sinne von Kapitel 4.1) intuitiv berechenbaren Funktionen übereinstimmt. Kurz darauf, im Jahre 1937, konnte bewiesen werden, daß die Menge der Turing-berechenbaren Funktionen mit der Menge der partiell rekursiven Funktionen identisch ist. Auch andere Formalismen zur Präzisierung des Berechenbarkeitsbegriffs (vgl. auch Kapitel 4.3) stellten sich als genauso leistungsfähig heraus, so daß sich insgesamt die Vermutung erhärtete, den intuitiven Berechenbarkeitsbegriff mit diesen unterschiedlichen Formalismen exakt charakterisiert zu haben. Wir halten diese inzwischen allgemein anerkannte These in dem folgenden Satz fest:

(4.32) Satz: (Church-Turing´sche These)

Jede (im intuitiven Sinne) berechenbare Funktion ist auch Turing-berechenbar. ∎

Natürlich gilt auch die Umkehrung, da jede Turing-Maschine eine spezielle Realisierung eines Algorithmus verkörpert.

Zur Aussage von Satz 4.32 hat noch niemand ein Gegenbeispiel angeben können, also eine berechenbare Funktion, die nicht Turing-berechenbar ist. Deshalb ist man heute übereinstimmend der Meinung, daß die Church-Turing´sche These wahr ist. Auch wir gehen im folgenden von dieser Annahme aus. Auf der anderen Seite ist die These nicht beweisbar, da der intuitive Berechenbarkeitsbegriff nicht exakt, sondern wirklich nur "intuitiv" definiert wurde.

Wir erinnern noch einmal daran, daß wir Turing-Maschinen nicht zum "praktischen Rechnen" benutzen wollen. Wir haben hier nur ein Modell betrachtet, das sehr einfach ist und das prinzipiell genauso leistungsstark ist wie ein moderner Rechner. Außerdem haben wir im vorigen Abschnitt eine Charakterisierung von Typ-0-Sprachen durch dieses Modell erhalten.

Doch nun zurück zur Theorie: Auch die Begriffe "Aufzählbarkeit" und "Entscheidbarkeit", die eng mit dem Berechenbarkeitsbegriff verknüpft sind, lassen sich nun leicht exakter definieren:

(4.33) Definition: (Turing-Aufzählbarkeit, -Entscheidbarkeit)

Es sei E ein Alphabet und $M \subseteq E^*$.

(a) M heißt *Turing-aufzählbar*, falls es eine Funktion $f : \mathbb{N}_0 \to M$ gibt, die surjektiv und Turing-berechenbar ist.

(b) M heißt *Turing-entscheidbar*, falls die charakteristische Funktion von M
Turing-berechenbar ist.   ■

Aufgrund der entsprechenden Definitionen in Kapitel 4.1 und der Church-
Turing´schen These gilt nun:

(4.34) Folgerung: Jede aufzählbare bzw. entscheidbare Menge ist auch
Turing-aufzählbar bzw. Turing-entscheidbar (und umgekehrt).   ■

Wir können also weiterhin von "Aufzählbarkeit" bzw. "Entscheidbarkeit"
sprechen, wenn wir "Turing-Aufzählbarkeit" bzw. "Turing-Entscheidbarkeit"
meinen, ohne daß dadurch eine Mehrdeutigkeit entsteht.

Aufgaben zu 4.2.3:

1. Geben Sie eine Turing-Maschine an, die die Konkatenation zweier Wörter
    über $E = \{a, b\}$ bildet, d. h. die die Funktion $f : E^* \times E^* \to E^*$ mit $f(w_1, w_2)$
    $::= w_1 w_2$ berechnet!

2. Weisen Sie – durch Angabe einer geeigneten Turing-Maschine – nach, daß
    die Funktion $f : \mathbb{N}_0 \to \mathbb{N}_0$ mit

$$f(n) ::= \begin{cases} n - 1 & \text{für } n \geq 1 \\ 0 & \text{für } n = 0 \end{cases}$$

    Turing-berechenbar ist!

3. Geben Sie eine Turing-Maschine an, die die Funktion

    (a) $f(n) ::= 2n$

    (b) $g(n_1, n_2, n_3) ::= n_1 + n_2 + n_3$

    berechnet!

    (c) Geben Sie außerdem eine Maschine an, die – unter Benutzung von (a)
         und (b) – die Funktion $h(n_1, n_2, n_3) ::= 2(n_1 + n_2 + n_3)$ berechnet!

4.2.4 Die Simulation von Turing-Maschinen und das Halteproblem

Wir kommen jetzt zu einem theoretisch wichtigen Problem der Automaten und formalen Sprachen, das auf der Idee der gegenseitigen *Simulation* von Computern, bzw. hier spezieller von Turing-Maschinen, beruht.

Das nachfolgende Gedankenexperiment erscheint vielleicht etwas zu theoretisch, aber es verschafft uns einen tiefen Einblick in die Grenzen der Leistungsfähigkeit von Computern bzw. von Turing-Maschinen.

Bisher haben wir in der Theorie der Automaten unterschiedliche Automatentypen kennengelernt, und immer sind wir auf Probleme (bzw. Sprachen) gestoßen, die mit dem jeweiligen Automatentyp nicht gelöst (bzw. erkannt) werden konnten. Mit der Turing-Maschine sind wir an der Spitze dieser Automaten-Hierarchie angekommen. Wir wissen, daß wir keinen noch leistungsfähigeren Automatentyp angeben können, da alle denkbaren Algorithmen durch Turing-Maschinen realisierbar sind. Ferner ist uns aus Kapitel 4.1 bekannt, daß es *nicht berechenbare Funktionen* gibt (sogar sehr viele). Diese sind durch keinen Algorithmus und somit auch durch keine Turing-Maschine realisierbar. Dementsprechend gibt es auch *Sprachen*, die nicht in der Menge $\mathcal{L}_{TM}$ liegen, die also von *keiner* Turing-Maschine akzeptiert werden. (Man überlege sich: Die Menge aller Sprachen über einem Alphabet ist überabzählbar, die Menge der Turing-Maschinen dagegen abzählbar.)

Wir werden in diesem Abschnitt sowohl eine nicht berechenbare Funktion als auch eine konkrete Sprache $L \notin \mathcal{L}_{TM}$ kennenlernen.

Zunächst legen wir uns das methodische Rüstzeug zurecht.

Bei Computern ist bekannt, wie man auf einem vorhandenen Computer einen anderen simulieren kann. In diesem Sinne wollen wir eine Turing-Maschine U skizzieren, die die Arbeitsweise anderer Turing-Maschinen T simulieren kann.

Die Bandbeschriftung von U muß sowohl die genaue Arbeitsweise von T (d. h. die Überführungsfunktion) als auch die Initialkonfiguration von T enthalten (s. Bild 4.16).

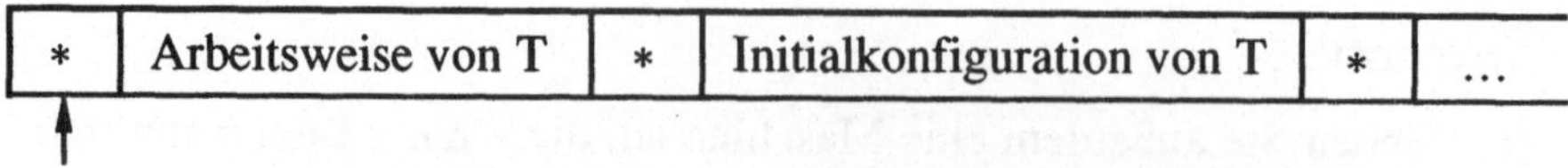

Bild 4.16: Grobskizze der Bandbeschriftung von U

Selbstverständlich müssen beide Parameter in geeigneter Weise codiert werden. Wir wollen hier nicht in Details versinken und deuten die Eigenschaften einer solchen Codierung nur oberflächlich an.

Wir gehen davon aus, daß alle möglichen Maschinen T in folgender Hinsicht normiert sind: Es wird nur ein festes Bandalphabet B betrachtet sowie eine feste potentielle Zustandsmenge S. S muß abzählbar unendlich sein, da die Anzahl der Zustände einer konkreten Maschine T zwar endlich, aber nicht beschränkt sein soll. T hat also eine endliche Menge $S_T \subseteq S$ als Zustandsmenge. Ferner sei $s_0 \in S$ einheitlich für alle Turing-Maschinen als Anfangszustand gewählt, und $F \subseteq S$ sei eine (ebenfalls abzählbar unendliche) Menge potentieller Endzustände.

Man kann sich leicht überlegen, daß diese Normierungen keine Einschränkung der "Leistungsfähigkeit" von Turing-Maschinen bedeuten.

Die universelle Turing-Maschine U arbeitet nur mit dem Bandalphabet $\{0, 1, *\}$. Die Codierung der Überführungsfunktion von T auf dem Band von U wird folgendermaßen realisiert:

Für jeden Übergang $(s_j, b_i) \mapsto (s_k, b_r, x_m)$ mit $x_m = L, R, N$ für $m = 1, 2, 3$ wird ein Wort

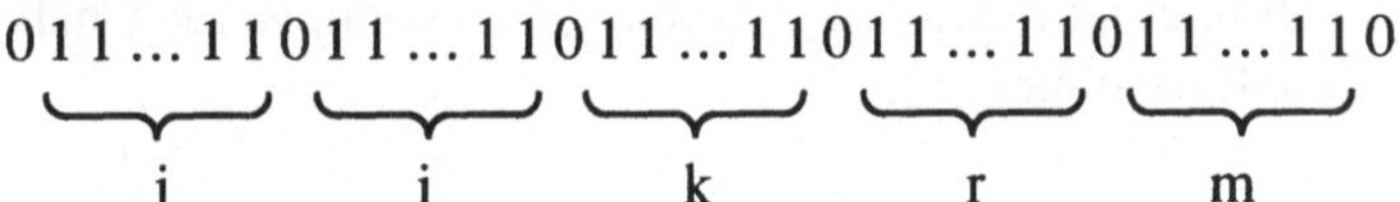

$$0\,1\,1\ldots1\,1\,0\,1\,1\ldots1\,1\,0\,1\,1\ldots1\,1\,0\,1\,1\ldots1\,1\,0\,1\,1\ldots1\,1\,0$$

$$j \qquad\qquad i \qquad\qquad k \qquad\qquad r \qquad\qquad m$$

auf das Band geschrieben. Die Codierungen aller möglichen Übergänge stehen hintereinander auf dem Band.

In ähnlicher Weise wird die jeweils aktuelle Konfiguration von T codiert, indem die aktuelle Bandinschrift und der aktuelle Zustand ebenso – d. h. getrennt durch Nullen – dargestellt werden. Außerdem wird die Position des SL-Kopfes (auf dem Band von T) durch drei aufeinanderfolgende Nullen vor dem zu lesenden Zeichen auf dem Band von U angegeben.

Die Arbeitsweise von U kann man sich so vorstellen, daß T schrittweise simuliert wird, d. h. aus der Konfiguration von T wird der aktuelle Zustand s_j und das aktuelle Bandzeichen b_i "gelesen". Anschließend wird auf dem Band von U eine anwendbare Überführung $(s_j, b_i) \mapsto (s_k, b_r, x_m)$ gesucht und deren Ausführung ebenfalls auf dem Band von U simuliert. Danach kehrt der SL-Kopf von U auf seine Ausgangsposition zurück und ist bereit für den nächsten Arbeitsschritt.

U hält an, wenn T anhält, und U erreicht einen Endzustand, wenn dies ebenfalls bei T eintritt.

(4.35) Definition: (Simulation einer Turing-Maschine)

Es bezeichne c_{TM} bzw. c_{Kon} die oben beschriebene Codierung der Überführungsfunktion bzw. der Konfiguration von Turing-Maschinen.

Wir sagen: Eine universelle Turing-Maschine U *simuliert* eine Turing-Maschine T, wenn gilt:

- U befindet sich zu Anfang in der Initialkonfiguration

$$(\lambda, *, c_{TM}(T)\, c_{Kon}(k_0), s_0) \qquad (k_0\text{: Anfangskonfiguration von T});$$

- falls T die Konfigurationen

$$k_0 \mathbin{\underset{T}{\vdash}} k_1 \mathbin{\underset{T}{\vdash}} \ldots \mathbin{\underset{T}{\vdash}} k_n \mathbin{\underset{T}{\vdash}} \ldots \text{ durchläuft,}$$

durchläuft U die Konfigurationen

$$(\lambda, *, c_{TM}(T)\, c_{Kon}(k_0), s_0) \quad \underset{U}{\overset{*}{\vdash}} \quad (\lambda, *, c_{TM}(T)\, c_{Kon}(k_1), s_1')$$
$$\underset{U}{\overset{*}{\vdash}} \quad \ldots$$
$$\underset{U}{\overset{*}{\vdash}} \quad (\lambda, *, c_{TM}(T)\, c_{Kon}(k_n), s_n')$$
$$\underset{U}{\overset{*}{\vdash}} \quad \ldots \qquad\qquad ;$$

- U hält (bzw. hält in einer Finalkonfiguration) genau dann, wenn T hält (bzw. in einer Finalkonfiguration hält). ∎

Eine genauere Spezifikation der Funktionsweise einer universellen Turing-Maschine würde den Rahmen dieses Buches sprengen, daher verweisen wir den Leser auf [Her71].

Die in Definition 4.35 angegebene Maschine U hat also dasselbe "Verhalten" wie jede Maschine T, die sie simulieren soll und die auf dem Band von U codiert ist. Der Unterschied zwischen T und U besteht darin, daß die Bandinschrift von U geeignet zu interpretieren ist und daß U mehrere Schritte zur Simulation eines einzelnen Schrittes von T benötigt. Natürlich kann U auch "sich selbst" simulieren.

Außerdem können wir feststellen, daß jede Turing-Maschine aufgrund der angegebenen Codierung c_{TM} durch eine Zeichenkette über dem Alphabet {0, 1, *} spezifiziert werden kann. Diese Codierung ist injektiv, d. h. verschiedene Maschinen werden durch verschiedene Zeichenketten repräsentiert. Da man diese Zeichenketten ordnen kann, indem man beispielsweise die lexikographische Ordnung wählt, kann man alle möglichen Turing-Maschinen in eine feste Reihenfolge bringen[1]: $T_1, T_2, T_3, \ldots,$

---

1) Zum Beispiel: 0, 1, *, 00, 01, 0*, 10, 11, 1*, *0, *1, **, 000, ...

und es hat Sinn, von der j-ten Turing-Maschine T_j zu sprechen. Dabei sollen uns sinnlose Zeichenketten (die keine Turing-Maschine repräsentieren) und verschiedene Codierungen für dieselbe Maschine nicht stören; sie können "überlesen" werden.

Ebenso kann man die möglichen Eingabewörter $w \in E^*$ dieser Maschinen anordnen:

$$w_1, w_2, w_3, \ldots$$

Wir haben angedeutet, daß es eine universelle Maschine gibt, die das "Akzeptanzverhalten" jeder anderen Maschine simulieren kann, doch nun wollen wir mit einem einfachen Diagonalschluß zeigen, daß es keine Maschine geben kann, die dasselbe für das "Ablehnungsverhalten" von Maschinen tun kann:

(4.36) Satz: Es gibt keine Turing-Maschine, die die Sprache

$$L_{NA} ::= \{w_i \mid w_i \notin L(T_i)\}$$

akzeptieren kann.

Beweis: Wir nehmen an, es gäbe eine solche Maschine, etwa die Maschine T_j, d. h. $L_{NA} = L(T_j)$. Dann gilt für das spezielle Wort w_j:

$$w_j \in L_{NA} \quad \Leftrightarrow \quad w_j \in L(T_j) \qquad (\text{da } L_{NA} = L(T_j))$$

$$\Leftrightarrow \quad w_j \notin L_{NA} \qquad (\text{aufgrund der Definition von } L_{NA}),$$

was einen offensichtlichen Widerspruch darstellt. ∎

Damit haben wir (sozusagen als Seiteneffekt) eine Sprache gefunden, die nicht in der Sprachklasse $\mathcal{L}_0$ liegt (wegen $\mathcal{L}_0 = \mathcal{L}_{TM}$) und die durch keine Grammatik erzeugt werden kann. Leider ist das Beweisverfahren zu Satz 4.36 nicht konstruktiv, so daß uns nur die Existenz der Sprache, nicht aber ihre einzelnen Wörter bekannt sind.

In den vorigen Abschnitten dieses Kapitels ist noch unklar geblieben, welche Position aufzählbare bzw. (gleichwertig) Turing-aufzählbare Wortmengen in der Hierarchie der Sprachen einnehmen (s. Definitionen 4.13 und 4.33). Wir wissen nur, daß eine aufzählbare Menge das Bild einer surjektiven, berechenbaren Funktion ist und daß jede entscheidbare Menge aufzählbar ist.

Der nächste Satz besagt nun, daß die (Turing-)aufzählbaren Sprachen genau diejenigen sind, die auch durch Turing-Maschinen *akzeptiert* werden können. Damit haben wir eine weitere Charakterisierung der Sprachklasse $\mathcal{L}_{TM}$ von Turing-Maschinen gefunden.

(4.37) Satz: Es sei E ein Alphabet und $M \subseteq E^*$. Dann gilt:

M ist Turing-aufzählbar $\Leftrightarrow$ $M \in \mathcal{L}_{TM}$.

Beweis: Wir demonstrieren nur die wesentlichen Ideen des Beweises:

"$\Rightarrow$":   Es sei M Turing-aufzählbar, d. h. es gebe eine surjektive Funktion $f : \mathbb{N}_0 \to M$, die Turing-berechenbar ist. T_f sei die Turing-Maschine, die f berechnet. Da es eine universelle Turing-Maschine U gibt, die jede andere Maschine simulieren kann, kann insbesondere auch T_f zusammen mit jeder möglichen Eingabe 0, 1, 2, ... simuliert werden. Wir denken uns nun eine Turing-Maschine T, die zählen und zusätzlich T_f simulieren kann.

Für ein vorgegebenes Wort $w \in E^*$ realisiert diese modifizierte Simulationsmaschine T die folgende Prozedur:

INPUT: $w \in E^*$;

OUTPUT: Stop in Finalkonfiguration, falls $w \in M$;
               andernfalls hält T nicht;

BEGIN
     i := 0;
     REPEAT
          f(i) := *Ergebnis der Simulation von* T_f *angesetzt auf* i;
          i := i + 1
     UNTIL f(i) = w;
END.

Da die Simulation für jedes i irgendwann abbricht, muß T auch für $w \in M$ anhalten. Damit akzeptiert T genau alle Wörter der Menge M; für alle anderen Wörter hält T nie an, d. h. L(T) = M.

"$\Leftarrow$":   Es sei $M \in \mathcal{L}_{TM}$, d. h. M wird durch eine Turing-Maschine T_M akzeptiert. Gesucht ist eine Turing-Maschine T, die M aufzählt, d. h. die eine berechenbare Funktion f realisiert mit $M = \{f(0), f(1), f(2), ...\}$. Ohne auf nähere Einzelheiten einzugehen, nehmen wir an, daß T Zahlenpaare (i, j) aufzählen kann; die Reihenfolge der Aufzählung soll dem folgenden Diagonalschema entsprechen:

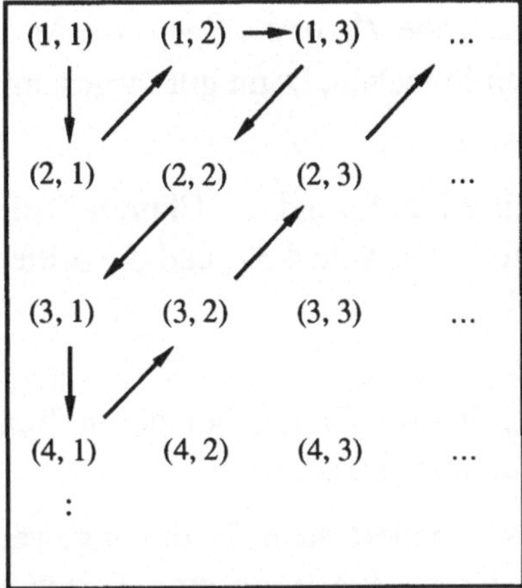

Durch dieses Diagonalverfahren[1] wird sichergestellt, daß jedes Zahlenpaar genau einmal vorkommt. Weiterhin nehmen wir an, daß T die Menge E* aufzählen kann: w_1, w_2, w_3, w_4, ...

Nun sei k $\in$ IN_0 vorgegeben, und es soll eine Ausgabe erfolgen, die wir als Funktionswert f(k) interpretieren.

Zunächst generiert T nun nacheinander alle möglichen Zahlenpaare (i, j). Zu jedem generierten Zahlenpaar (i, j) wird veranlaßt, daß jeweils i Schritte lang die Anwendung von T_M auf das Wort w_j simuliert wird. Falls T_M innerhalb der i Schritte w_j akzeptiert, gehört w_j sicherlich zur Menge M, andernfalls wird dies möglicherweise erst bei einem "späteren" Zahlenpaar oder auch nie festgestellt. Jedenfalls wird jedes Wort w $\in$ M irgendwann durch T "entdeckt". Zu vorgegebenem k $\in$ IN_0 soll T das (k+1)-te Wort, das entdeckt wird, auf das Band schreiben. Damit hat T f(k) berechnet.

Nun kann man sich leicht überlegen, daß die so realisierte Funktion f surjektiv (da jedes Wort w $\in$ M entdeckt wird) und Turing-berechenbar ist (durch die Maschine T). Damit ist alles gezeigt. ∎

Die Beweisidee dieses Satzes sollte sich der Leser genauer ansehen. Hier wird die Simulation von Turing-Maschinen mit einem besonders lehrreichen Diagonalverfahren kombiniert.

Wir können nun folgern:

---

1) Dasselbe Diagonalverfahren kann man verwenden, um die Menge der positiven rationalen Zahlen (Brüche) aufzuzählen.

(4.38) Folgerung: Es bezeichne $\mathcal{L}_A$ bzw. $\mathcal{L}_{TM-A}$ die Menge der aufzählbaren bzw. der Turing-aufzählbaren Sprachen. Dann gilt insgesamt:

$$\mathcal{L}_A = \mathcal{L}_{TM-A} = \mathcal{L}_{TM} = \mathcal{L}_0.$$

Beweis: Die erste Gleichheit gilt aufgrund der Church-Turing´schen These und Folgerung 4.34, die zweite folgt aus Satz 4.37, und die dritte haben wir bereits in Satz 4.26 festgehalten. ∎

Wir kommen nun zu einer letzten Frage, bei deren Beantwortung uns die Simulation von Turing-Maschinen nützt.

Ein wichtiges Problem – insbesondere auch für die angewandte Informatik und für jeden Programmierer – ist die Frage, ob eine Turing-Maschine (bzw. ein Algorithmus) angesetzt auf eine beliebige Eingabe nach endlich vielen Schritten anhält, also *terminiert*. Genauer formuliert: Gibt es ein Entscheidungsverfahren, das für jeden Algorithmus (d. h. auch für jedes Programm) und für jede mögliche Eingabe entscheidet, ob der Algorithmus angesetzt auf die Eingabe irgendwann anhält? Dieses berühmte *Halteproblem* ist ebenfalls erst in der ersten Hälfte dieses Jahrhunderts gelöst worden. Leider ist das Resultat negativ:

(4.39) Satz: Das Halteproblem für Turing-Maschinen ist unentscheidbar, d. h. es gibt keine Turing-Maschine (und damit keinen Algorithmus), die jede beliebige Turing-Maschine T und jedes beliebige Eingabewort w als Eingabe erhalten kann und die entscheidet, ob T angesetzt auf w anhält oder nicht.[1]

Beweis: Es wird erneut ein Widerspruchsbeweis geführt.

Nehmen wir an, es gäbe eine Turing-Maschine T_e, die entscheidet, ob eine beliebige Turing-Maschine T angesetzt auf eine Eingabe w hält.

Wir zeigen, daß es dann auch eine Maschine T_{NA} gibt, die die Menge L_{NA} (s. Satz 4.36) akzeptiert. Wir erinnern uns daran, daß $L_{NA} ::= \{w_i \mid w_i \notin L(T_i)\}$ festgelegt wurde und daß es keine Maschine geben kann, die L_{NA} akzeptiert. Dieser Widerspruch ist dann nur dadurch aufzulösen, daß wir die Annahme verwerfen.

T_{NA} soll gemäß der folgenden Prozedur arbeiten:

---

1) Genauer gesagt muß die Maschine die "Codewörter" $c_{TM}(T)$ und $c_{Kon}(k_0)$, wobei k_0 eine Initialkonfiguration von T ist, als Eingabe erhalten.

INPUT: $w \in E^*$;
OUTPUT: True, falls $w \in L_{NA}$; False, falls $w \notin L_{NA}$;

BEGIN

    Bestimme $i \in$ IN *mit* $w_i = w$;

    Bestimme T_i (* bzw. die Codierung von T_i *);

    (* simuliere T_e mit der Eingabe T_i und i: *)

    IF T_i *hält angesetzt auf* w_i (*)

    THEN (* simuliere U mit der Eingabe T_i und i: *)

        IF $w_i \in L(T_i)$

        THEN *Ausgabe:* False

        ELSE *Ausgabe:* True

        END (* IF *)

    ELSE *Ausgabe:* True

    END (* IF *)

END.

T_{NA} gibt also zu jedem Wort $w \in E^*$ an, ob es zu L_{NA} gehört oder nicht. Damit wäre die Menge L_{NA} sogar entscheidbar, was eine wesentlich schärfere Aussage ist, als daß L_{NA} durch eine Turing-Maschine akzeptiert werden kann. Man kann sich überlegen, daß alle Operationen dieser Prozedur algorithmisch realisierbar sind und damit durch die Turing-Maschine T_{NA} ausgeführt werden können. Lediglich die IF-Bedingung (*) war als entscheidbar vorausgesetzt worden.

Somit löst sich der Widerspruch nur auf, wenn die Entscheidbarkeit von (*) verworfen wird.   ■

Dieser Satz ist von großer Bedeutung. Wir haben als grundlegendes Ergebnis erhalten, daß es kein allgemeines Verfahren geben kann, das feststellt, ob ein beliebiger Algorithmus bei der Berechnung einer beliebigen Eingabe terminiert oder nicht. Insbesondere kann man dies auch nicht für beliebige PASCAL- oder MODULA-2-Programme feststellen.

Ein noch schwierigeres Problem ist die Frage, ob zwei beliebige Algorithmen (bzw. Turing-Maschinen) äquivalent sind, d. h. ob sie auf dieselbe Eingabe jeweils dieselbe Ausgabe liefern. Auch hierfür kann man sich überlegen, daß keine algorithmische Lösung existiert. Es gibt noch eine ganze Reihe weiterer Eigenschaften von Algorithmen, die sich als nicht entscheidbar herausstellen, die wir aber nicht weiter erörtern wollen.

Aus dem Halteproblem folgt:

(4.40) Folgerung: Es bezeichne $\mathcal{TM}$ die Menge aller Turing-Maschinen (bzw. deren Codierungen).

(a) Dann ist die charakteristische Funktion

$$\chi_{HP} : \mathcal{TM} \times E^* \to \{\text{True, False}\}$$

mit

$$\chi_{HP}(T, w) ::= \begin{cases} \text{True} & \text{, falls T angesetzt auf w hält} \\ \text{False} & \text{, sonst} \end{cases}$$

nicht berechenbar.

Anders ausgedrückt:

Die Menge

$$L_H ::= \{ (T, w) \in \mathcal{TM} \times E^* \mid T \text{ angesetzt auf w hält} \}$$

ist nicht entscheidbar.

(b) Es gilt aber: $L_H \in \mathcal{L}_{TM}$, oder gleichwertig: L_H ist aufzählbar.

Beweis:

(a) gilt aufgrund von Satz 4.39, Definition 4.10 und Folgerung 4.11.

(b) ist richtig, weil die universelle Turing-Maschine U für ein Paar (T, w) die Verarbeitung von w durch die Maschine T simulieren kann. U akzeptiert das Paar, falls die Verarbeitung anhält. Wegen Satz 4.37 ist L_H dann auch aufzählbar.   ∎

Nachdem wir in Satz 4.36 eine nicht aufzählbare Sprache kennengelernt haben, ist uns jetzt eine aufzählbare, aber nicht entscheidbare Sprache, sowie eine nicht berechenbare Funktion bekannt.

Allerdings waren alle Methoden dieses Abschnittes nicht konstruktiv, sondern sie basieren auf Gedankenexperimenten wie Diagonalverfahren und Widerspruchsbeweisen, so daß wir über das explizite Aussehen dieser Sprachen nichts wissen.

4.2.5 Turing-Maschinen mit linearer Bandbeschränkung

Unter einer Turing-Maschine mit linearer Bandbeschränkung verstehen wir eine akzeptierende Turing-Maschine im Sinne von Abschnitt 4.2.2, bei der nur ein beschränkter Teil des Bandes benutzt werden darf. Dazu führen wir ein Begrenzungssymbol "$" ein, das vom SL-Kopf nicht "überschritten" werden darf, d. h. der SL-Kopf darf sich nur zwischen dem linken Bandende und dem Begrenzungssymbol bewegen (s. Bild 4.17):

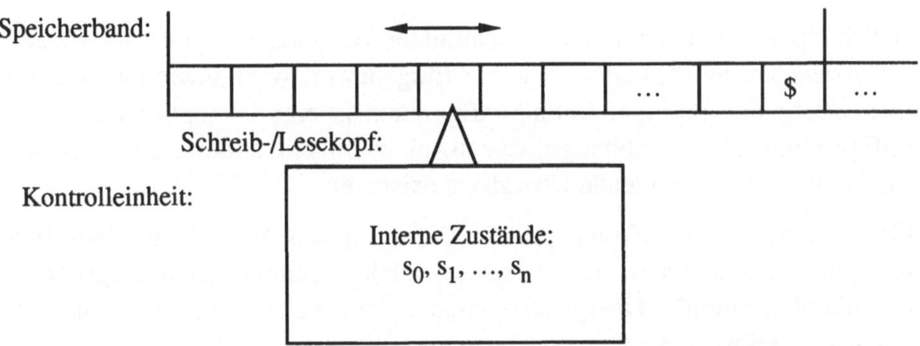

Bild 4.17: Bandbeschränkung einer Turing-Maschine

Es wird *nicht* gefordert, daß die Bandbeschränkung für jede Berechnung gleich groß ist (d. h. daß das "$"-Symbol immer an derselben Position steht), sondern die Länge des verfügbaren Bandabschnitts soll linear von der Länge des jeweiligen Eingabewortes abhängen. Deshalb werden Turing-Maschinen dieser Art auch als *linear beschränkte Automaten* bezeichnet.

Die Fähigkeiten eines linear beschränkten Automaten liegen zwischen denen der Turing-Maschinen und denen der Kellerautomaten. Die Einschränkung gegenüber den Turing-Maschinen ist offensichtlich.

Kellerautomaten werden dadurch verallgemeinert, daß nun der Zugriff auf das Speicherband vielfältiger sein darf.

Wir betrachten zunächst die nichtdeterministische Version linear beschränkter Automaten:

(4.41) Definition: (linear beschränkter Automat)

Ein *linear beschränkter Automat* LBA ist eine nichtdeterministische Turing-Maschine LBA = (E, B, S, δ, s_0, F) mit E, B, S, s_0 und F wie in Definition 4.15.

Zusätzlich gilt \$ $\in$ B, und δ ist eine totale Funktion

$$\delta : S \times B \to \wp(S \times B \times \{L, R, N\}).$$

Es wird gefordert, daß auf dem Band ein Begrenzungszeichen \$ steht und daß sich der SL-Kopf nur zwischen dem linken Bandende und dem \$-Symbol hin- und herbewegen kann.

Abhängig vom jeweiligen Eingabewort w $\in$ E* soll die verfügbare Bandlänge durch eine Funktion $l_B : E^* \to IN$, mit $l_B(w) ::= k \cdot |w| + c$ (mit k, c $\in IN_0$) beschränkt sein.   ∎

Im Prinzip arbeitet ein linear beschränkter Automat wie eine *nichtdeterministische* Turing-Maschine, d. h. ein Eingabewort wird akzeptiert, wenn es einen Übergang von einer Initialkonfiguration in eine (akzeptierende) Finalkonfiguration *gibt*, unabhängig davon, ob vielleicht andere, nicht in eine Finalkonfiguration mündende Übergänge existieren.

Wir verzichten hier auf eine präzise Definition des Verhaltens eines linear beschränkten Automaten. Der Leser sei dazu ermuntert, sich Begriffe wie "Initialkonfiguration", "Übergangsrelation", "Sprache eines linear beschränkten Automaten" selbst zu überlegen.

Der nachfolgende Satz stellt einen Zusammenhang zwischen kontextsensitiven Grammatiken und linear beschränkten Automaten her. Dieses Ergebnis hat uns noch zur Vervollständigung der Beziehungen zwischen den unterschiedlichen Grammatik- und Automatentypen gefehlt.

(4.42) Satz: Zu jeder Typ-1-Grammatik G gibt es einen linear beschränkten Automaten LBA und umgekehrt mit L(LBA) = L(G). Insgesamt gilt also

$$\mathcal{L}_1 = \mathcal{L}_{LBA},$$

wobei $\mathcal{L}_{LBA}$ die Menge aller Sprachen bezeichne, die durch einen linear beschränkten Automaten erkannt werden können.   ∎

Diesen Satz werden wir nicht beweisen (s. etwa [Sud88] oder [HoU79]). Die grundlegende Analogie zwischen beiden Konzepten besteht darin, daß Typ-1-Grammatiken so gewählt werden können (vgl. Definition 3.72 und Satz 3.74), daß die Wortlänge beim Ableitungsvorgang monoton wächst und daß deshalb auch die maximale Wortlänge, die "zwischendurch" bei der Ableitung entstehen kann, linear beschränkt ist.

(4.43) Beispiel: Wir haben in Beispiel 4.24 eine Turing-Maschine angegeben, die die Typ-1-Sprache

$$L = \{a^n b^n c^n \mid n \in \mathbb{N}\}$$

akzeptiert.

Durch kleine formale Änderungen (i. w. Hinzunahme des Begrenzungssymbols "\$") kann man diese Maschine in einen linear beschränkten Automaten umwandeln.

Beim Akzeptieren eines Wortes $a^n b^n c^n$ wird nur der von diesem Wort belegte Bandabschnitt sowie jeweils eine Speicherzelle links und rechts davon beansprucht. Der "Bandverbrauch" genügt also der linearen Funktion

$$l_B(w) ::= |w| + 2. \qquad \blacksquare$$

Ganz wesentlich für den Zusammenhang zwischen Typ-1-Sprachen und dem hier betrachteten Automaten in Satz 4.42 ist die *Linearität* der Bandbeschränkung. Ließe man etwa zu, daß der "Bandverbrauch" in quadratischer Größenordnung von den Eingabeworten abhängen würde (also $l_B(w) ::= k_1 \cdot |w|^2 + \ldots$), so könnte man mehr Sprachen als die Menge $\mathcal{L}_1$ erkennen.

Wir wollen an dieser Stelle nicht näher darauf eingehen, denn es ist Gegenstand der Komplexitätstheorie, den Verbrauch an Ressourcen (d. h. Zeit- und Bandverbrauch) beim Erkennen von Sprachen zu untersuchen. Wesentliche Aspekte zu diesem Thema findet der interessierte Leser in [Pau78], eine sehr ausführliche Darstellung beinhaltet [Rei90].

Wir haben bisher nur die nichtdeterministische Version linear beschränkter Automaten betrachtet. Beim deterministischen Automaten hat man als Überführungsfunktion eine Funktion der Form

$$\delta : S \times B \to S \times B \times \{L, R, N\}.$$

Während sich bei den endlichen Automaten und bei Turing-Maschinen die deterministische und die nichtdeterministische Version als gleich leistungsfähig herausgestellt haben, konnten wir bei Kellerautomaten eine unterschiedliche Leistungsfähigkeit feststellen.

Für linear beschränkte Automaten ist diese Fragestellung offen, d. h. es ist bisher weder bewiesen noch widerlegt worden, ob der deterministische linear beschränkte Automat dieselben Sprachen akzeptieren kann wie der nichtdeterministische linear beschränkte Automat (also die Sprachklasse $\mathcal{L}_1$). Dieses Problem wird ebenfalls in der Komplexitätstheorie untersucht. Es wird allgemein als *LBA-Problem* bezeichnet.

4.3 Berechenbare Funktionen

Im letzten Kapitel hat sich herausgestellt, daß der Begriff des "Algorithmus" eng mit dem Begriff der "berechenbaren Funktion" verknüpft ist.

Jeder Algorithmus legt durch sein Ein-/Ausgabeverhalten in natürlicher Weise eine berechenbare Funktion fest. Ferner ist durch die Präzisierung von Algorithmen durch Turing-Maschinen der Berechenbarkeitsbegriff exakt charakterisiert worden. Allerdings erweisen sich Turing-Maschinen für den praktischen Gebrauch als sehr technische und damit unhandliche Werkzeuge, so daß wir uns jetzt nach einer anderen Charakterisierung der Berechenbarkeit umsehen.

Zur Vereinfachung werden in diesem Kapitel ausschließlich *zahlentheoretische Funktionen* $f : \mathbb{N}_0^r \to \mathbb{N}_0$ betrachtet. Auf den ersten Blick schränken wir uns damit ein, weil wir bisher immer von Funktionen auf Wortmengen $g : E^* \to E^*$ ausgegangen sind.

Wir haben bereits in Kapitel 4.1 diskutiert, daß jede zahlentheoretische Funktion durch eine entsprechende Funktion auf Wortmengen ausgedrückt werden kann, indem man jede natürliche Zahl durch ein Wort darstellt. Es gilt aber auch die Umkehrung, d. h. jede Funktion $g : E^* \to E^*$ kann durch eine Funktion $f : \mathbb{N}_0^r \to \mathbb{N}_0$ ausgedrückt werden. Dabei kann man sogar $r = 1$ voraussetzen. Die Idee ist folgende:

Die Wörter der Menge E^* können – da E^* abzählbar ist – in eine feste Reihenfolge gebracht werden:

$$w_0, w_1, w_2, w_3, \ldots$$

Nun kann man jede Funktion $g : E^* \to E^*$ als Funktion $f : \mathbb{N}_0 \to \mathbb{N}_0$ auffassen, indem man erklärt:

$$f(i) = j \quad ::\Leftrightarrow \quad g(w_i) = w_j.$$

Die Beziehung zwischen zahlentheoretischen Funktionen und Funktionen auf Wortmengen ist für eine fest vorgegebene Reihenfolge $w_0, w_1, w_2, w_3, \ldots$ sicherlich eineindeutig, und es liegt nahe, daß die Berechnung von f auf die Berechnung von g und umgekehrt zurückgeführt werden kann.

Ganz so einfach ist dieses Problem nicht, denn es garantiert noch niemand, daß aus der Berechenbarkeit von f die Berechenbarkeit von g folgt und umgekehrt. Tatsächlich muß man an die Reihenfolge $w_0, w_1, w_2, w_3, \ldots$ gewisse Forderungen stellen, damit die Gleichwertigkeit der Berechenbarkeit von f und g gegeben ist:

(4.44) Definition: (Gödelisierung)

(a) Eine Abbildung

$$G : E^* \to \mathbb{N}_0$$

wird *Gödelisierung von E** genannt, wenn die folgenden Bedingungen erfüllt sind:

(1) G ist injektiv, d. h. $\forall\ w, w' \in E^*: w \neq w' \Rightarrow G(w) \neq G(w')$;

(2) G ist berechenbar, d. h. zu jedem Wort $w \in E^*$ läßt sich $G(w)$ in endlich vielen Schritten berechnen;

(3) $G(E^*)$ ist entscheidbar, d. h. für jedes $n \in \mathbb{N}_0$ läßt sich in endlich vielen Schritten feststellen, ob $n \in G(E^*)$ gilt oder nicht;

(4) die Umkehrfunktion $G^{-1} : G(E^*) \to E^*$ ist berechenbar, d. h. zu jedem $n \in G(E^*)$ läßt sich das Wort w mit $G(w) = n$ in endlich vielen Schritten auffinden.

(b) Ist $G : E^* \to \mathbb{N}_0$ eine Gödelisierung von E*, so heißt $G(w)$ die *Gödelnummer von w* für jedes Wort $w \in E^*$. ∎

Die Forderungen für die Codierung einer Wortmenge E* durch natürliche Zahlen stammen von dem deutschen Mathematiker Kurt Gödel [Göd31].

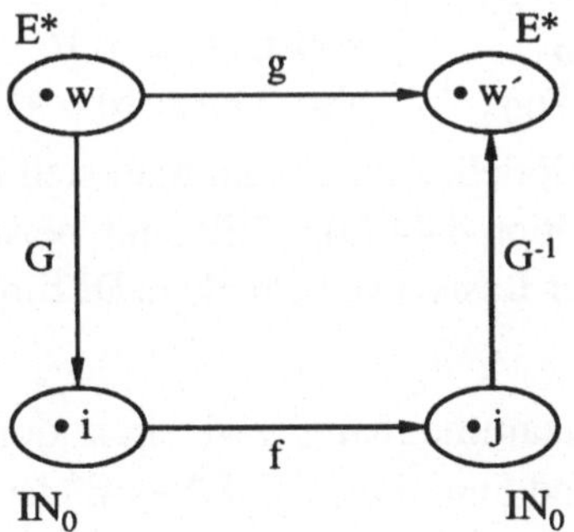

Bild 4.18: Idee der Gödelisierung

Die grundlegende Idee dabei ist, daß zu jedem Wort w die Berechnung von $g(w) = w'$ auf die Berechnung von

$$G(w) = i$$
$$f(i) = j$$
$$G^{-1}(j) = w'$$

zurückgeführt werden kann. In Bild 4.18 wird also nicht der obere Pfeil, sondern es werden die drei unteren Pfeile durchlaufen. Die einzelnen Forderungen in Definition 4.44 (a) sind nun sehr naheliegend:

(1) stellt sicher, daß zu der Gödelisierung G auch die Umkehrabbildung G^{-1} existiert. (2) und (4) werden benötigt, um die Abbildung eines Wortes auf eine natürliche Zahl (und umgekehrt) durch einen Algorithmus realisieren zu können. Erst dadurch kann die algorithmische Berechnung der Funktion $g : E^* \to E^*$ auf die Berechnung der Funktion $f : IN_0 \to IN_0$ zurückgeführt werden. Die Forderung (3) ist aus einem ähnlichen Grunde notwendig: Hat man zu einer Zahl den Wert $f(i) = j$ berechnet, so muß zunächst festgestellt werden, ob j das Bild eines Wortes w´ unter der Abbildung G ist. Nur in diesem Fall kann G^{-1} auf j angewendet werden.

(4.45) Beispiel: Wir betrachten die Menge $E = \{a, b\}$. Wir setzen

$$a = 1, b = 2$$

und codieren jedes Wort $w \in E^*$ zunächst durch eine Zeichenfolge über der Menge $\{1, 2\}$, also beispielsweise

$$aba \mapsto 121, \qquad aabb \mapsto 1122.$$

Nun interpretieren wir die erhaltene Zahl als eine Zahl zur Basis 3 und konvertieren sie in das Dezimalsystem. Damit erhalten wir die zugehörige Gödelnummer:

$$aba \mapsto (121)_3 \mapsto (16)_{10}, \qquad \text{also } G(aba) = 16,$$
$$aabb \mapsto (1122)_3 \mapsto (44)_{10}, \qquad \text{also } G(aabb) = 44.$$

Bei dieser sehr einfachen Gödelisierung kann man sich leicht vergewissern, daß alle Forderungen aus Definition 4.44 (a) erfüllt sind, beispielsweise ist G injektiv, da verschiedenen Zahlen zur Basis 3 verschiedene Dezimalzahlen entsprechen. ∎

Grundlegend für den Zusammenhang zwischen der Berechenbarkeit von Funktionen $f : IN_0 \to IN_0$ und Funktionen $g : E^* \to E^*$ ist jetzt der folgende Satz:

(4.46) Satz: Es sei $G : E^* \to IN_0$ eine Gödelisierung von E^*, d. h. eine Abbildung gemäß Definition 4.44, und es sei $g : E^* \to E^*$ eine Abbildung auf der Wortmenge E^*. Wir definieren $f : G(E^*) \to G(E^*)$ durch

$$f(i) = j \; ::\Leftrightarrow \; i = G(w), j = G(w´) \text{ und } g(w) = w´,$$

und es gilt:

f ist eine berechenbare Funktion genau dann, wenn g eine berechenbare Funktion ist.

Beweis: Die Idee des Beweises entspricht Bild 4.18. Sie beruht darauf, daß die Gödelisierung G und ihre Umkehrfunktion G^{-1} berechenbar sind und daß sich f und g gegenseitig mit Hilfe von G und G^{-1} ausdrücken lassen.   ∎

Nach diesen vorbereitenden Überlegungen ist es gerechtfertigt, uns auf zahlentheoretische Funktionen $f : IN_0 \to IN_0$ bzw. $f : IN_0^r \to IN_0$ einzuschränken.

4.3.1 Primitiv rekursive Funktionen

Wir wollen uns jetzt wieder der prinzipiellen Struktur berechenbarer Funktionen zuwenden. Die Grundidee unserer Betrachtungen beruht auf einem in der Mathematik seit langem üblichen Vorgehen. Ausgehend von einigen wenigen Basisfunktionen werden kompliziertere Funktionen "zusammengesetzt". Dieses sogenannte *induktive Vorgehen* kann man an dem folgenden einfachen Beispiel verdeutlichen:

(4.47) Beispiel: Nehmen wir an , wir hätten als gegebene Basisfunktion die "Nachfolgerfunktion"

$$S : IN_0 \to IN_0 \quad \text{mit} \quad S(n) ::= n + 1.$$

(a) Dann kann man die Addition zweier Zahlen n und m durch die wiederholte Anwendung von S erklären:

$$add(n, m) ::= \underbrace{S(S(\ldots S(n) \ldots))}_{\text{m-mal}},$$

d. h. es gilt:

$$
\begin{aligned}
add(n, 0) &= n, \\
add(n, 1) &= S(n) \\
&= S(add(n, 0)), \\
add(n, 2) &= S(S(n)) \\
&= S(add(n, 1)), \\
add(n, 3) &= S(S(S(n))) \\
&= S(add(n, 2)) \quad \text{etc.}
\end{aligned}
$$

Allgemein ist folgender Zusammenhang für alle $n \in IN_0$ richtig:

$$add(n, S(m)) = S(add(n, m)). \qquad (*)$$

(b) Analog kann man jetzt die Multiplikation auf die Addition zurückführen:

$$\begin{aligned}
mult(n, 0) &= 0, \\
mult(n, 1) &= add(n, 0) \\
&= add(n, mult(n, 0)), \\
mult(n, 2) &= add(n, add(n, 0)) \\
&= add(n, mult(n, 1)), \\
mult(n, 3) &= add(n, add(n, add(n, 0))) \\
&= add(n, mult(n, 2)) \qquad \text{etc.}
\end{aligned}$$

Allgemein gilt:

$$mult(n, S(m)) = add(n, mult(n, m)). \qquad\qquad (**)$$

(c) Genauso leicht läßt sich die Potenzbildung auf die Multiplikation, die iterative Potenzbildung auf die Potenzbildung etc. zurückführen.

Der Leser sollte es selbst ausprobieren.   ■

Wir machen folgende Beobachtungen:

– Wir sind von sogenannten Basisfunktionen (hier: S) ausgegangen;

– durch "Zusammensetzen" von Basisfunktionen und bereits definierten Funktionen haben wir neue, kompliziertere Funktionen erhalten;

– als "Zusammensetzungsmechanismen" haben wir zwei verschiedene Konzepte benutzt:

   • die *Einsetzung*, d. h. eine Funktion wird auf das Ergebnis einer anderen Funktion angewendet,

   • die *Rekursion*, d. h. eine Funktion wird durch Anwendung "auf sich selbst" erklärt.

Beispielsweise haben wir in den Zeilen (*) und (**) die Funktionen *add* und *mult* auf diese Weise beschrieben.

Diejenigen Leser, die mit rekursiven Definitionen nicht vertraut sind, mögen sich fragen, was (*) und (**) für seltsame Gleichungen sind, da bei beiden Gleichungen auf der linken und der rechten Seite jeweils dieselbe Funktion auftritt.

Diese Gleichungen sind aber in der Tat korrekt, da man sie sukzessive auswerten kann. Will man etwa mit (**) $mult(3, 4)$ berechnen, so kann man durch wiederholte Anwendung der Gleichung folgendes erhalten:

$$mult(3, 4) \;=\; add(3, mult(3, 3))$$
$$=\; add(3, add(3, mult(3, 2)))$$
$$=\; add(3, add(3, add(3, mult(3, 1))))$$
$$=\; add(3, add(3, add(3, add(3, mult(3, 0)))))$$

Da das Ergebnis von $mult(3, 0)$ bekannt ist, bricht diese Rekursion ab, und man hat die Multiplikation vollständig auf die Addition zurückgeführt. Da die Addition als gegeben vorausgesetzt wurde, kann man den Wert von $mult(3, 4)$ leicht berechnen.

Jetzt werden wir verabreden, welche Funktionen ursprünglich als Basisfunktionen angesehen werden sollen, und welche Art der Zusammensetzung im allgemeinen möglich sein soll. Man erhält damit die Menge der *primitiv rekursiven Funktionen*.

(4.48) Definition: (primitiv rekursive Funktionen)

Die Menge $\mathbf{P}$ der *primitiv rekursiven Funktionen* enthält genau die folgenden Funktionen:

(a) Die Basisfunktionen:

- die *Nachfolgerfunktion* $S : \mathbb{N}_0 \to \mathbb{N}_0$ gemäß $S(n) ::= n + 1$;

- für alle $q, r \in \mathbb{N}_0$ die *konstante Funktion* $C_q^r : \mathbb{N}_0^r \to \mathbb{N}_0$, die für jedes Tupel $(n_1, \ldots, n_r)$ den Wert q liefern: $C_q^r(n_1, \ldots, n_r) ::= q$;

- für alle $i, r \in \mathbb{N}_0$ mit $1 \leq i \leq r$ die *Projektionsfunktion* $U_i^r : \mathbb{N}_0^r \to \mathbb{N}_0$, die für jedes Tupel $(n_1, \ldots, n_r)$ den Wert n_i liefern: $U_i^r(n_1, \ldots, n_r) ::= n_i$.

(b) Sind $f : \mathbb{N}_0^r \to \mathbb{N}_0$ $(r \in \mathbb{N}_0)$ und $g_1, \ldots, g_r : \mathbb{N}_0^m \to \mathbb{N}_0$ in $\mathbf{P}$, so ist auch die Funktion $h : \mathbb{N}_0^m \to \mathbb{N}_0$ mit

$$h(n_1, \ldots, n_m) ::= f(g_1(n_1, \ldots, n_m), \ldots, g_r(n_1, \ldots, n_m))$$

in $\mathbf{P}$.

Wir sagen, h entstehe durch *Einsetzung* oder *Substitution* von $g_1, \ldots, g_r$ in f.

(c) Sind $f : \mathbb{N}_0^r \to \mathbb{N}_0$ $(r \in \mathbb{N}_0)$ und $g : \mathbb{N}_0^{r+2} \to \mathbb{N}_0$ in $\mathbf{P}$, dann ist auch die Funktion $h : \mathbb{N}_0^{r+1} \to \mathbb{N}_0$ in $\mathbf{P}$, die den folgenden Rekursionsgleichungen genügt:

(1) $h(0, n_1, \ldots, n_r) = f(n_1, \ldots, n_r)$

(2) $h(S(n), n_1, \ldots, n_r) = g(n, h(n, n_1, \ldots, n_r), n_1, \ldots, n_r)$

In diesem Fall sagen wir, h entstehe durch *primitive Rekursion* aus f und g. ∎

Eine Funktion ist also genau dann in der Menge der primitiv rekursiven Funktionen enthalten, wenn sie entweder eine Basisfunktion ist oder wenn sie aus diesen durch endlich viele Anwendungen der Einsetzung und/oder der primitiven Rekursion erhalten werden kann.

Die Definition 4.48 wurde so allgemein wie möglich gehalten. So werden in (b) und (c) mehrstellige Funktionen betrachtet. Ferner ist zu (c) anzumerken, daß h eine wohldefinierte Funktion ist, falls dies für f und g zutrifft. Mit Hilfe von (1) kann h(0, ...) berechnet werden und anschließend mit Hilfe von (2) sukzessive h(1, ...), h(2, ...) etc. Wir halten fest:

(4.49) Satz: Jede primitiv rekursive Funktion $f : \mathbb{N}_0^r \to \mathbb{N}_0$ $(r \geq 0)$ ist eine wohldefinierte totale Funktion, d. h. sie ist für alle $(n_1, ..., n_r) \in \mathbb{N}_0^r$ definiert und eindeutig bestimmt.

Beweis: Man kann leicht einsehen, daß diese Aussage für die Basisfunktionen gilt. Dann kann (durch eine strukturelle Induktion über den Aufbau von Funktionen) gezeigt werden, daß diese Eigenschaften durch Anwendung der Einsetzung und der primitiven Rekursion erhalten bleiben. ∎

Wir sollten noch anmerken, daß bei Funktionen $f : \mathbb{N}_0^r \to \mathbb{N}_0$ der Fall $r = 0$ nicht ausgeschlossen ist. Man hat dann eine Funktion $f : \mathbb{N}_0^0 \to \mathbb{N}_0$, wobei die Menge $\mathbb{N}_0^0$ als einziges Element das *leere Tupel* "()" enthält. Demnach ist lediglich der Funktionswert $f(())$ zu betrachten, so daß man die Funktion f als eine Konstante interpretieren kann.

(4.50) Beispiel: Wir erinnern uns an Beispiel 4.47:

(a) Danach ist die Addition eine primitiv rekursive Funktion, weil sie aus der Nachfolgerfunktion durch primitive Rekursion entsteht:

$$add(0, n_1) = U_1^1(n_1)$$
$$add(S(n), n_1) = S(U_2^3(n, add(n, n_1), n_1))$$

Damit haben wir uns an das Rekursionsschema (2) in Definition 4.48 (c) gehalten. Vereinfacht können wir schreiben:

$$add(0, n_1) = n_1$$
$$add(S(n), n_1) = S(add(n, n_1))$$

(b) Ganz ähnlich kann man die Multiplikation beschreiben:

$$mult(0, n_1) = C_0^1(n_1) = 0$$
$$mult(S(n), n_1) = add(mult(n, n_1), n_1)$$

∎

In beiden Beispielen wird deutlich, daß das allgemeine Rekursionsschema (2) oft in einer vereinfachten Form angewendet werden kann, falls etwa einige Argumente in der Gleichung (2) nicht benötigt werden. Diese Vereinfachungen ändern nichts an der primitiven Rekursivität der betrachteten Funktionen. Wir können an dieser Stelle nicht weiter darauf eingehen und verweisen den Leser auf [Her71], wo gleichwertige Einsetzungs- und Rekursionsschemata angegeben sind.

Wir betrachten weitere Beispiele und werden feststellen, daß viele der uns geläufigen Funktionen primitiv rekursiv sind.

(4.51) Beispiel:

(a) Polynome mit natürlichzahligen Koeffizienten sind primitiv rekursive Funktionen; zum Beispiel erhält man das Polynom

$$f(n) ::= a\,n^2 + bn + c \qquad (a, b, c \in I\!N_0)$$

aus der Additions- und der Multiplikationsfunktion durch einfache Einsetzung:

$$f(n) = add(add(mult(a, mult(n, n)), mult(b, n)), c)$$

Gewöhnlich werden in der Mathematik auch Polynome mit gebrochen-rationalen oder reellen Koeffizienten untersucht. Da wir uns jedoch von vornherein auf zahlentheoretische Funktionen beschränkt haben, wollen wir auf diese Art von Funktionen hier nicht eingehen.

(b) Die Funktion $f(n) ::= 2^n$ ist primitiv rekursiv:

$$f(0) = C_1^0 = 1$$

$$f(S(n)) = mult(2, f(n))$$

(c) Die "Vorgängerfunktion"

$$f(n) = n \,\dot{-}\, 1 ::= \begin{cases} n - 1 & , \text{falls } n \geq 1 \\ 0 & , \text{falls } n = 0 \end{cases}$$

ist primitiv rekursiv:

$$f(0) = 0$$

$$f(S(n)) = n$$

Dabei soll uns nicht stören, daß die Funktion f nicht auf der rechten Seite der zweiten Gleichung auftritt. Wir hätten dafür gleichwertig

$$f(S(n)) = U_1^2(n, f(n))$$

schreiben können.

(d) Die "positive Differenz"

$$f(m, n) = m \dot{-} n ::= \begin{cases} m - n & , \text{falls } m \geq n \\ 0 & , \text{sonst} \end{cases}$$

ist primitiv rekursiv:

$$f(m, 0) = m$$

$$f(m, S(n)) = f(m, n) \dot{-} 1 \qquad \text{(siehe (c))} \qquad \blacksquare$$

Es ist zu Anfang dieses Abschnittes ein erklärtes Ziel gewesen, eine gleichwertige Charakterisierung für die Menge der berechenbaren bzw. Turing-berechenbaren Funktionen zu erhalten. Also stellt sich jetzt die Frage, wie die Menge der primitiv rekursiven Funktionen im Vergleich zur Menge der Turing-berechenbaren Funktionen aussieht.

Wir haben gesehen, daß der Funktionswert einer primitiv rekursiven Funktion immer definiert und eindeutig bestimmt ist. Außerdem läßt er sich bei Anwendung der primitiven Rekursion oder der Einsetzung aus den Funktionswerten der Basisfunktionen berechnen. Diese Berechnung ist algorithmisch realisierbar und kann somit auch auf Turing-Maschinen durchgeführt werden. Wir halten deshalb fest:

(4.52) Satz: Jede primitiv rekursive Funktion $f : \mathbb{N}_0^r \to \mathbb{N}_0$ ist Turing-berechenbar. $\qquad \blacksquare$

Haben wir damit bereits eine Charakterisierung *aller* Turing-berechenbaren Funktionen gefunden? Oder anders ausgedrückt: Gilt auch die Umkehrung von Satz 4.52? Diese Frage ist 1926 erstmalig von Hilbert gestellt worden.

Ein erstes Indiz dafür, daß die Menge der primitiv rekursiven Funktionen *echt* in der Menge der Turing-berechenbaren Funktionen enthalten ist, ist die Tatsache, daß die letzteren nicht immer *totale Funktionen* $f : \mathbb{N}_0^r \to \mathbb{N}_0$ sein müssen. Bei einer Turing-Maschine kann es vorkommen, daß die Maschine für manche Eingaben nicht in eine Finalkonfiguration gelangt. In diesem Fall ist die entsprechende Funktion für die Eingabe nicht definiert. Wir sprechen dann auch von einer *partiellen Funktion*[1] auf $\mathbb{N}_0^r$. Primitiv rekursive Funktionen sind

---

1) Der Begriff "partiell" bezieht sich immer auf den angegebenen Definitionsbereich. Eine Funktion, die auf $\mathbb{N}_0^r$ partiell ist, kann durchaus auf einer Teilmenge von $\mathbb{N}_0^r$ total sein.

dagegen grundsätzlich totale Funktionen auf IN_0^r.

Nun kann man sich fragen: Ist die Menge der primitiv rekursiven Funktionen identisch mit der Menge der *total*-(Turing-)berechenbaren Funktionen?
Auch diese Frage ist zu verneinen, wie – unabhängig voneinander – Péter und Ackermann bewiesen haben (s. [Pét51], [Ack28]).

Péter zeigte, daß die Menge der primitiv rekursiven Funktionen einer Veränderlichen (also Funktionen von der Form $f : IN_0 \rightarrow IN_0$) aufzählbar ist. Sie kann also in eine Reihenfolge

$f_0, f_1, f_2, f_3, \ldots$

gebracht werden, und zu jedem $i \in IN_0$ ist die i-te Funktion f_i algorithmisch bestimmbar.

Wenn man nun die Funktion

$g : IN_0 \rightarrow IN_0$ mit $g(n) ::= f_n(n) + 1$

betrachtet, so stellt man fest, daß g zwar eine total-berechenbare Funktion ist (da zu jedem $n \in IN_0$ die n-te Funktion f_n durch einen Algorithmus bestimmt werden kann und da jede Funktion f_n total und berechenbar ist), daß g aber nicht primitiv rekursiv ist. Wäre g nämlich primitiv rekursiv, so würde g in der obigen Aufzählung vorkommen, d. h. für eine Zahl $j \in IN_0$ würde $g = f_j$ gelten. Dann gilt aber für die Zahl j

$f_j(j) = g(j) = f_j(j) + 1,$

was einen Widerspruch darstellt. Die erste Gleichheit gilt wegen $g = f_j$, die zweite aufgrund der Definition von g.

Wir erhalten:

(4.53) Satz: Es gibt total-berechenbare Funktionen, die nicht primitiv rekursiv sind. ∎

Jetzt können wir uns die Beziehungen zwischen den bisher betrachteten Funktionenklassen wie folgt veranschaulichen (s. Bild 4.19):

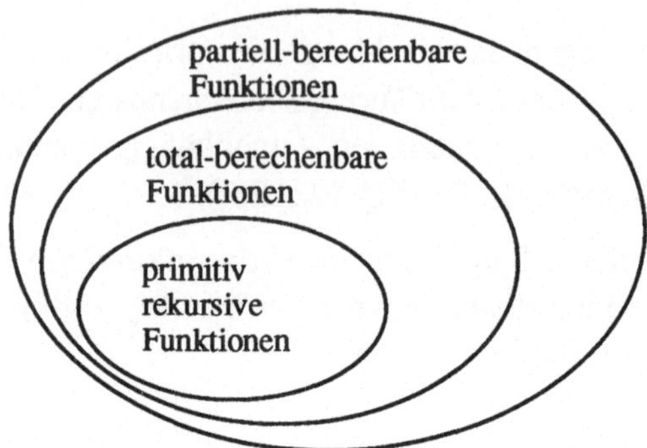

Bild 4.19: Hierarchie der berechenbaren Funktionen

Dabei stimmt die Menge der partiell-berechenbaren Funktionen mit der Menge der Turing-berechenbaren Funktionen überein, denn wir hatten ja bereits erwähnt, daß Turing-berechenbare Funktionen bzgl. der Menge $\mathbb{N}_0$ in der Regel partiell sind. Eine echte Teilmenge der partiell-berechenbaren Funktionen sind die total-berechenbaren Funktionen, welche wiederum (aufgrund des letzten Satzes) die primitiv rekursiven Funktionen enthalten.

Das obige Beweisverfahren zu Satz 4.53 ist wiederum nicht konstruktiv, so daß wir die Funktion g nicht explizit durch eine kurze prägnante Formel angeben können.

Ackermann war der erste, der eine konkrete total-berechenbare Funktion angegeben hat, die nicht primitiv rekursiv ist. Seine Idee beruht auf einem Rekursionsschema, das nicht durch primitive Rekursion ausgedrückt werden kann.

Dazu sei $A : \mathbb{N}_0{}^2 \to \mathbb{N}$ definiert durch:

$$A(0, n) = n + 1$$
$$A(m + 1, 0) = A(m, 1)$$
$$A(m + 1, n + 1) = A(m, A(m + 1, n)).$$

Diese sogenannte *Ackermann-Funktion* wächst schneller als jede primitiv rekursive Funktion. Außerdem kann man durch vollständige Induktion zeigen, daß die Funktion total und berechenbar ist.

Wir wollen die Untersuchung dieser Funktion an dieser Stelle nicht vertiefen. Eine ausführliche Darstellung, insbesondere den Beweis, daß die Ackermann-Funktion nicht primitiv rekursiv ist, kann der Leser in [Her71] finden.

4.3.2 μ-rekursive Funktionen

Die Konzepte des letzten Abschnittes haben sich als zu schwach erwiesen, um alle berechenbaren Funktionen zu charakterisieren. Insbesondere ist aufgefallen, daß wir nur totale Funktionen betrachtet haben. Wir werden deshalb zu den Erzeugungsmechanismen für primitiv rekursive Funktionen (Einsetzung und primitive Rekursion) einen weiteren hinzufügen, um *alle* partiell-berechenbaren Funktionen zu erhalten.

Betrachtet man die Sprachkonstrukte höherer Programmiersprachen wie PASCAL oder MODULA-2, so werden Wiederholungen von Anweisungen meist durch WHILE- oder REPEAT-Schleifen realisiert, also etwa:

> **WHILE** *Bedingung* **DO**   oder: **REPEAT**
>
> *Anweisung*   *Anweisung*
>
> **END**;   **UNTIL** *Bedingung*;

Man kann sich leicht überlegen, daß im Prinzip eine dieser beiden Möglichkeiten ausreichen würde, denn jede WHILE-Schleife kann durch eine REPEAT-Schleife ausgedrückt werden und umgekehrt. Entscheidend ist, daß eine solche Schleife eine Bedingung enthält, von der die Ausführung der Anweisung abhängig ist. Im Beispiel der WHILE-Schleife wird die Anweisung so lange ausgeführt, wie die Bedingung erfüllt ist, eventuell sogar unendlich oft.

Eine ähnliche Form der Wiederholung – die sogenannte *unbeschränkte Minimalisierung* oder kurz *Minimalisierung* – wird jetzt zur Konstruktion von Funktionen erklärt:

(4.54) Definition: ((unbeschränkte) Minimalisierung, μ-Operator)

Es sei $f : \mathbb{N}_0^{r+1} \to \mathbb{N}_0$ $(r \geq 0)$ eine (evtl. partielle) Funktion. Dann heißt die Funktion $\mu f : \mathbb{N}_0^r \to \mathbb{N}_0$ mit

$$\mu f(n_1, \ldots, n_r) ::= \begin{cases} \text{das kleinste } n \in \mathbb{N}_0 \text{ mit} \\ \qquad f(n, n_1, \ldots, n_r) = 0\,,\ \text{falls} \quad (1)\ \text{so ein } n \text{ existiert} \\ \qquad\qquad\qquad\qquad\qquad\qquad\quad (2)\ \forall\, m \leq n\colon f(m, n_1, \ldots, n_r) \\ \qquad\qquad\qquad\qquad\qquad\qquad\qquad\qquad \text{ist definiert} \\ \text{undefiniert} \qquad\qquad\qquad , \text{sonst} \end{cases}$$

die *(unbeschränkte) Minimalisierung* von f.

Diese Konstruktionsvorschrift wird auch als *Minimalisierungs-* oder *μ-Operator* bezeichnet.   ∎

Man kann sich Definition 4.54 so veranschaulichen, daß zu festen Werten n_1, ..., n_r nacheinander alle Werte

$f(0, n_1, ..., n_r),$

$f(1, n_1, ..., n_r),$

$f(2, n_1, ..., n_r),$

...

berechnet werden. Erhält man dabei zum ersten Mal das Ergebnis 0 (und sind vorher alle Ergebnisse definiert gewesen), so wird das erste Argument der Funktion ausgegeben. Dies entspricht in MODULA-2 der folgenden WHILE-Schleife:

n := 0;

WHILE $f(n, n_1, ..., n_r) \neq 0$ **DO**

   n := n + 1

END;

write(n);

Dabei sei die Berechnung von f durch eine Prozedur realisiert, die nicht abbricht, falls $f(n, n_1, ..., n_r)$ undefiniert ist.

Die unbeschränkte Minimalisierung kann nicht durch die Einsetzung oder die primitive Rekursion ausgedrückt werden (ohne Beweis), d. h. beide Konzepte reichen nicht aus, um beliebige WHILE-Schleifen höherer Programmiersprachen auszudrücken. Ferner ist es bei der Anwendung des μ-Operators durchaus möglich, daß aus einer totalen Funktion eine partielle Funktion konstruiert wird.

(4.55) Definition: (μ-rekursive Funktionen)

Die Menge $\mathcal{R}$ der *μ-rekursiven Funktionen* ist die kleinste Klasse von Funktionen, die

(a) die Basisfunktionen

   – $S : \mathbb{N}_0 \rightarrow \mathbb{N}_0,$

   – $C_q^r : \mathbb{N}_0^r \rightarrow \mathbb{N}_0$ $(\forall\, q, r \in \mathbb{N}_0)$ und

   – $U_i^r : \mathbb{N}_0^r \rightarrow \mathbb{N}_0$ $(\forall\, i, r \in \mathbb{N}_0, 1 \leq i \leq r)$

   enthält und die

(b) abgeschlossen ist bzgl.

   –   Einsetzung von Funktionen,

   –   primitiver Rekursion und

   –   Minimalisierung.   ■

Die Einsetzung und die primitive Rekursion sind bisher nur für totale Funktionen erklärt worden (s. Definition 4.48). Im Falle der μ-rekursiven Funktionen werden beide Mechanismen gegebenenfalls auch auf partielle Funktionen angewendet.

Wir sehen uns einige Beispiele zum Einsatz des μ-Operators an:

(4.56) Beispiel:

(a) Wir wollen zeigen, daß die ganzzahlige Division

$$g(m, n) ::= \begin{cases} \dfrac{n}{m} & \text{, falls } m \neq 0 \text{ und } m \text{ teilt } n \\ \text{undefiniert} & \text{, sonst} \end{cases}$$

μ-rekursiv ist.

Betrachten wir zunächst die drei folgenden Funktionen:

– die "Signum"-Funktion: $\quad sg : \mathbb{N}_0 \rightarrow \mathbb{N}_0$ mit

$$sg(n) ::= \begin{cases} 1 & \text{für } n \neq 0 \\ 0 & \text{für } n = 0 \end{cases},$$

– die "Potenz"-Funktion: $\quad pot : \mathbb{N}_0^2 \rightarrow \mathbb{N}_0$ mit
$$pot(n, m) ::= n^m \,,$$

– die "Abstand"-Funktion: $\quad ab : \mathbb{N}_0^2 \rightarrow \mathbb{N}_0$ mit
$$ab(n, m) ::= |n - m| \,.$$

Man kann leicht nachweisen, daß diese drei Funktionen primitiv rekursiv sind, etwa für die "Signum"-Funktion durch primitive Rekursion:

$$sg(0) = 0$$
$$sg(S(n)) = 1 \quad (= 1 + (sg(n) \dot{-} 1))$$

Nun ist die folgende, aus diesen Funktionen zusammengesetzte Funktion ebenfalls primitiv rekursiv: $\quad f : \mathbb{N}_0^3 \rightarrow \mathbb{N}_0$ mit

$$f(k, m, n) ::= |k \cdot m - n|^{sg(m)}$$
$$= \begin{cases} |k \cdot m - n| & \text{für } m \neq 0 \\ 1 & \text{für } m = 0 \end{cases}$$

Untersuchen wir einmal, wann f den Wert 0 annimmt. Das ist genau dann der Fall, wenn $m \neq 0$ ist und $k \cdot m = n$ gilt.

Damit liefert uns jetzt die Anwendung des μ-Operators das gewünschte Ergebnis:

$$\mu f(m, n) \;=\; \begin{cases} \text{das kleinste } k \in \mathbb{N}_0 \text{ mit } f(k, m, n) = 0 & \text{, falls es existiert} \\ \text{undefiniert} & \text{, sonst} \end{cases}$$

$$\;=\; \begin{cases} \text{das kleinste } k \in \mathbb{N}_0 \text{ mit } k \cdot m = n \;\; (m \neq 0) & \text{, falls es existiert} \\ \text{undefiniert} & \text{, sonst} \end{cases}$$

$$\;=\; \begin{cases} \dfrac{n}{m} & \text{, falls } m \neq 0 \text{ und } m \text{ teilt } n \\ \text{undefiniert} & \text{, sonst} \end{cases}$$

$$\;=\; g(m, n) \,.$$

(b) Die Funktion $g : \mathbb{N}_0 \to \mathbb{N}_0$ mit

$$g(m) ::= \begin{cases} \sqrt{m} & \text{, falls } \sqrt{m} \in \mathbb{N}_0 \\ \text{undefiniert} & \text{, sonst} \end{cases}$$

ist μ-rekursiv.

Dazu sei $f : \mathbb{N}_0^2 \to \mathbb{N}_0$ definiert durch

$$f(n, m) ::= |m - n^2|.$$

Die Zahl m ist genau dann das Quadrat einer natürlichen Zahl n, falls $|m - n^2| = 0$ gilt.

Somit ist die Funktion $\mu f : \mathbb{N}_0 \to \mathbb{N}_0$ mit

$$\mu f(m) = \begin{cases} \text{das kleinste } n \in \mathbb{N}_0 \text{ mit } |m - n^2| = 0 & \text{, falls es existiert} \\ \text{undefiniert} & \text{, sonst} \end{cases}$$

identisch mit der Funktion g. ∎

Die Menge der μ-rekursiven Funktionen umfaßt also mehr Funktionen als die Menge der primitiv rekursiven Funktionen. Trotzdem lassen sich die meisten total-berechenbaren Funktionen bereits durch Einsetzung und primitive Rekursion aus den Basisfunktionen ableiten. Wir haben lediglich die Ackermann-Funktion als ein Gegenbeispiel kennengelernt. Sie ist tatsächlich in der Menge der μ-rekursiven Funktionen enthalten.

Auch ist noch unklar, wie die μ-rekursiven Funktionen zur Menge der (Turing-) berechenbaren Funktionen in Relation stehen. Man kann sich leicht überlegen, daß jede μ-rekursive Funktion berechenbar ist. Für den Fall der Einsetzung und der primitiven Rekursion haben wir bereits im letzten Abschnitt festgestellt, daß Funktionen, die nur auf diesen beiden Mechanismen beruhen, berechenbar sind. Dasselbe gilt auch für die Anwendung des μ-Operators. Dieser basiert auf einer iterativen Suchoperation, die wir bereits durch eine WHILE-Schleife dargestellt haben und die natürlich auch auf einer Turing-Maschine realisiert werden kann.

Somit ist jede μ-rekursive Funktion (Turing-)berechenbar. Die umgekehrte Richtung, d. h. die Aussage, daß jede (Turing-)berechenbare Funktion auch μ-rekursiv ist, gilt ebenfalls. Allerdings ist es wesentlich schwieriger, dies zu beweisen, und ein Beweis ist im Rahmen dieses Buches nicht durchführbar. Daher verweisen wir den Leser auf weiterführende Literatur (z. B. [Her71], [Pau78]) und fassen lediglich zusammen:

(4.57) Satz: Es bezeichne

$$\mathcal{T} ::= \{f : \mathbb{N}_0^r \to \mathbb{N}_0 \mid r \in \mathbb{N}_0,\ f \text{ Turing-berechenbar}\}$$

die Menge aller zahlentheoretischen, Turing-berechenbaren Funktionen (bzw. gleichwertig: partiell-berechenbaren Funktionen) und $\mathcal{R}$ die Menge der μ-rekursiven Funktionen. Dann gilt:

$$\mathcal{T} = \mathcal{R}.$$ ∎

In der Literatur findet man oft eine allgemeinere Definition des μ-Operators, auf die wir nicht näher eingehen können. Anstelle eines Tests $f(n, n_1, \ldots, n_r) = 0$, der mit "ja" oder "nein" beantwortet werden kann, kann ein beliebiges *entscheidbares Prädikat* $p(n, n_1, \ldots, n_r)$ zur Definition des μ-Operators benutzt werden. Der Leser kann sich unter einem solchen Prädikat eine beliebige Aussage über den Variablen $n, n_1, \ldots, n_r$ vorstellen, die man algorithmisch nach endlich vielen Schritten mit "ja" oder "nein" beantworten kann (beispielsweise eine Aussage der Art "$n + n_1 + \ldots + n_r$ ist eine Primzahl"). Es läßt sich aber relativ leicht nachweisen, daß diese Verallgemeinerung ebenfalls durch Aussagen der Form $f(n, n_1, \ldots, n_r) = 0$ ausgedrückt werden kann. Insofern kann man dadurch die Menge der μ-rekursiven Funktionen nicht erweitern.

Abschließend seien noch zwei Dinge bemerkt:

– Wir haben mit den primitiv rekursiven Funktionen und den μ-rekursiven Funktionen zwei wichtige Funktionenklassen konstruktiv charakterisieren können. Die primitiv rekursiven Funktionen sind eine echte Teilmenge aller total-berechenbaren Funktionen, und die μ-rekursiven Funktionen stimmen mit der Menge der partiell-berechenbaren Funktionen überein. Allerdings haben wir *keine* konstruktive Charakterisierung der Menge der total-berechenbaren Funktionen angegeben, und es kann auch keine geben.

– Es gibt weitere Möglichkeiten, den Begriff der berechenbaren Funktionen zu präzisieren. Entscheidend ist – und das ist ein starkes Indiz für die Richtigkeit der Church-Turing´schen These –, daß sich alle Präzisierungen als gleichwertig erwiesen haben.

Aufgaben zu 4.3:

1. Weisen Sie nach, daß die folgenden Funktionen primitiv rekursiv sind!

    (a) die "Maximum"- und "Minimum"-Funktion:

$$\max(n, m) ::= \begin{cases} n & , n \geq m \\ m & , \text{sonst} \end{cases}$$

$$\min(n, m) ::= \begin{cases} n & , n \leq m \\ m & , \text{sonst} . \end{cases}$$

    (b) die "Abstand"-Funktion:

$$ab(n, m) ::= |n - m|$$

    (c) die Fakultät:

$$fak(n) ::= \begin{cases} n \cdot (n - 1) \cdot \ldots \cdot 2 \cdot 1 & , n \geq 1 \\ 1 & , n = 0 \end{cases}$$

    (d) der "Gleichheitstest":

$$gl(n, m) ::= \begin{cases} 1 & , n = m \\ 0 & , \text{sonst} \end{cases}$$

2. (a) Es sei

$$f(0, m) = 0$$
$$f(S(n), m) = h(n, f(n, m), m).$$

    Geben Sie eine primitiv rekursive Funktion $h : IN_0^3 \to IN_0$ an, so daß

$$f(n, m) = n * m$$

    gilt!

    (b) Es sei

$$e(0, m) = 1$$
$$e(S(n), m) = h(n, e(n, m), m).$$

    Geben Sie eine primitiv rekursive Funktion $h : IN_0^3 \to IN_0$ an, so daß

$$e(n, m) = m^n$$

    gilt!

    (c) Es sei

$$s(0) = 0$$
$$s(S(n)) = h(n, s(n)).$$

    Geben Sie eine primitiv rekursive Funktion $h : IN_0^2 \to IN_0$ an, so daß

$$s(n) = 0 + 1 + 2 + \ldots + n$$

    gilt!

Weisen Sie jeweils nach, daß die Funktion h primitiv rekursiv ist!

3. Weisen Sie nach, daß die folgenden Funktionen μ-rekursiv sind!

(a)
$$f(n) ::= \begin{cases} n & , n \neq 0 \\ \text{undefiniert} & , n = 0 \end{cases}$$

(b)
$$f(m, n) ::= \begin{cases} \sqrt[3]{n \cdot m} & , \text{falls } \sqrt[3]{n \cdot m} \in \mathbb{N}_0 \\ \text{undefiniert} & , \text{sonst} \end{cases}$$

4. Es sei $f : \mathbb{N}_0 \to \mathbb{N}_0$ eine totale injektive μ-rekursive Funktion. Zeigen Sie, daß die Umkehrfunktion $f^{-1} : \mathbb{N}_0 \to \mathbb{N}_0$ (mit $f^{-1}(f(n)) = n$ für alle $n \in \mathbb{N}_0$) ebenfalls μ-rekursiv ist!

4.4 Sprachklassen und Automaten im Überblick

Nachdem wir die Grundlagen der Berechenbarkeitstheorie kennengelernt haben, kehren wir jetzt noch einmal zur Theorie der formalen Sprachen zurück. Wir haben im Verlauf der letzten Kapitel vier unterschiedliche Sprachklassen kennengelernt, die durch entsprechende Grammatiken (Typ-3 bis Typ-0) erzeugbar sind. Zu jeder Sprachklasse haben wir ferner einen Automatentyp angeben können, der die Sprachen der jeweiligen Klasse erkennen kann.

Diese Ergebnisse und eine Reihe weiterer Charakterisierungen formaler Sprachen werden in Abschnitt 4.4.2 zusammenfassend dargestellt.

Vorher werden wir uns aber noch mit der Frage der Entscheidbarkeit formaler Sprachen beschäftigen, einer Frage, die wir nun – nachdem wir einige Begriffe und Methoden der Berechenbarkeitstheorie kennengelernt haben – beantworten können.

4.4.1 Entscheidbare Sprachen

Wir haben in Satz 4.37 und Folgerung 4.38 festgestellt, daß die allgemeinste (konstruktiv charakterisierbare) Sprachklasse – die Menge der Typ-0-Sprachen – mit der Menge der *(Turing-)aufzählbaren Sprachen* übereinstimmt.

Wir wissen ferner aufgrund von Folgerung 4.40, daß in dieser Menge *nicht entscheidbare Sprachen* enthalten sind, denn von der dort angegebenen Sprache L_H ist nachgewiesen worden, daß sie aufzählbar, aber nicht entscheidbar ist. Man kann also keinen Algorithmus finden, der zu jedem vorgelegten Wort w angibt, ob es in L_H liegt oder nicht.[1]

Nun stellt sich die Frage, ob es eine speziellere Sprachklasse gibt – z. B. die Menge der Typ-1-, Typ-2- oder Typ-3-Sprachen –, so daß *alle* Sprachen L dieser Klasse entscheidbar sind (s. Bild 4.20).

---

1)   Für den speziellen Fall der Sprache L_H ist w von der Form $(T, v) \in \mathcal{TM} \times E^*$, was uns aber nicht stören soll.

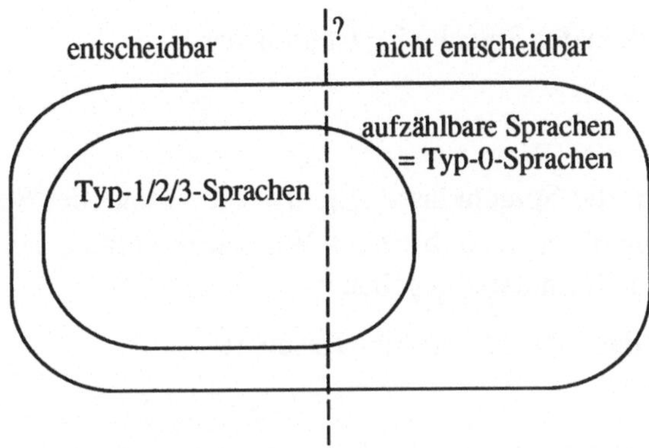

Bild 4.20: Die Fragestellung dieses Abschnitts:
Entscheidbarkeit von Typ-i-Sprachen

Die Frage nach einem Entscheidungsverfahren für eine Sprache L – also einem Algorithmus $A_L : E^* \to$ {True, False} – nennen wir auch das *Wortproblem* der Sprache L.
Wir sagen: Das Wortproblem der Sprache L ist *lösbar*, falls so ein Entscheidungsverfahren existiert (d. h. daß die Sprache entscheidbar ist), andernfalls nennen wir es *unlösbar*.

Etwas anders ist der Sprachgebrauch, wenn wir von Sprachklassen – also von Mengen von Sprachen – reden.
Wir sagen: Das *allgemeine Wortproblem* einer Sprachklasse $\mathcal{L}$ ist lösbar, wenn es ein Entscheidungsverfahren gibt, das für jede Sprache $L \in \mathcal{L}$ und für jedes Wort $w \in E^*$ entscheidet, ob $w \in L$ gilt oder nicht. Dieses Entscheidungsverfahren löst also das Wortproblem jeder Sprache $L \in \mathcal{L}$.

Die Forderung nach der Lösbarkeit des allgemeinen Wortproblems für eine Sprachklasse $\mathcal{L}$ ist demnach schärfer als die Forderung nach der Lösbarkeit des Wortproblems für jede einzelne Sprache $L \in \mathcal{L}$, weil im ersten Fall die Existenz eines allgemeinen Entscheidungsverfahrens für *alle* Sprachen $L \in \mathcal{L}$ gefordert wird.

Mit dieser Terminologie können wir aussagen:

(4.58) Satz: Für die Sprachklasse $\mathcal{L}_0$ gilt:

(a) Es gibt Sprachen $L \in \mathcal{L}_0$, deren Wortproblem unlösbar ist.

(b) Das allgemeine Wortproblem der Klasse $\mathcal{L}_0$ ist unlösbar.

Beweis:

(a) Das Wortproblem der Sprache L_H ist unlösbar.

(b) folgt aus (a).   ∎

Nun betrachten wir die Sprachklasse $\mathcal{L}_1$, also die Menge der Sprachen, die von monotonen Grammatiken erzeugbar sind. Wir setzen voraus, daß jede Sprache in Form einer solchen Grammatik gegeben ist.

Dann erhalten wir das folgende positive Resultat:

(4.59) Satz:

(a) Das allgemeine Wortproblem für die Sprachklasse $\mathcal{L}_1$ ist lösbar, d. h. es existiert ein Algorithmus

$$A_{\mathcal{L}_1} : \mathcal{L}_1 \times E^* \to \{\text{True}, \text{False}\} \quad \text{mit}$$

$$A_{\mathcal{L}_1}(L, w) ::= \begin{cases} \text{True} & , w \in L \\ \text{False} & , w \notin L. \end{cases}$$

(b) Insbesondere ist das Wortproblem für jede Sprache $L \in \mathcal{L}_1$ lösbar, d. h. jedes $L \in \mathcal{L}_1$ ist entscheidbar.

Beweis:

(a) Wir nehmen an, es seien ein Wort $w \in E^*$ und eine Sprache $L \in \mathcal{L}_1$ in Form einer monotonen Grammatik $G = (N, T, P, S)$ mit $T = E$ – also einer Grammatik, die nur Regeln der Form $\varphi \to \psi$ mit $|\varphi| \leq |\psi|$ enthält – gegeben, denn es ist ja jede kontextsensitive Grammatik monoton. Ferner bestehe w aus n Zeichen, d. h. $|w| = n \in \mathbb{N}_0$.

Falls $w \in L(G)$, so existiert eine Ableitungsfolge

$$S \Rightarrow v_1 \Rightarrow \ldots \Rightarrow v_k \Rightarrow w \quad (k \in \mathbb{N}_0),$$

wobei $|S| \leq |v_1| \leq \ldots \leq |v_k| \leq |w| = n$ gilt. Man braucht also nur Worte mit einer Länge $\leq n$ zu betrachten, um zu sehen, ob w durch G erzeugbar ist.

Wir wenden jetzt den folgenden Algorithmus an, um zu entscheiden, ob $w \in L(G)$ gilt:

INPUT: $w \in E^*$ sowie eine monotone Grammatik $G = (N, T, P, S)$;

OUTPUT: "$w \in L(G)$" oder "$w \notin L(G)$";

BEGIN

   $n := |w|$; $U := \{S\}$;

   REPEAT

       $U := U \cup \{v_2 \in (N \cup T)^* \mid v_1 \underset{G}{\Rightarrow} v_2,\ v_1 \in U,\ |v_2| \leq n\}$

   UNTIL *keine Veränderung;*

   IF $w \in U$

   THEN *Ausgabe:* $w \in L(G)$

   ELSE *Ausgabe:* $w \notin L(G)$

   END (* IF *)

END.

Die Menge U enthält also alle Worte aus $(N \cup T)^*$, die aus S ableitbar sind und die höchstens die Länge n haben. Der Algorithmus bricht ab, da dies nur endlich viele Worte sein können, und es gilt für das vorgegebene Wort w:

$$w \in L(G) \Leftrightarrow w \in U.$$

(b) Es folgt aus (a), daß zu jeder Sprache $L \in \mathcal{L}_1$ ein Algorithmus existiert, der L entscheidet. Es braucht hier nicht vorausgesetzt zu werden, daß L in Form einer monotonen Grammatik gegeben ist, da die Produktionsregeln der Grammatik "Bestandteil" des speziellen Entscheidungsalgorithmus für L sein können. $\blacksquare$

Damit haben wir einen Teil der anfangs aufgeworfenen Frage beantwortet: Jede Typ-1-Sprache und damit auch jede Typ-2- und Typ-3-Sprache ist entscheidbar.

Offen ist noch, ob die Typ-1-Sprachen *genau* mit den entscheidbaren Sprachen übereinstimmen, oder ob es entscheidbare Sprachen gibt, die nicht in $\mathcal{L}_1$ liegen.

Eine Antwort gibt der folgende Satz, den wir wieder einmal mit einem "Diagonaltrick" beweisen werden:

(4.60) Satz: Es gibt eine Sprache $L \subseteq E^*$, für die gilt:

   L ist entscheidbar, aber $L \notin \mathcal{L}_1$.

Beweisskizze: Wir gehen in mehreren Schritten vor:

(1) Zunächst stellen wir fest, daß sich die Menge E^* aufzählen läßt, z. B. für $E = \{a, b\}$:

$$a, b, aa, ab, \ldots, aaa, aab, \ldots .$$

(2) Auch die Menge aller Wörter über der Menge

$$M ::= N \cup T \cup \{\rightarrow, ;\}$$

mit $T = E$ kann man aufzählen; dabei wird jedes Wort – sofern möglich – als eine Folge von Produktionsregeln einer Grammatik aufgefaßt, und das Semikolon wird als Trennzeichen zwischen zwei Regeln interpretiert.

Jede kontextsensitive Grammatik kann durch ein Wort über M dargestellt werden; wenn man die Vertauschung von Regeln berücksichtigt, sogar auf mehrere Arten. Umgekehrt entspricht nicht jedes Wort $w \in M^*$ einer kontextsensitiven Grammatik.

Es sei $M^*_1 \subseteq M^*$ die Menge aller Wörter über M, die eine kontextsensitive Grammatik darstellen. Auch diese Menge kann man aufzählen:

$$G_1, G_2, G_3, \ldots \quad (\text{mit } G_i \in M^*_1).$$

(3) Somit existiert eine bijektive, berechenbare Abbildung aller Wörter über E^* auf die Darstellungen kontextsensitiver Grammatiken:

$$f : E^* \rightarrow M^*_1 \quad \text{mit} \quad f(w_i) ::= G_i =:: G_{w_i}.$$

Jedem Wort w wird also eine Grammatik G_w zugeordnet. Dabei können verschiedene Wörter w_i und w_j auf äquivalente Grammatiken G_{w_i} und G_{w_j} abgebildet werden.

(4) Wir betrachten jetzt die Sprache

$$L_D ::= \{w \in E^* \mid w \notin L(G_w)\}.$$

<u>Behauptung 1:</u> $L_D \notin \mathcal{L}_1$.

<u>Beweis:</u> Einerseits gilt:

$$\forall w \in E^*: w \in L_D \Leftrightarrow w \notin L(G_w) \tag{*}$$

Nehmen wir jetzt an, daß $L_D \in \mathcal{L}_1$ richtig ist, so existiert andererseits ein Wort $v \in E^*$ mit

$$L_D = L(G_v), \tag{**}$$

weil jede Typ-1-Sprache durch eine Grammatik aus der Aufzählung in (2) repräsentiert wird.

Jetzt gilt aber für das spezielle Wort v:

$$v \in L(G_v)$$
$$\Leftrightarrow \quad v \in L_D \qquad \text{(wegen (**))}$$
$$\Leftrightarrow \quad v \notin L(G_v) \qquad \text{(wegen (*))},$$

was einen Widerspruch darstellt.

Damit gilt $L_D \notin \mathcal{L}_1$.

<u>Behauptung 2:</u> L_D ist entscheidbar.

<u>Beweis:</u> Jede Sprache $L(G_w)$ ist kontextsensitiv und somit entscheidbar. Zudem kann man zu jedem Wort w die entsprechende Grammatik G_w effektiv bestimmen. Damit kann man also für jedes Wort w feststellen, ob $w \in L(G_w)$ gilt oder nicht.

L_D besteht dann aus allen Wörtern, für die dies nicht der Fall ist.   ∎

Damit herrscht jetzt vollständige Klarheit, welche Sprachklassen ausschließlich entscheidbare Sprachen enthalten und welche nicht (s. Bild 4.21).

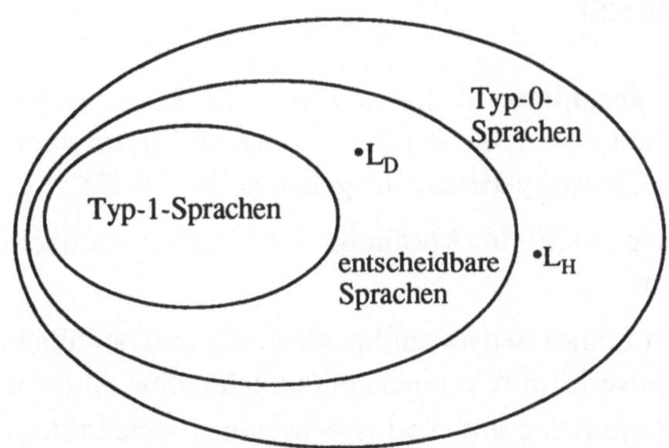

Bild 4.21: Entscheidbare Sprachen in der Chomsky-Hierarchie

Durch die Sprachen L_D und L_H ist jeweils nachgewiesen worden, daß die betrachteten Sprachklassen *echt* ineinander enthalten sind.

Neben dem Wortproblem für Sprachen gibt es eine Reihe anderer Fragen, deren Beantwortung teilweise mit einem Entscheidungsverfahren möglich ist, teilweise aber auch nicht:

Es seien L_1 und L_2 Sprachen, die in Form von Grammatiken G_1 und G_2 gegeben sind:

- Ist L_1 leer? endlich? unendlich?
- Ist $L_1 = L_2$, d. h. sind G_1 und G_2 äquivalent?
- Ist $L_1 \subseteq L_2$?
- Ist L_1 eine reguläre Sprache?
- Sind $E^* - L_1$ (d. h. das Komplement von L_1), $L_1 \cup L_2$ bzw. $L_1 \cap L_2$ vom gleichen Typ wie L_1 und L_2?

etc.

Bei der Untersuchung dieser Fragen stellt sich heraus, daß die Beantwortung umso schwieriger wird, je allgemeiner die betrachtete Sprachklasse ist. So lassen sich im Falle von Typ-3-Sprachen alle Fragen durch ein Entscheidungsverfahren beantworten, im Falle von Typ-0-Sprachen ist dagegen keine dieser Fragen entscheidbar.

Eine ausführliche Behandlung obiger Fragen findet der Leser in [Sud88], [HoU79] oder [Kai72].

4.4.2 Überblick

Wir wollen jetzt abschließend die in Abschnitt 3.3.6 angegebene Übersicht vervollständigen und dem Leser damit eine knappe Zusammenfassung wichtiger Resultate über die Chomsky-Hierarchie geben (s. Bild 4.22).

Gegenüber der Übersicht in Abschnitt 3.3.6 haben sich einige zusätzliche Ergebnisse ergeben:

- Die Menge der kontextsensitiven Sprachen $\mathcal{L}_1$ und der allgemeinen Sprachen $\mathcal{L}_0$ können jeweils durch einen entsprechenden Automatentyp – linear beschränkte Automaten und Turing-Maschinen – charakterisiert werden.

- Die allgemeinen Sprachen sind identisch mit den (rekursiv) aufzählbaren Sprachen, d. h. zu jeder dieser Sprachen existiert eine surjektive, berechenbare Funktion, die genau die Sprache als Bildmenge hat.

- Eine echte Teilmenge der allgemeinen Sprachen ist die Menge der entscheidbaren Sprachen. Die Letztgenannten beinhalten die kontextsensitiven (und damit auch die kontextfreien bzw. regulären) Sprachen.

- Die Sprachen L_D, L_H und L_{NA} sind typische Vertreter der entscheidbaren, aber nicht kontextsensitiven Sprachen bzw. der aufzählbaren, aber nicht entscheidbaren Sprachen bzw. der nicht aufzählbaren Sprachen.
  Diese Sprachen basieren auf einem nicht-konstruktiven Beweisverfahren und sind somit nicht explizit angebbar.

	Grammatik	Automat	sonstige Charakterisierung	typische Sprachen
$\mathcal{L}_3$ (reguläre Sprachen)	rechtslineare bzw. linkslineare Grammatik	det. EA, nichtdet. EA, λ-Automat	reguläre Ausdrücke, Pumping-Lemma (notwendiges Kriterium)	/
$\mathcal{L}_2$ (kontextfreie Sprachen)	/ ---- kontextfreie Grammatik	det. KA ---- nichtdet. KA	/ ---- Pumping-Lemma (notwendiges Kriterium)	$\{a^n b^n \mid n \in \mathbb{N}\}$ ---- $\{ww' \mid w \in E^*\}$
$\mathcal{L}_1$ (kontext-sensitive Sprachen)	kontext-sensitive bzw. monotone Grammatik	nichtdet. LBA	/	$\{a^n b^n c^n \mid n \in \mathbb{N}\}$
$\mathcal{L}_0$ (allgemeine Sprachen)	/ ---- allgemeine Grammatik	/ ---- det. TM nichtdet. TM	entscheidbare Sprachen ---- aufzählbare Sprachen	$L_D = \{w \in E^* \mid w \notin L(G_w)\}$ ---- $L_H = \{(T, w) \mid T$ hält angesetzt auf $w\}$
$\wp(E^*)$	/	/	/	$L_{NA} = \{w_i \in E^* \mid w_i \notin L(T_i)\}$

Bild 4.22: Zusammenfassung wichtiger Ergebnisse

Es sei auch noch einmal auf die Leistungsfähigkeit von deterministischen und nichtdeterministischen Automaten hingewiesen. Bei den endlichen Automaten und bei Turing-Maschinen haben sich beide Varianten als gleich leistungsfähig herausgestellt. Bei Kellerautomaten haben wir dagegen gesehen, daß die deterministischen Automaten weniger Sprachen erkennen können als die nichtdeterministischen Automaten.

Offen ist diese Frage für Turing-Maschinen mit linearer Bandbeschränkung, also für linear beschränkte Automaten.

Ausgewählte Lösungen zu Aufgaben aus den Kapiteln 1 bis 4

1.1-1.3:

1. symmetrisch: nein
    antisymmetrisch: nein (Gegenbeispiel: n = -m)
    asymmetrisch: nein (Gegenbeispiel: n = m)
    reflexiv: ja
    irreflexiv: nein
    transitiv: ja

3. Zu zeigen: $\preccurlyeq$ ist antisymmetrisch, reflexiv und transitiv.

    reflexiv, transitiv: vgl. Beweis von Lemma 1.13

    antisymmetrisch: <u>z.z.:</u> $\pi \preccurlyeq \pi', \pi' \preccurlyeq \pi \Rightarrow \pi = \pi'$

    <u>Beweis:</u> Es gilt:

    $$\left. \begin{array}{l} \forall\, P \in \pi\, \exists\, P' \in \pi' : P \subseteq P' \\ \forall\, P' \in \pi'\, \exists\, Q \in \pi : P' \subseteq Q \end{array} \right\} \Rightarrow \forall\, P \in \pi\, \exists\, P' \in \pi'\, \exists\, Q \in \pi : P \subseteq P' \subseteq Q$$

    Falls $P \neq Q$: Widerspruch zur Definition der Zerlegung, da gilt: $P \cap Q \neq \emptyset$
    aufgrund von $P \subseteq Q$.
    Also gilt $P = P' = Q$ und damit $\pi = \pi'$.

    $\preccurlyeq$ ist Ordnungsrelation.

8. Es muß eine bijektive Funktion $f : E^* \to \mathbb{IN}_0$ mit $f(w \circ v) = f(w) + f(v)$
    existieren.

    <u>Behauptung:</u> $f : E^* \to \mathbb{IN}_0$ mit $f(w) = |w|$ (f berechnet die Länge des Wortes)
    leistet das Gewünschte.
    <u>Beweis:</u> E ist nach Voraussetzung einelementig, also z.B. $E = \{a\}$, d.h.
    $E^* = \{\lambda, a, aa, aaa, \dots\} = \{a^i \mid i \in \mathbb{IN}_0\}$.
    Seien $w = a^i$, $v = a^j$ beliebig, $i, j \in \mathbb{IN}_0$. Dann gilt:
    $$\begin{aligned} f(w \circ v) &= f(a^i \circ a^j) = f(a^{i+j}) = i + j = f(a^i) + f(a^j) \\ &= f(w) + f(v). \end{aligned}$$
    Für $w \neq v$ ist jeweils $f(w) \neq f(v)$, d.h. f ist injektiv.
    Für jedes $n \in \mathbb{IN}_0$ gilt $n = f(a^n)$, d.h. f ist surjektiv.
    Ferner gilt für die jeweiligen neutralen Elemente $f(\lambda) = 0$.

2.1.2:

1. (a) $L = \{a(ba)^n \mid n \in \mathbb{N}_0\}$

    (b) $L = \{(a(ab)^n b)^m \mid n, m \in \mathbb{N}_0\}$

3. (b) $EA = (E, S, \delta, s_0, F)$ mit $E = \{a, b\}$, $S = \{s_0, s_1, s_2, s_3\}$, $F = \{s_3\}$ und δ gemäß der folgenden Zustandstafel:

	a	b
s_0	s_1	s_0
s_1	s_2	s_0
s_2	s_3	s_0
s_3	s_3	s_3

    (d) $EA = (E, S, \delta, s_0, F)$ mit $E = \{a, b\}$, $S = \{s_0, s_1, s_2, s_3\}$, $F = \{s_0\}$ und δ gemäß der folgenden Zustandstafel:

	a	b
s_0	s_1	s_2
s_1	s_0	s_3
s_2	s_3	s_0
s_3	s_2	s_1

2.1.3:

2. (a) $M = (E, S, Z, \delta, \gamma, s_0)$ mit $E = Z = \{0, 1\}$, $S = \{s_0, s_1, s_2, s_3, s_4, s_5, s_6\}$ und δ und γ gemäß dem folgenden Zustandsdiagramm:

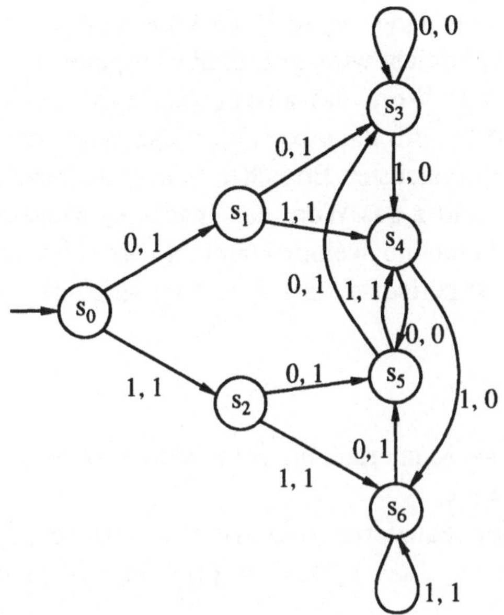

3. $M = (E, S', Z, \delta', \gamma', s_0')$ mit $E = \{0, 1, P\}$, $Z = \{0, 1, G, U\}$, $s_0' = (s_0, 0)$,
    $S' = \{(s_0, 0), (s_0, 1), (s_0, G), (s_0, U), (s_1, 0), (s_1, 1), (s_1, G), (s_1, U)\}$, γ' ist
    klar, und δ' gemäß der folgenden Zustandstafel:

	0	1	P
$(s_0, 0)$	$(s_0, 0)$	$(s_1, 1)$	(s_0, G)
$(s_0, 1)$	$(s_0, 0)$	$(s_1, 1)$	(s_0, G)
(s_0, G)	$(s_0, 0)$	$(s_1, 1)$	(s_0, G)
(s_0, U)	$(s_0, 0)$	$(s_1, 1)$	(s_0, G)
$(s_1, 0)$	$(s_1, 0)$	$(s_0, 1)$	(s_1, U)
$(s_1, 1)$	$(s_1, 0)$	$(s_0, 1)$	(s_1, U)
(s_1, G)	$(s_1, 0)$	$(s_0, 1)$	(s_1, U)
(s_1, U)	$(s_1, 0)$	$(s_0, 1)$	(s_1, U)

6. (a) Es sei w ein Wort aus lauter gleichen Zeichen mit $|w| \geq 4n$. Daraus folgt,
        daß mindestens ein Zustand doppelt erreicht werden muß, z. B. s_k, $0 \leq k$
        $\leq n-1$.
        Ab dem zweiten Erreichen von s_k wiederholt sich die Ausgabe, da w aus
        lauter gleichen Zeichen besteht.

Da w genügend lang ist, d. h. so lang, daß auch zum zweiten Mal mindestens s_k erreicht wird, gilt für die Ausgabe: $v = x y^i z$, $i \geq 2$.

Dabei ist x das Wort, das ausgegeben wird, bis zum ersten Mal s_k erreicht wird (es gilt dann $|x| \leq n$), y das Wort, das ab dem Erreichen von s_k bis zum nächsten Erreichen von s_k ausgegeben wird (hier gilt $1 \leq |y| \leq n$), und z das Wort, das "nach" s_k ausgegeben wird, falls s_k anschließend nicht noch einmal erreicht wird (klar: $|z| \leq n$).

Das heißt: v ist periodisch mit einer Periodenlänge $\leq n$.

2.1.4:

2. Es gilt: $s_0 \sim s_2 \sim s_3$. Man erhält die Äquivalenzklassen $s_0' = [s_0]$, $s_1' = [s_1]$, $s_4' = [s_4]$ und $s_5' = [s_5]$.

Es ergibt sich der reduzierter Automat $EA' = (E, S', \delta', s_0', F')$ mit $E = \{a, b\}$, $S' = \{s_0', s_1', s_4', s_5'\}$, $F' = \{s_1'\}$ und δ' gemäß der folgenden Zustandstafel:

	a	b
s_0'	s_1'	s_4'
s_1'	s_0'	s_0'
s_4'	s_5'	s_4'
s_5'	s_5'	s_0'

3. <u>zu zeigen:</u> Falls s erreichbar ist, so gilt: $\exists w \in E^*, |w| \leq n - 1$: $\delta(s_0, w) = s$.
<u>Beweis:</u> s sei erreichbar, d. h. es existiere ein Wort $v \in E^*$ mit $\delta(s_0, v) = s$.
1. Fall: $|v| \leq n - 1$: fertig.
2. Fall: $|v| = m \geq n$, etwa $v = e_1 \ldots e_m$.

Dann muß wegen $|S| = n$ mindestens ein Zustand "zwischen" s_0 und s doppelt erreicht werden. Wir nehmen an, daß s´ der erste aller doppelt erreichten Zustände ist. Sei $e_1 \ldots e_j$ das Wort, das von s_0 nach s´ führt, $e_{j+1} \ldots e_k$ das Wort, das von s´ wieder nach s´ führt, und $e_{k+1} \ldots e_m$ das Wort, das von s´ nach s führt. Entfernt man nun die Zeichenkette, die zu der "Schleife" zwischen s´ und s´ geführt hat, so hat das verbleibende Restwort eine Länge $< m$. Diesen Vorgang wiederholt man für etwaige weitere "Schleifen", und man erhält schließlich ein Wort v´, bei dessen Verarbeitung jeder Zustand höchstens einmal durchlaufen wird. Wegen $|S| = n$ folgt $|v´| \leq n - 1$, und es gilt für v´: $\delta(s_0, v´) = s$. Es ist also ein Wort mit den geforderten Eigenschaften gefunden.

5. (a) *zu zeigen*: (1) $\forall j \geq k: \pi_j = \pi_{j+1}$ und (2) $\forall j \geq k: \pi_j = \pi$.

    Beweis: (1) Nach Satz 2.38 (b) folgt $[s]_{j+1} \subseteq [s]_j$. Es bleibt also $[s]_j \subseteq [s]_{j+1}$ zu zeigen. Dies geschieht durch vollständige Induktion über j:

    Induktionsanfang: j = k. Nach Voraussetzung gilt $\pi_k = \pi_{k+1}$.

    Induktionsvoraussetzung: Für ein gewisses $j \geq k$ gelte die Behauptung $\pi_j = \pi_{j+1}$.

    Induktionsschluß von j nach j + 1, d. h. es ist zu zeigen, daß $\pi_{j+1} = \pi_{j+2}$ gilt: Es sei $s' \in [s]_{j+1}$, d. h. $s' \overset{j+1}{\sim} s$

$$\Leftrightarrow \forall e \in E : \delta(s', e) \overset{j}{\sim} \delta(s, e) \text{ und } s' \overset{0}{\sim} s \qquad \text{(nach Satz 2.41)}$$

$$\Leftrightarrow \forall e \in E : \delta(s', e) \overset{j+1}{\sim} \delta(s, e) \text{ und } s' \overset{0}{\sim} s \qquad (\pi_j = \pi_{j+1})$$

$$\Leftrightarrow s' \overset{j+2}{\sim} s. \qquad \text{(nach Satz 2.41)}$$

    D. h. $s' \in [s]_{j+2}$, und es folgt $[s]_{j+1} \subseteq [s]_{j+2}$ und damit $\pi_{j+1} = \pi_{j+2}$.

(2) Es ist zu zeigen, daß gilt: $\forall j \geq k: \forall s \in S: [s]_j = [s]$.

Wegen Satz 2.38 (a) gilt $[s] \subseteq [s]_j$, und es bleibt $[s]_j \subseteq [s]$ zu zeigen. Dazu sei $s' \in [s]_j$.

Nach (1) gilt für alle $j' \geq j$: $s' \overset{j'}{\sim} s$, und aufgrund von Satz 2.38 (b) gilt für $j' < j$ (da $[s]_j \subseteq [s]_{j'}$): $s' \overset{j'}{\sim} s$.

Somit erhält man für alle $n \in \mathbb{N}_0$: $s' \overset{n}{\sim} s$, und es folgt $s' \in [s]$ und damit $[s]_j \subseteq [s]$.

  (b) Es ist zu zeigen, daß nach spätestens n - 1 Schritten die feinste Zerlegung bzgl. der Äquivalenz von Zuständen der Zustandsmenge erreicht ist.

    π_0 enthält die beiden Klassen, die alle Endzustände bzw. alle Nicht-Endzustände enthalten. Die nächstfeinere Zerlegung π_1 ist entweder identisch mit π_0 (dann sind auch alle weiteren Zerlegungen identisch, vgl. Aufgabe 3 (a)), oder sie entsteht dadurch, daß mindestens eine der beiden Klassen in mindestens zwei verschiedene Klassen aufgespalten wird.

    Im schlechtesten Fall enthält π_0 nur eine Klasse mit n Elementen (alle Zustände sind Endzustände), pro Verfeinerungsschritt wird eine Klasse in zwei Klassen aufgespalten, und die letzte Verfeinerung besteht aus n einelementigen Klassen. Es ist also zu zeigen, daß man in höchstens n - 1 Schritten aus einer n-elementigen Menge n einelementige Mengen erhalten kann. Der Beweis wird durch vollständige Induktion über n geführt.

    Induktionsanfang: n = 1: n - 1 = 0 Schritte genügen.

    Induktionsvoraussetzung: Für ein gewisses $n \geq 1$ gelte die Behauptung.

    Induktionsschluß von n auf n + 1: Eine Menge mit n + 1 Elementen spaltet man in zwei Mengen auf, die größere hat maximal n

Elemente. Für die beiden Mengen gilt die Induktionsvoraussetzung, und man erhält die einelementigen Mengen nach spätestens n - 1 Schritten. Somit hat man insgesamt zur Aufspaltung höchstens n Schritte benötigt.

2.1.5:

2. $EA = (E, S', \delta', s_0', F')$ mit $E = \{a, b\}$, $F' = \{s_{\{3\}}, s_{\{1,2,3\}}, s_{\{0,1,2,3\}}\}$, $s_0' = s_{\{0\}}$, $S' = \{s_{\{0\}}, s_{\{3\}}, s_{\{4\}}, s_\emptyset, s_{\{0,2\}}, s_{\{1,2\}}, s_{\{0,1,2\}}, s_{\{1,2,3\}}, s_{\{1,2,4\}}, s_{\{0,1,2,3\}}, s_{\{0,1,2,4\}}\}$ und δ' gemäß der folgenden Zustandstafel:

	a	b
$s_{\{0\}}$	$s_{\{4\}}$	$s_{\{1,2\}}$
$s_{\{4\}}$	$s_\emptyset$	$s_{\{3\}}$
$s_{\{1,2\}}$	$s_{\{0,1,2\}}$	$s_{\{1,2,3\}}$
$s_\emptyset$	$s_\emptyset$	$s_\emptyset$
$s_{\{3\}}$	$s_{\{0\}}$	$s_{\{0,2\}}$
$s_{\{0,1,2\}}$	$s_{\{0,1,2,4\}}$	$s_{\{1,2,3\}}$
$s_{\{1,2,3\}}$	$s_{\{0,1,2\}}$	$s_{\{0,1,2,3\}}$
$s_{\{0,2\}}$	$s_{\{1,2,4\}}$	$s_{\{1,2,3\}}$
$s_{\{0,1,2,4\}}$	$s_{\{0,1,2,4\}}$	$s_{\{1,2,3\}}$
$s_{\{0,1,2,3\}}$	$s_{\{0,1,2,4\}}$	$s_{\{0,1,2,3\}}$
$s_{\{1,2,4\}}$	$s_{\{0,1,2\}}$	$s_{\{1,2,3\}}$

Der Zustand $s_\emptyset$ entsteht, da man im Zustand s_4 des Automaten NEA mit einem gelesenen a in keinen Folgezustand gelangt. $s_\emptyset$ ist eine Art "Fehlerzustand", da man ihn nicht mehr verlassen kann.

2.2:

1. $KA = (E, S, K, \delta, s_0, k_0, F)$ mit $E = \{a, b\}$, $S = \{s_0, s_1, s_2, s_3\}$, $F = \{s_0, s_3\}$, $K = \{k_0, a\}$ und δ gemäß

$(s_0, a, k_0) \quad \mapsto \quad (s_1, ak_0)$

$(s_1, a, a) \quad \mapsto \quad (s_1, aa) \qquad\qquad (s_1, b, a) \quad \mapsto \quad (s_2, \lambda)$

$(s_2, b, a) \quad \mapsto \quad (s_2, \lambda) \qquad\qquad (s_2, \lambda, k_0) \quad \mapsto \quad (s_3, k_0)$.

3. Wir weisen nach, daß für w = vcv' gilt: $(s_0, w, \alpha) \vdash \ldots \vdash (s_1, \lambda, \alpha)$, und
    damit speziell $(s_0, w, k_0) \vdash \ldots \vdash (s_1, \lambda, k_0) \vdash (s_2, \lambda, k_0)$.
    Wir führen den Beweis durch vollständige Induktion über die Wortlänge von
    v.

Induktionsanfang: $|v| = 0 \Rightarrow w = c$

$(s_0, c, \alpha) \qquad \mapsto \qquad (s_1, \alpha)$,

$(s_0, c, k_0) \qquad \mapsto \qquad (s_1, k_0)$, $(s_1, \lambda, k_0) \quad \mapsto \quad (s_2, k_0)$,

d. h. die Behauptung gilt, und w ist akzeptiert.

Induktionsannahme: Die Aussage gelte für ein gewisses $n \geq 0$, d.h. für alle
Worte v mit $|v| = n$.

Induktionsschluß von n auf n+1: Nach Induktionsannahme gilt die Aussage
für $|v| = n$. Es sei nun $w_{n+1} = wcw'$ mit $|w| = n + 1$. Dann gilt $w = 0v$ oder
$w = 1v$ mit $|v| = n$. Wir betrachten oBdA den Fall $w = 0v$:

$(s_0, 0vcv'0, \alpha) \vdash (s_0, vcv'0, 0\alpha) \vdash \ldots \vdash (s_1, 0, 0\alpha) \vdash (s_1, \lambda, \alpha)$

(Induktionsannahme)

Für den Spezialfall $\alpha = k_0$ gilt also:

$(s_0, 0vcv'0, k_0) \vdash (s_0, vcv'0, 0k_0) \vdash \ldots \vdash (s_1, 0, 0k_0) \vdash (s_1, \lambda, k_0)$

$\vdash (s_2, \lambda, k_0)$,

d.h. $w_{n+1} = wcw'$ mit $|w| = n + 1$ wird akzeptiert.

Was passiert, falls ein Eingabewort eine andere Gestalt hat?

Das Eingabewort kann in der Mitte kein c haben. Für diesen Fall betrachte
die Ausführungen nach Beispiel 2.69.

Das Eingabewort kann die Gestalt vcw haben mit $w \neq v'$. Bei der Abarbeitung von w (man befindet sich bereits im Zustand s_1) erreicht man irgendwann zum ersten Mal eine Stelle, an der das gelesene Zeichen nicht mit dem
obersten Kellerzeichen übereinstimmt. Dann ist der Zustandsübergang nicht
definiert, denn δ ist in s_1 nur für übereinstimmendes Eingabe- und Kellerzeichen definiert. Man kann also keinen Endzustand erreichen.

7. (a) nichtdeterministischer $KA = (E, S, K, \delta, s_0, k_0, F)$ mit $E = \{a, b\}$, $S =$
    $\{s_0, s_1, s_2, s_3, s_4, s_5, s_6, s_7\}$, $K = \{k_0, a, b\}$, $F = \{s_0, s_7\}$ und δ wie folgt:

$(s_0, a, k_0) \qquad \mapsto \qquad (s_1, ak_0)$

$(s_1, a, a) \qquad \mapsto \qquad (s_1, aa) \qquad$ Aufbau der a´s

$(s_1, b, a) \qquad \mapsto \qquad (s_2, ba) \qquad$ erstes b wird gelesen

$(s_2, b, b) \qquad \mapsto \qquad (s_2, bb) \qquad$ Aufbau der b´s

$(s_2, a, b) \qquad \mapsto \qquad (s_3, \lambda) \qquad$ erstes a wird gelesen

$(s_3, a, b) \qquad \mapsto \qquad (s_3, \lambda) \qquad$ Abbau der b´s

$(s_3, b, a) \qquad \mapsto \qquad (s_4, \lambda) \qquad$ erstes b wird gelesen

$(s_4, b, a) \qquad \mapsto \qquad (s_4, \lambda) \qquad$ Abbau der a´s

$(s_4, \lambda, k_0) \qquad \mapsto \qquad (s_7, k_0)$

für Worte $b^n a^n$, d.h. m = 0 zusätzlich:

(s_0, b, k_0)	$\mapsto$	(s_5, bk_0)	
(s_5, b, b)	$\mapsto$	(s_5, bb)	Aufbau der b´s
(s_5, a, b)	$\mapsto$	(s_6, λ)	erstes a wird gelesen
(s_6, a, b)	$\mapsto$	(s_6, λ)	Abbau der b´s
(s_6, λ, k_0)	$\mapsto$	(s_7, k_0)	

für Worte $a^m b^m$, d.h. n = 0 zusätzlich:

$(s_1, b, a) \quad \mapsto \quad (s_4, \lambda) \quad$ ("nichtdeterministischer Anteil")

Es gibt keinen deterministischen Automaten, der L akzeptiert, da man beim Lesen des ersten b nicht weiß, ob n = 0 ist oder nicht.

3.2:

2. (a) a*(b b* aa*)*

   (b) a*(b(b*(a b)*)*aaa*)*

3. (a) NEA = (E, S, δ, s_0, F) mit E = {a, b}, S = {s_0, s_2, s_3}, δ gemäß dem Zustandsdiagramm und F = {s_2, s_3}.

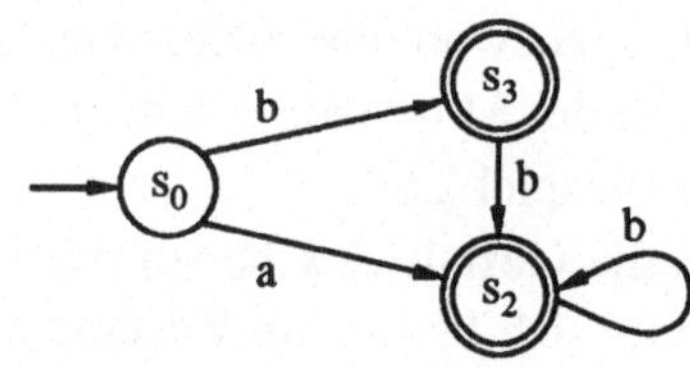

   (b) NEA = (E, S, δ, s_0, F) mit E = {a, b}, S = {s_0, s_1, s_2, s_4}, δ gemäß dem Zustandsdiagramm und F = {s_1, s_2, s_4}.

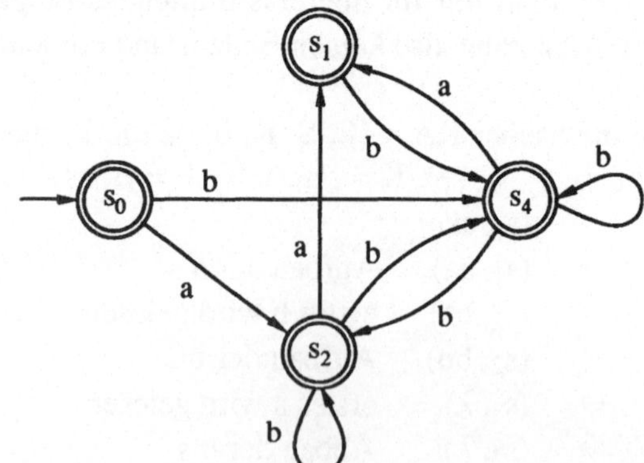

4. (d) $L(\alpha(\alpha'\alpha'')) = L(\alpha)L(\alpha'\alpha'') = L(\alpha)(L(\alpha')L(\alpha''))$
$= (L(\alpha)L(\alpha'))L(\alpha'') = L(\alpha\alpha')L(\alpha'')$
$= L((\alpha\alpha')\alpha'')$.

(e) $L(\alpha(\alpha' \cup \alpha'')) = L(\alpha)L(\alpha' \cup \alpha'') = L(\alpha)(L(\alpha') \cup L(\alpha''))$
$= L(\alpha) \{x \mid x \in L(\alpha') \text{ oder } x \in L(\alpha'')\}$
$= \{yx \mid y \in L(\alpha), x \in L(\alpha') \text{ oder } x \in L(\alpha'')\}$
$= \{yx' \mid y \in L(\alpha), x' \in L(\alpha')\} \cup$
$\{yx'' \mid y \in L(\alpha), x'' \in L(\alpha'')\}$
$= L(\alpha)L(\alpha') \cup L(\alpha)L(\alpha'')$
$= L(\alpha\alpha') \cup L(\alpha\alpha'') = L(\alpha\alpha' \cup \alpha\alpha'')$.

3.3.3:

1. (a) $L(G) = \{a^n b^m \mid n, m \in \mathbb{N}\}$

(b) $G' = (N', T, P', S')$ mit $N' = \{S, B\}$, $S' = S$ und
$P' = \{S \rightarrow aS, S \rightarrow aB, B \rightarrow bB, B \rightarrow b\}$.

(c) $\alpha = aa^* bb^*$ oder auch $\alpha = a^* ab^* b$.

$E = \{a, b\}$, $s_0 = S'$, $S = \{S', B, \sigma_0\}$, $F = \{\sigma_0\}$,
$\delta(S', a) = \{S', B\}$, $\delta(S', b) = \varnothing$,
$\delta(B, a) = \varnothing$, $\delta(B, b) = \{B, \sigma_0\}$,
$\delta(\sigma_0, a) = \varnothing$, $\delta(\sigma_0, b) = \varnothing$.

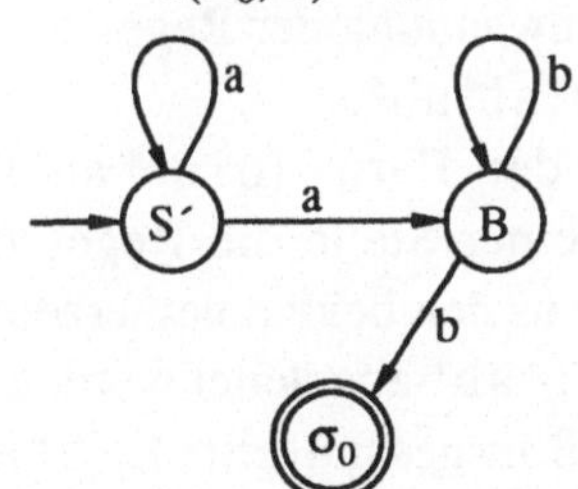

4. Die äquivalente rechtslineare Grammatik wird durch Einführung zusätzlicher Nonterminalsymbole konstruiert:
für Regeln der Art $A \rightarrow w$ mit $|w| > 1$:
$w = w_1...w_n$, $n \in \mathbb{N}$, $n > 1$: Ersetzung von $A \rightarrow w$ durch
$$A \rightarrow w_1 C_1$$
$$C_1 \rightarrow w_2 C_2$$
$$...$$
$$C_{n-2} \rightarrow w_{n-1} C_{n-1}$$
$$C_{n-1} \rightarrow w_n.$$

für Regeln der Art $A \to wB$ mit $|w| > 1$:

$w = w_1 \ldots w_n$, $n \in \mathrm{IN}$, $n > 1$: Ersetzung von $A \to wB$ durch

$$A \to w_1 D_1$$
$$D_1 \to w_2 D_2$$
$$\ldots$$
$$D_{n-2} \to w_{n-1} D_{n-1}$$
$$D_{n-1} \to w_n B.$$

5. (a) $G = (N, T, P, S)$ mit

   $T = \{a, b\}$, $N = \{S, B\}$ und

   $P = \{S \to aS, S \to bS, S \to bB, B \to b\}$.

   (c) $G = (N, T, P, S)$ mit

   $T = \{0, 1\}$, $N = \{S, A\}$ und

   $P = \{S \to 0A \mid 1S \mid \lambda, A \to 1S \mid \lambda\}$.

3.3.4:

3. (a) $\{aa,\ aab, aba, baa\}$

   (b) Zuerst wird gezeigt, daß $L(b^* ab^* ab^*) \subseteq L(G)$ gilt.

   Nach Anwendung der Regel $S \to AA$ können für beide A's beliebig oft die Regeln $A \to bA$ und $A \to Ab$ angewendet werden, evtl. gar nicht. Danach erfolgt die Anwendung der Regel $A \to a$, und man erhält einen Ausdruck der Form $b^* ab^* ab^*$.

   Soll ein Ausdruck der Form $(b^* ab^* ab^*)(b^* ab^* ab^*)^*$ hergeleitet werden, so muß an einer Stelle die Regel $A \to AAA$ "dazwischen geschaltet" werden. Aus den beiden neu erzeugten A's kann wieder wie oben beschrieben $b^* ab^* ab^*$ abgeleitet werden.

   Damit ist gezeigt, daß insgesamt gilt: $L((b^* ab^* ab^*)(b^* ab^* ab^*)^*) \subseteq L(G)$.

   (c) Konstruktion eines Kellerautomaten gemäß Algorithmus 3.52:

   $KA = (E, S, K, \delta, s_0, k_0, F)$ mit

   $E = \{a, b\}$, $S = \{s_0, s_1, s_2\}$, $K = \{a, b, A, S, k_0\}$, $F = \{s_2\}$ und

   $\delta(s_0, \lambda, k_0) = \{(s_1, S k_0)\}$,

   $\delta(s_1, \lambda, k_0) = \{(s_2, k_0)\}$,

   $\delta(s_1, a, a) = \{(s_1, \lambda)\}$,

   $\delta(s_1, b, b) = \{(s_1, \lambda)\}$.

   $\delta(s_1, \lambda, A) = \{(s_1, AAA), (s_1, bA), (s_1, Ab), (s_1, a)\}$,

   $\delta(s_1, \lambda, S) = \{(s_1, AA)\}$.

(d) Schritt 1: erledigt

Schritt 2: erledigt

Schritt 3: $P = \{\ S \to AA, A \to AAA, A \to a, A \to C_bA, A \to AC_b,$
$C_b \to b\}$

Schritt 4: $P = \{\ S \to AA, A \to AD_1, D_1 \to AA, A \to a, A \to C_bA,$
$A \to AC_b, C_b \to b\}$

6. (a) Seien $G_1 = (N_1, T_1, P_1, S_1)$ bzw. $G_2 = (N_2, T_2, P_2, S_2)$ kontextfreie Grammatiken zu L_1 bzw. L_2. Es gelte $N_1 \cap N_2 = \emptyset$. (Dies kann man durch Umbenennung von Nonterminalsymbolen erreichen)

$L_1 \cup L_2$: Konstruiere aus G_1, G_2 eine Grammatik $G´ = (N´, T´, P´, S´)$
mit $\quad N´ := N_1 \cup N_2 \cup \{S´\}$,
$T´ := T_1 \cup T_2$,
$P´ := P_1 \cup P_2 \cup \{S´ \to S_1, S´ \to S_2\}$.
Die neuen Regeln sind kontextfrei, und $L(G´) = L_1 \cup L_2$.

$L_1 L_2$: Konstruiere aus G_1, G_2 eine Grammatik $G´ = (N´, T´, P´, S´)$
mit $\quad N´ := N_1 \cup N_2 \cup \{S´\}$,
$T´ := T_1 \cup T_2$,
$P´ := P_1 \cup P_2 \cup \{S´ \to S_1 S_2\}$.
Die hinzugekommene Regel ist kontextfrei, und $L(G´) = L_1 L_2$.

L_1^*: Konstruiere aus G_1 eine Grammatik $G´ = (N´, T´, P´, S´)$
mit $\quad N´ := N_1$,
$T´ := T_1$,
$P´ := P_1 \cup \{S´ \to \lambda \mid S_1 S´ \mid S_1\}$.
Die neu entstandenen Regeln sind kontextfrei, und $L(G´) = L_1^*$.

(b) Betrachte die beiden Sprachen
$L_1 = \{a^i b^i c^k \mid i, k \in \mathbb{N}_0\}$ und
$L_2 = \{a^i b^k c^k \mid i, k \in \mathbb{N}_0\}$.
Es gilt: $L_1 \cap L_2 = \{a^i b^i c^i \mid i \in \mathbb{N}_0\}$.
L_1 und L_2 sind kontextfrei, nicht aber $L_1 \cap L_2$ (Beispiel 3.65).

Nach (a) gilt immer, daß $L_1 \cup L_2$ kontextfrei ist. Wäre nun das Komplement einer Sprache auch stets kontextfrei, so würde immer gelten:
$L_1 \cap L_2 = \overline{\overline{L_1} \cup \overline{L_2}}$ ist kontextfrei.
Dies ist ein Widerspruch zum obigen Ergebnis, daß $L_1 \cap L_2$ nicht kontextfrei zu sein braucht.

9. $L(G) = \{a^i b^j \mid i \in \mathbb{N}, j \in \mathbb{N}_0\} \cup \{\lambda\}$

Mehrdeutigkeit: Beispielsweise existieren für das Wort aab verschiedene Ableitungsbäume.

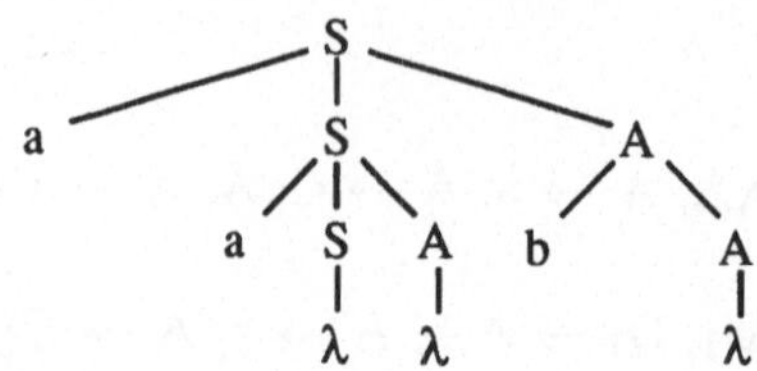 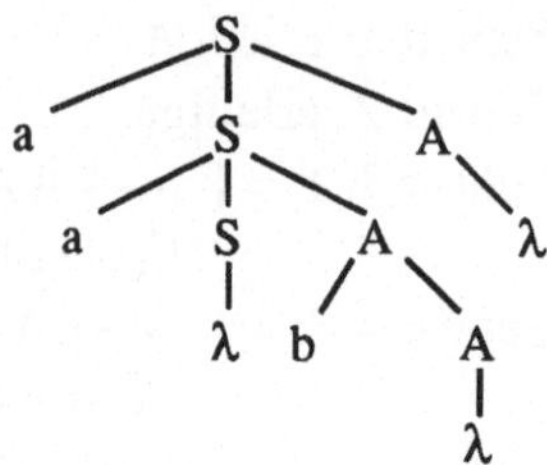

Eine eindeutige Grammatik für L(G) ist dagegen G′ = (N′, T′, P′, S′):
N′ = {S′, A, B}, T′ = {a, b},
P′ = {S′ →aA | λ, A →aA | bB | λ, B →bB | λ}.
Diese Grammatik ist eindeutig: Es <u>müssen</u> zuerst alle a´s erzeugt werden, erst anschließend erzeugt man die b´s.

10. (a) L ist kontextfrei, da die folgende kontextfreie Grammatik L erzeugt:
        G = (N, T, P, S) mit N = {S, A, B}, T = {a, b},
        P = {S →Bb | aA,
            A →aA | aAb | λ,
            B →Bb | aBb | λ}

   (b) L ist nicht kontextfrei.
        Der Beweis kann mit Hilfe des Pumping-Lemmas geführt werden.

3.3.5/6:

4. (a) G = (N, T, P, S) mit
        N = {S, A, B, C}
           (S: Start, A: nach links laufen, a verdoppeln, B: nach rechts laufen, a verdoppeln, C: rechtes bzw. linkes Ende des Wortes erreicht),
        T = {a} und
        P = { S →CaAC,
            aA →Aaa,
            CAa →a | CaaB,
            Ba →aaB,
            aBC →a | AaaC,
            C →λ}.

   (c) G = (N, T, P, S) mit
        N = {S, A, B}, T = {a} und
        P = {S →aAbcBd, A →aAb | λ, B →cBd | λ}.

5. Die Relation R_0 entspricht der Menge der Produktionen einer Grammatik G
    mit $P = \{S \rightarrow ab \mid a\,Sb\}$.

    Die Relation R_1 beschreibt die direkte Überführbarkeit:

    $(u, v) \in R_1 \qquad \Leftrightarrow \qquad u \Rightarrow v$

    Durch $R_1{}^*$ wird die (reflexiv-transitive) Überführbarkeit ausgedrückt:

    $(u, v) \in R_1{}^* \qquad \Leftrightarrow \qquad u \Rightarrow^* v$

    R_2 beschreibt die Menge aller Worte, die aus S ableitbar sind:

    $R_2 = \{(S, v) \mid S \Rightarrow^* v\} = \{(S, a^n b^n) \mid n \in \text{IN}\}$

6. (a) $L \in \mathcal{L}_3$: Es existiert ein endlicher Automat, der L akzeptiert.

    (b) $L \in \mathcal{L}_2$: Es existiert ein Kellerautomat, der L akzeptiert.

         $L \notin \mathcal{L}_3$: kann mit Hilfe des Pumping-Lemmas bewiesen werden.

    (c) $L \in \mathcal{L}_2$, $L \notin \mathcal{L}_3$: Beweis wie bei der Sprache $\{a^i b^i \mid i \in \text{IN}_0\}$ (vgl. die
         Beispiele 2.17 und 3.45 sowie Satz 3.40).

    (d) $L \in \mathcal{L}_3$: Es existiert ein endlicher Automat, der L akzeptiert.

4.1:

3. M_1, M_2 aufzählbar $\Rightarrow$ Es existieren berechenbare Funktionen f_1, f_2 mit
    $f_1(\text{IN}_0) = M_1$ und $f_2(\text{IN}_0) = M_2$.
    $M_1 \cup M_2$: Konstruiere eine Funktion $h : \text{IN}_0 \rightarrow E^*$ mit

    $$h(0) = f_1(0) \qquad\qquad h(1) = f_2(0)$$
    $$h(2) = f_1(1) \qquad\qquad h(3) = f_2(1)$$
    $$\dots$$

    d.h. $h(i) = f_1(i/2)$ für i gerade, $h(i) = f_2((i - 1)/2)$ für i ungerade.
    Es ist entscheidbar, ob i gerade oder ungerade ist.
    Da f_1, f_2 berechenbar, ist auch h berechenbar, und es gilt:
    $h(\text{IN}_0) = f_1(\text{IN}_0) \cup f_2(\text{IN}_0) = M_1 \cup M_2$, d.h. $M_1 \cup M_2$ ist aufzählbar.

    $M_1 \cap M_2$: Idee für die Konstruktion einer berechenbaren Funktion h mit
    $h(\text{IN}_0) = M_1 \cap M_2$:
    Berechne die Funktionswerte $f_1(0)$ und $f_2(0)$, schreibe sie jeweils in eine
    Liste L_1 und L_2 und vergleiche sie. Sind sie gleich, so setze $h(0) := f_1(0)$.
    Andernfalls berechne $f_1(1)$ und $f_2(1)$, schreibe sie jeweils in die Listen L_1
    und L_2 und vergleiche sie miteinander sowie $f_1(1)$ mit den Werten der Liste
    L_2 und $f_2(1)$ mit den Werten der Liste L_1. Falls wieder keine Gleichheit
    eintritt, fahre mit $f_1(2)$ und $f_2(2)$ fort etc., bis eine Gleichheit eintritt (z.B.
    bei $f_1(i)$ oder $f_2(i)$), und setze $h(0)$ auf diesen Wert.
    Für den nächsten Wert von h untersuche dann $f_1(i + 1)$ und $f_2(i + 1)$ etc., bis

wiederum irgendwann Gleichheit eintritt.

Auf diese Weise kann sukzessive $h(0)$, $h(1)$, $h(2)$, ... bestimmt werden.

Da f_1 und f_2 berechenbar sind, ist auch h berechenbar, und es gilt offensichtlich: $h(\mathbb{N}_0) = M_1 \cap M_2$.

4. "$\Rightarrow$": M sei aufzählbar.

$\Rightarrow \exists$ berechenbare Funktion $f : \mathbb{N}_0 \to E^*$ mit $f(\mathbb{N}_0) = M$.

Bilde für jedes $w \in E^*$ den Funktionswert $\varphi_{M,E^*}(w)$, indem folgendes durchgeführt wird:

BEGIN   n := -1;
      REPEAT n := n + 1;
               v := f(n)
      UNTIL v = w;
      $\varphi_{M,E^*}(w)$:= True
END.

Damit ist φ_{M,E^*} berechenbar, liefert für $w \in M$ den Wert "True" und bleibt undefiniert für $w \in E^* - M$.

"$\Leftarrow$": Es sei φ_{M,E^*} berechenbar.

Gesucht ist eine berechenbare Funktion $f : \mathbb{N}_0 \to E^*$ mit $f(\mathbb{N}_0) = M$.

Es ist $E^* = \{w_0, w_1, w_2, ...\}$, d.h. abzählbar.

Führe folgendes Diagonalisierungsverfahren durch, um f zu berechnen:

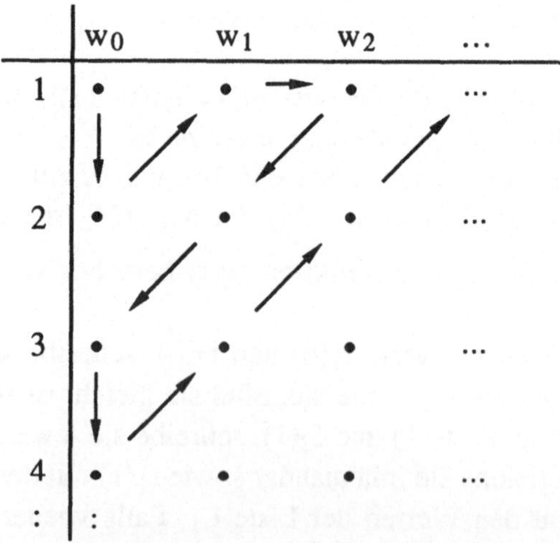

Es wird zunächst ein Schritt des Algorithmus, der φ_{M,E^*} berechnet, angesetzt auf w_0 ausgeführt. Wird dabei das Ergebnis $\varphi_{M,E^*}(w_0) =$

True erzielt, so setzt man f(0) := w_0. Dann führt man zwei Schritte des Algorithmus für die Berechnung von $\varphi_{M,E*}$ angesetzt auf w_0 aus, dann einen Schritt angesetzt auf w_1, ... Erzielt man dabei bei irgendeinem Wort bei irgendeiner Anzahl von Schritten das Ergebnis "True", so setzt man den nächsten Wert von f auf das entsprechende Wort.

Die so gebildete Funktion f ist von der gesuchten Gestalt.

4.2.2:

2. (a), (b) Man kann eine Zweiband-Turing-Maschine angeben, bei der auf dem ersten Band das Eingabewort steht, während das zweite den Kellerspeicher simuliert.

4. (a) $T = (E, B, S, \delta, s_0, F)$ mit
$E = \{a, b\}$, $B = \{a, b, 0, 1, *\}$, $S = \{s_0, ..., s_5\}$, $F = \{s_5\}$ und δ gemäß

	a	b	0	1	*
s_0	-	-	-	-	$(s_1, *, R)$
s_1	$(s_2, 0, R)$	-	-	$(s_4, 1, R)$	-
s_2	(s_2, a, R)	$(s_3, 1, L)$	-	$(s_2, 1, R)$	-
s_3	(s_3, a, L)	-	$(s_1, 0, R)$	$(s_3, 1, L)$	-
s_4	-	-	-	$(s_4, 1, R)$	$(s_5, *, L)$
s_5	-	-	$(s_5, 0, L)$	$(s_5, 1, L)$	-

s_0: Anfangszustand
s_1: erwartet a, ersetzt durch 0; liest 1
s_2: nach rechts zum ersten b, ersetzt durch 1
s_3: nach links zur ersten 0, eins nach rechts
s_4: prüft, ob noch b vorhanden

4.3:

1. (a) Einsetzung:

$$\max(n, m) = (n \dot- m) + m$$

$$\min(n, m) = n + m \dot- \max(n, m)$$

Dabei ist $\dot-$ die positive Subtraktion aus Bsp. 4.51 (d).

(b) Einsetzung:

$$ab(n, m) = \max(n, m) \div \min(n, m)$$

(c) primitive Rekursion:
$$fak(0) = 1 = C_1^1(n)$$
$$fak(n + 1) = fak(n) * (n + 1) = g(fak(n), S(n))$$
Dabei ist g die Multiplikation aus Bsp. 4.50 (b).

(d) Einsetzung:

$$gl(n, m) = 1 \div (\max(n, m) \div \min(n, m))$$

3. (a) Einsetzung:

$$f(n) = \frac{n * n}{n} = g(n, \textit{mult}(n, n))$$

Dabei ist g die ganzzahlige Division aus Bsp.4.56 (a) und damit μ-rekursiv. *mult* ist μ-rekursiv, da primitiv rekursiv.

(b) $g(k, m, n) ::= |n * m - k^3| = 0 \qquad \Leftrightarrow \qquad n * m = k^3$

$$\Leftrightarrow \quad \sqrt[3]{n * m} = k$$

$$\Rightarrow \mu g(m, n) ::= \begin{cases} \text{das kleinste } k \in \mathbb{N}_0 \text{ mit } g(k, m, n) = 0 & \text{, falls existent} \\ \text{undefiniert} & \text{, sonst} \end{cases}$$

μg stimmt mit f überein, also ist f μ-rekursiv.

Literaturverzeichnis

[Ack28]   W. Ackermann
           Zum Hilbert´schen Aufbau der reellen Zahlen
           Math. Annalen 99, 1928, 118-133

[AlO83]   J. Albert, Th. Ottmann
           Automaten, Sprachen und Maschinen für Anwender
           Bibliographisches Institut Mannheim, 1983

[Bra84]   W. Brauer
           Automatentheorie
           B.G. Teubner Stuttgart, 1984

[Cho59]   N. Chomsky
           On certain formal properties of grammars
           Information and Control 2, 1959, 137-167

[Dav82]   M. Davis
           Computability and Unsolvability
           Dover Publications, Inc., New York, 1982

[Göd31]   K. Gödel
           Über formal unentscheidbare Sätze der Principia Mathematica und
           verwandter Systeme
           Monatsheft für Mathematik und Physik 38, 1931, 173-198

[Her71]   H. Hermes
           Aufzählbarkeit, Entscheidbarkeit, Berechenbarkeit, 2. Auflage
           Springer-Verlag Berlin, 1971

[HoU79]   J.E. Hopcroft, J.D. Ullman
           Introduction to Automata Theory, Languages and Computation
           Addison-Wesley Publishing Company, Inc., Reading Massachusetts,
           1979

[Kai72]   R.Y. Kain
           Automata Theory: Machines and Languages
           McGraw-Hill New York, 1972

[LeP81]   H.R. Lewis, C.H. Papadimitriou
           Elements of the Theory of Computation
           Prentice-Hall, Inc., Englewood Cliffs, 1981

[Mau77]   H. Maurer
Theoretische Grundlagen der Programmiersprachen
Bibliographisches Institut Mannheim, 1977

[Pau78]   W.J. Paul
Komplexitätstheorie
B.G. Teubner Stuttgart, 1978

[Pét57]   R. Péter
Rekursive Funktionen
Berlin, Budapest, 1957

[Rei90]   K.R. Reischuk
Einführung in die Komplexitätstheorie
B.G. Teubner Stuttgart, 1990

[RMD83]   G. Riedewald, J. Matuszyński, P. Dembiński
Formale Beschreibung von Programmiersprachen
R. Oldenbourg Verlag München, 1983

[Sud88]   T.A. Sudkamp
Languages and Machines
Addison-Wesley Publishing Company, Inc., Reading Masachusetts,
1988

[Thu14]   A. Thue
Probleme über Veränderungen von Zeichenreihen nach gegebenen
Regeln
Skrifter utgit av Videnskappsselskapet i Kristiana I, 10, 1914, 3-34

[Tur36]   A.M. Turing
On computable numbers with an application to the Entscheidungs-
problem
Proceedings of the London Mathematical Society (2), 42, 1936,
230-265, *43*, 544-546

Index

Ihringer

Diskrete Mathematik

Eine Einführung in Theorie und Anwendungen

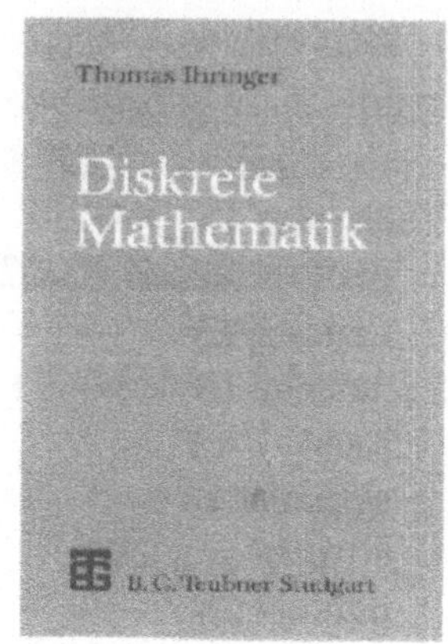

Durch die rasante Entwicklung der elektronischen Datenverarbeitung und ihr Vordringen in nahezu alle Lebensbereiche hat sich auch die mathematische Landschaft stark verändert. Einen besonderen Aufschwung hat die Diskrete Mathematik genommen, die sich mit den endlichen mathematischen Strukturen beschäftigt.

Aus der Fülle des Materials wurden für dieses Buch einige zentrale Themen ausgewählt, die sich durch ihre unmittelbare praktische Anwendbarkeit oder ihre Anschaulichkeit auszeichnen, und in vielen Fällen durch beides. Besondere Beachtung finden aber auch die mathematischen Grundlagen, beispielsweise aus Zahlentheorie, Algebra und Ordnungstheorie, ohne die kein Teilgebiet der Diskreten Mathematik zur Entfaltung käme. Die nötigen Kenntnisse werden im Buch entwickelt.

Aus dem Inhalt

Graphentheorie – Kombinatorische Optimierung – Endliche Geometrie – Codierungstheorie und Kryptographie – Geordnete Mengen-Ablaufplanung

Von Dr.
Thomas Ihringer
Technische Hochschule Darmstadt

1994. 252 Seiten.
16,2 x 22,9 cm.
Kart. DM 36,–
ÖS 281,– / SFr 36,–
ISBN 3-519-02125-0

(Leitfäden der Informatik)

Preisänderungen vorbehalten.

B. G. Teubner Stuttgart